融合型·新形态教材
复旦学前云平台 fudanxueqian.com

普通高等学校学前教育专业系列教材

生 物 学

主　编　贺永琴
编　者（按姓氏笔画排列）
丁亚红　孔　梅　王小萍　王淑敏　刘存林
孙克宁　孙　钠　肖　亮　陈旭微　郑庭海
贺永琴　唐敬芬　秦宗芳　曹晓青

U0276632

復旦大學 出版社

内容提要

本书是为幼儿师范院校学前教育专业学生编写的文化基础课教材，参考学时为120学时。教材的编写按照生物学由微观到宏观、由低等到高等、由个体到群体的顺序，渗透进化观点，较系统地介绍了生物学基础知识。全书立足社会需要和幼儿教师的职业需求，力求反映现代生物科学的新成就、新进展和生物学领域中的社会热点和焦点问题。通过"阅读材料""探索实践""观察思考"等特色栏目，突出对学生的实践能力和创新能力的培养。全书分为绪论、植物、动物、微生物、生物的基本特征、生物与环境六个部分。内容丰富，图文并茂，充分体现学前教育专业特色。

复旦学前云平台
数字化教学支持说明

为提高教学服务水平，促进课程立体化建设，复旦大学出版社学前教育分社建设了"复旦学前云平台"，为师生提供丰富的课程配套资源，可通过"电脑端"和"手机端"查看、获取。

【电脑端】

电脑端资源包括 PPT 课件、电子教案、习题答案、课程大纲、音频、视频等内容。可登录"复旦学前云平台"www.fudanxueqian.com 浏览、下载。

Step 1　登录网站"复旦学前云平台"www.fudanxueqian.com，点击右上角"登录 / 注册"，使用手机号注册。

Step 2　在"搜索"栏输入相关书名，找到该书，点击进入。

Step 3　点击【配套资源】中的"下载"（首次使用需输入教师信息），即可下载。音频、视频内容可通过搜索该书【视听包】在线浏览。

PPT 课件、音视频、阅读材料：用微信扫描书中二维码即可浏览。

扫码浏览 →

更多资源，如专家文章、活动设计案例、绘本阅读、环境创设、图书信息等，可关注"幼师宝"微信公众号，搜索、查阅。

平台技术支持热线：029-68518879。

"幼师宝"微信公众号

丛书编审委员会

新版总序

学前教育是国民教育体系的重要组成部分，是终生教育的开端，幼儿教师教育担负着学前教师职前培养和职后培训、促进教师专业成长的双重任务，在教育体系中具有职业性和专业性、基础性和全民性的战略地位。

自 1903 年湖北幼稚园附设女子速成保育科诞生始，中国幼儿教师教育走过了百年历程。可以说，20 世纪上半叶中国幼儿教师教育历经从无到有、从抄袭照搬到学习借鉴的萌芽、创建过程；新中国成立以后，幼儿教师教育在规模与规格、质量与数量、课程与教材建设等方面得到较大提升与发展。中国幼儿教师教育历经稳步发展、盲目冒进、干扰瘫痪、恢复提高和由弱到强的发展过程。

1999 年 3 月，教育部印发《关于师范院校布局结构调整的几点意见》，幼儿教师教育的主体由中等教育向高层次、综合性的高等教育转变；由单纯的职前教育向职前职后教育一体化、人才培养多样化转变；由独立、封闭的办学形式向合作、开放的办学形式转变；由单一的教学模式向产学研相结合的、起专业引领和服务支持作用的综合模式转变。形成中专与大专、本科与研究生、统招与成招、职前与职后、师范教育与职业教育共存的，以专科和本科层次为主的，多规格、多形式、多层次幼儿教师教育结构与体系。幼儿教师教育进入由量变到质变的转型提升进程，由此引发了人才培养、课程设置、教学内容等方面的重大变革。课程资源，特别是与之相适应的教材建设成为幼儿教师教育的当务之急。

正是在这一背景下，"全国学前教育专业系列教材"编审委员会在广泛征求意见和调查研究的基础上，开始酝酿研发适应幼儿教师教育转型发展的专业教材，这一动议得到有关学校、专家的认同和教育部师范教育司有关领导的大力支持。2004 年 4 月，复旦大学出版社组织全国 30 余所高校学前教育院系、幼儿师范院校的专家、学者会聚上海，正式启动"全国学前教育专业系列"教材研发项目。2005 年 6 月，第一批教材与广大师生见面。此时，恰逢"全国幼儿教师教育研讨会"召开，研讨会上，教育部师范教育司有关领导对推进幼儿教师教育优质课程资源建设作出指示：一是直接组织编写教材，二是遴选优秀教材，三是引进国外优质教材；开发建设有较强针对性、实效性、反映学科前沿动态的、幼儿教师培养和继续教育的精品课程与教材。

结合这一指示精神，编审委员会进一步明确了教材编写指导思想和教材定位。首先，从全国有关院校遴选、组织一批政治思想觉悟高、业务能力强、教育理论和教学实践经验丰富的专家学者，组成教材研发、编撰队伍，探索建立具有中国幼儿教师教育特色、引领学前教育和专业发展的、反映课程改革新成果的教材体系；努力打造教育观念新、示范性强、实践效果好、影响面大和具有推广价值的精品教材。其次，建构以专科、本科层次为主，兼顾中等教育和职业教育，多层次、多形式、多样化的文本与光盘相结合的课程资源库，有效满足幼儿教师教育对课程资源的需求。

经过五年多的教学实践与检验，教材研发的初衷和目的初步实现。截至2011年5月，系列教材共出版70余种，其中7种教材被教育部列选为普通高等教育"十一五"国家级规划教材，《手工基础教程》被教育部评选为普通高等教育"十一五"国家级精品教材；系列教材使用学校达600余所，受益师生数十万人次。

伴随国务院《关于当前发展学前教育的若干意见》和《国家中长期教育改革和发展规划纲要（2010—2020年）》的贯彻落实，幼儿教师准入制度和标准的建立、健全，幼儿教师教育面临规范化、标准化、专业化和前瞻化发展的机遇与挑战。一方面，优质学前教育资源已成为国民普遍地享受高质量、公平化、多样性学前教育的新诉求。人才培养既要满足当前学前教育快速发展对幼儿师资的需求，还要确保人才培养的高标准、严要求以及幼儿教师职后教育的可持续发展；另一方面，学前教育专业向0～3岁早期教育、婴幼儿服务、低幼儿童相关产业等领域拓展与延伸，已然成为专业发展与服务功能发挥的必然趋势。这一发展动向既是社会、国民对专业人才的要求与需求，也是高等教育服务社会、培养高层次专业人才的使命。为应对机遇与挑战，幼儿教师教育将会在三个方面产生新变化：一是专业发展广义化，专业方向多元化，人才培养多样化，教师教育终身化；二是课程设置模块化，课程方案标准化，课程发展专业化和前瞻化；三是人才培养由旧三级师范教育（中专、专科、本科）向新三级师范教育（专科、本科、研究生）稳步跨跃。

为及时把握幼儿教师教育发展的新变化，特别是结合2011年10月教育部刚颁布的《教师教育课程标准（试行）》，编审委员会将与广大高校学前教育院系、幼儿师范院校共同合作，从三个方面入手，着力打造更为完备的幼儿教师教育课程资源与服务平台，并把这套教材归入"复旦卓越·全国学前教育专业（新课程标准）规划教材系列"。第一，探索研发应用型学前教育专业本、专科层次系列教材，开发与专业方向课程、拓展课程、工具性课程、实践课程和模块化课程相匹配的教材，研发起专业引领作用的幼儿教师继续教育教材；第二，努力将现代科学技术、人文精神、艺术素养与幼儿教师教育有效融合并体现在教材之中，有效提升幼儿教师综合素养；第三，教材编写力图体现幼儿教师教育发展趋势与专业特色，反映优秀中外教育思想、幼儿教师教育成果，全面提高幼儿教师教育质量；第四，建构文本、多媒体和网络技术相互交叉、相互整合、相互支持的立体化、网络化、互动化的幼儿教师教育课程资源体系，为创建具有中国特色的幼儿教师教育高品质专业教材体系贡献我们的力量。

"全国学前教育专业系列教材"编审委员会

2012年4月

前　　言

　　本书是为学前教育专业学生编写的文化基础课教材，共120学时。教材的编写遵循教育"三个面向"的战略思想，使学生在学前教育专业学习阶段受到良好的科学教育，培养学生的自主学习能力、实践能力和创新能力，提高学生的生物科学素养和从事幼儿科学教育的能力，满足学生个人发展和社会进步的需要。

　　教材的编写按照由微观到宏观、由低等到高等、由个体到群体的顺序，渗透进化观点。教材内容的选择上注重幼师生物课程的发展性，以求使之既能反映生物科学经典和核心内容，又能体现现代生物科学的新成就、新进展和生物学领域中的社会热点和焦点问题，同时，满足社会需要和未来幼儿教师的职业需求。

　　全书分为绪论、植物、动物、微生物（包含真菌部分）、生物的基本特征、生物与环境6个部分，还穿插了"阅读材料"、"观察思考"、"拓展练习"与"探索实践" 等栏目，力求内容丰富，图文并茂，体现幼师特色。

　　全书由贵阳幼儿师范学校贺永琴统稿，贵阳幼儿师范学校孔梅、杨忠地作了大量的文字整理和图片补充、完善工作。编写中得到了有关专家、作者所在学校领导及出版社的鼎立支持，编写时参阅、借鉴了国内外同行的研究成果，同时参考、借鉴了其他出版社的同类教材，在此一并表示感谢。

　　由于时间仓促，以及编写水平有限，对于书中的疏漏、谬误与不足之处，恳请各位读者批评指正。

编　者

下　篇

绪　论

从陆地到海洋，从寒带到热带，无论是浩瀚的沙漠、冰冻的极地，还是白雪皑皑的高山之巅、幽深昏暗的大洋之底，到处都有生命的踪迹。多姿多彩的生物，使地球充满无限生机。

"生物科学"，又称"生命科学"，是研究生命现象和生命活动规律的科学。这门学科既研究生物的分类、形态结构、生理、繁殖、发育、遗传和进化发展，又涉及生物、环境和人类三者之间的关系。生物科学与人类的生存和发展息息相关。20世纪后半叶，生命科学在各个方面取得的巨大进展，使生物科学在自然科学中的位置起了革命性的变化。很多科学家们预言：21世纪是生物科学的世纪，诸多的人类社会问题，如人口、环境、粮食、资源与健康等重大问题的解决都离不开生物学。在现代社会，生物科学在人类社会的各领域发挥着日益重要的作用。掌握基本的生物学知识是对现代人的基本要求。

要当好一名合格的当代幼儿园教师，必须学好生物学课程。生物科学为什么如此重要？生物科学的发展历史、主要成就及发展趋势如何？生物科学的发展对人类社会有什么重要意义？学前教育五年制大专开设生物学课程的教学目的、要求和内容如何？怎样才能学好学前教育专业生物学课程呢？现在，让我们来探讨这些问题。

一、生物的基本特征

迄今为止，人类已经发现的生物有200万种左右。大到高达百米以上的参天大树、重以吨计的鲸和大象，小到用光学显微镜或电子显微镜才能看得到的细菌和病毒，尽管它们大小各异，形态结构多种多样，生理功能各不相同，但都有着共同的生命现象和生命活动规律，简言之，也就是具有生命。生命是什么？这一直是生物科学研究的中心课题，也是自古以来人类期盼早日揭示、但至今尚未完全解决的奥秘。那么，怎样才能判断一个物体是不是具有生命？这就要深入研究生物的基本特征。

观察思考

如何判断一个物体是生物还是非生物？

第一，生物体具有共同的物质基础和结构基础。从结构来看，除病毒等少数种类外，生物体都是由细胞构成的，细胞是生物体的结构和功能的基本单位。从化学组成来看，生物体的基本组成物质中都有蛋白质和核酸。其中蛋白质是生命活动的主要承担者，例如，生物体新陈代谢过程中的所有化学变化都离不开酶的催化作用，而几乎所有的酶都是蛋白质；核酸是遗传信息的携带者，绝大多数生物体的遗传信息都存在于脱氧核糖核酸（DNA）分子中。

第二，生物体都有新陈代谢作用。新陈代谢，是生物体活细胞中全部有序的化学变化的总称。生物体都不停地与周围环境进行物质和能量的交换：从外界吸取所需要的营养物质，经过体内一系列的化学反应，将它们转变成自身的组成成分，并且储存能量；同时，将自身的一部分物质加以分解，将产生的最终产物排出体外，并且释放能量，完成生物体与外界环境之间的物质与能量交换。新陈代谢使生物体不断进行自我更新，它保证了生物体内的自身稳定和平衡，如相对恒定的体温，酸碱度和渗透压等，是生物体进行一切生命活动的基础。

第三，生物体都有应激性。在新陈代谢的过程中，生物体都能对外界刺激发生一定的反应。例如，植物的根向地生长，而茎则向光生长，这分别是植物对重力和光的刺激所发生的反应。又如，昆虫中的蛾类在夜间活动，往往趋向发光的地方。动物都有趋向有利刺激、躲避有害刺激的行为。因为生物体具有应激性，所以能够适应周围的环境。

第四，生物体都有生长、发育和生殖的现象。在新陈代谢基础上，当同化作用超过异化作用时，生物个体就会由小长大，身体的结构和功能也相应发生一系列变化，最终发育成为一个成熟的个体。生物发育成熟后，就能进行生殖，产生后代，以便保证种族的延续。因此，尽管生物体的寿命有限，但一般来说，由于生物的生殖作用，在生物自身死亡以前已经繁殖出自己的后代，生物的种类不会因个体的死亡而导致该物种的绝灭。

第五，生物都有遗传和变异的特性。生物体在生殖过程中，能将自身的遗传物质传递给后代，但后代个体也会产生各种变异。也就是说，每种生物体的后代与它们的亲代基本相同，但又不会完全相同，必有或多或少的差异。因此，生物的各个物种既能基本上保持稳定，又能不断发展进化。

第六，生物体都能适应一定的环境，也能影响环境。所有现在生存着的生物，它们的身体结构和生活习性都与环境大体上相适应，否则就要被环境所淘汰；同时，生物的生命活动也会使环境发生变化，影响环境。这显示出了生物与环境之间的密切关系。

以上这些基本特征，只有生物才具有，而非生物是不可能具有的。因此，这些基本特征是区别生物与非生物的基本重要标志。

二、生物科学的发展与成就

生物学是一门历史悠久的学科，大体起源于古代，形成于近代，高度发展于现代。

远古时期原始人以采集和狩猎为生，后来转向农牧业生产，在生产实践活动中逐步积累了一定的动植物知识和医药知识。16 世纪以前，在人类的生产实践活动中产生和发展了生物学最重要的两个领域：农业和医学。16 ~ 18 世纪，生物学主要研究生物的形态、结构和分类，积累了大量的事实和资料。进入 19 世纪以后，科学技术水平不断提高，促使生物学全面发展，具体表现在寻找各种生命现象之间的内在联系，并且对积累起来的知识资料做出理论的概括，在细胞学、免疫学、微生物学、胚胎学等方面都取得新的进展。19 世纪生物科学最伟大的成就当推细胞学说和进化论，尤其是达尔文的进化论，使生物科学最终摆脱了神学的束缚，开始了全新的发展。

阅读材料

现代生命科学

19 世纪 30 年代，德国植物学家施莱登（Schleiden）和动物学家施旺（Schwan）创立了"细胞学说"，指出细胞是一切动植物结构的基本单位，在细胞水平上说明了生物基本结构的一致性。这一学说为研究生物的结构、生理、生殖和发育等奠定了基础。

1859 年，英国生物学家达尔文（Darwin）出版了《物种起源》一书，科学地阐述了以自然选择学说为中心的"生物进化理论"，有力地论证了物种是变化的，生物是进化的，阐明了生物进化的机制，这是人类对生物界认识的伟大成就，推翻了唯心主义形而上学的"特创论"、"物种不变论"等对生物学的长期统治，第一次把生物学放在完全科学的基础之上，极大地推动了现代生物学的发展。

19 世纪后期，物理、化学方面的实验方法和研究成果也逐渐引入到生物科学的研究领域。1900 年，孟德尔（G. Mendel）"遗传学原理"的重新发现和证实，揭开了现代遗传学的序幕，充分地把数量统计方法运用到生物学中，推动了生物学朝着精密化方向发展。在这个阶段中，生物学研究更多地采用实验手段和理化技术来考察生命过程，由于生物化学、细胞遗传学等分支学科不断涌现，使生物学研究逐渐集中到分析生命活动的基本规律上来。

人们通常称以上 3 个理论为"现代生命科学的三大基石"。

20 世纪 30 年代以来，现代物理、化学、数学、计算机新理论与方法广泛而深刻的渗透，给生物学带来巨大的变革和发展，生物学从静态的、定性描述型学科向动态的、精确定量学科转化，实验生物学走向全面发展的新阶段。1926 年，摩尔根（Morgan）基因论的提出，标志着现代遗传学的正式建立。摩尔根的遗传学在胚胎学和进化论之间架起了桥梁，直接推动了细胞学的发展，促使生物学研究从细胞水平向分子水平过渡，并为生物学实现新的大综合奠定了基础。1944 年艾弗里（Avery）等用细菌作对象进行试验，以及 1952 年赫希（Hershey）等进行的噬菌体感染实验，证明了 DNA 是遗传物质。1953 年，美国科学家沃森（Watson）和英国科学家克里克（Krick）共同提出了 DNA 分子双螺旋结构模型，奠定了分子生物学的基础，开创了从分子水平上阐明生命活动本质的新纪元，这是 20 世纪生物科学最伟大的成就，标志着生命科学的发展进入了一个新阶段——分子生物学阶段。

现代生物学正以领先自然科学的态势，向着前所未有的深度和广度迅速发展。

我国在现代生物学的基础研究中也取得了一些具有世界先进水平的重大成果。例如，1965 年，我国科学工作者首先用化学方法人工合成了具有全部生物活性（指生物体内胰岛分泌的胰岛素所起到的作用）的结晶牛胰岛素，这是世界上第一次用人工方法合成的蛋白质，是一项伟大的创举。1972 年，在测定猪胰岛素晶体结构的研究中，又取得了重要成果。1992 年，我国科学家人工合成了酵母丙氨酸转移核糖核酸。1993 年，我国研制的两系法杂交水稻开始大面积试种，与原来普遍种植的三系法杂交水稻相比，平均每公顷增产 15%。我国也参与了"人类基因组计划"的国际科学协作研究，成功地完成了部分基因组序列的测定。这些生物科学领域的科研成果都为国家增添了荣誉、为人类作出了贡献。

三、生物科学的发展趋势和展望

根据当代自然科学发展的大趋势和 20 世纪生物科学迅猛发展的背景，现代生物科学发展的趋势是对生命现象及其本质研究的不断深入和扩大，向微观和宏观、最基本和最复杂（脑、发育、生态系统）的两极发展。这种发展趋势的特点在于：

第一，由分析为主走向分析与综合的统一。一方面，继续进行微观世界探索，采用新的技术和方法去了解基因、分子、细胞的组成、结构、工作机制，进行定量的观测与分析；另一方面，更重要的是要研究生物系统的各个部分（如基因或生物大分子）的相互作用形成复杂系统的机制。

第二，生物界多样性和生命本质一致性的统一。多少世纪以来，生物学研究主体一直是观察认识生命世界的多样性。从生命现象的表面观察日益深入到生命活动本质的阐明，是现代生物科学的发展的必然趋势。

第三，多学科的交叉与融合。多学科间的双向渗透和融合，不仅是现代生物科学各分支学科间的融合，并且是生物学与数学、物理、化学、计算机等学科之间的相互交叉、相互渗透和相互促进，不但使这些学科得到了进一步的发展，而且也推动了生物科学对生命现象和本质的研究。

第四，基础研究与实际应用的统一。分子生物学兴起不到半个世纪就取得了众多成果，在核酸、蛋白质和酶的研究中均取得重大进展，使人们陆续揭开了生物体新陈代谢、能量转换、神经传导、激素等作用机制的奥秘，并在工业、农业、医药等方面日益得到广泛应用。在未来相当长的一段时间内，分子生物学仍将保持带头分支学科的地位，促进生物科学的全面发展。

展望未来，生物科学的前景非常广阔，生物科学的发展热点集中在生物大分子的结构与功能研究、基因组与细胞的研究、基因组研究、综合理论研究、脑科学研究、行为科学研究、生态学研究、人体功能研究等领域。生物科学是当代科学的前沿，它正向着前所未有的广度和深度进军，在人类未来的发展和进步中将起到越来越重要的作用。

1. 生物体有哪些基本特征？

2. 生物科学为什么被认为是 21 世纪的领头学科？

四、认真学好生物学课程

学前教育五年制大专开设生物学课程的重要性如何？教学目的要求有哪些？教学内容有哪些？幼师生怎样才能学好生物学课程？现在就来探讨这些问题。

学习生物学课程的重要性和必要性

学前教育五年制大专的教学目标是培养未来的幼儿园教师，教学计划中开设的每一门课程的学习内容和要求，都是为培养目标服务的。通过生物学课程的学习，提高幼师学生的生物学素质，为将来从事幼儿教育事业打好生物学基础，以适应幼儿教育发展和改革对幼儿教师的要求。

生物学课程的教学目的要求

从未来幼儿教育事业的需要出发，使学生受到科学教育的初步训练，初步具备从事幼儿科学教育的知识、能力和方法；从学生自身素质提高出发，使学生受到良好的科学教育，在原有的基础上进一步提高生物学素养，发展终身学习的能力和习惯，适应未来发展需求。

生物学课程的学习内容

学前教育五年制大专生物课程的学习内容主要包括：作为幼儿园教师，提高生物学素养应具备的生物学基础知识、能力和方法；反映生物科学经典的核心内容；体现现代生物科学和技术的新进展；与培养创新精神和实践能力有关的实验、探索与实践活动。

幼儿认识自然通常是从认识周围环境中常见的植物、动物开始的，幼儿园教师要创造条件，培养幼儿对周围世界的好奇心，引导幼儿观察周围世界，给予幼儿粗浅的生物学知识，解答幼儿关于生物现象的疑问，激发幼儿的科学探究兴趣，使幼儿学会科学探究的方法，这就需要幼儿园教师有广泛而扎实的生物学基础知识和基本技能。因此，通过生物学课程学习，幼儿园教师们应当掌握生物学的基本现象、事实、规律，了解生物学基本原理以及在生物技术中的运用；学习生物科学的探究方法，初步具备从事幼儿科学教育的技能；会运用所学的生物科学知识，去解释生活中常见的生物科学现象；学会运用批判性和创造性思维方式去解决实际问题；培养终身学习的能力和习惯；养成良好的环保意识。

学习生物学课程的方法

学好生物学课程，不仅要有明确的学习目标，还要有勤奋的学习态度，掌握科学的学习方法。具体来说，要求做到以下几点：

（1）学习生物学知识重在理解，勤于思考。生物学的基本知识、基本概念、基本原理和规律，是在大量研究的基础上总结和概括出来的，具有严密的逻辑性，教材中各章节内容之间，也具有紧密联系。因此，在学习过程中，不能满足于单纯的记忆，而是要深入理解，融会贯通。同时，要不断扩大视野，努力拓宽知识面。我们虽然不能像科学家那样进行大量的科学研究，但也要像科学家一样勤于思考，培养自己发现问题和分析问题的能力，从而发展自己的创新能力。

（2）重视科学研究的过程，学习科学研究的方法。生物科学的学习不仅包括大量的科学知识，还包括科学研究的过程和方法。因此，我们既要重视生物学知识的学习，又要重视生物科学研究过程的学习，从中领会生物科学的研究方法。

（3）重视观察和实验。生物学是一门实验科学，没有观察和实验，生物学就不可能取得如此辉煌的成就。同样，不重视观察和实验，也不可能真正学好生物学。因此，要认真做好每项观察、实验、探索和实践活动，培养观察能力和实践能力，发展从事幼儿园教育教学工作应具有的自制教具与玩具、设计和组织幼儿园科学活动的能力。

（4）强调理论联系实际。生物学是一门与生产生活联系非常密切的科学。我们在学习时，应注意理解科学、技术和社会之间的相互关系，理解所学知识的社会价值，能运用所学的生物学知识去解释有关的生物现象，解决生物问题。我们还要密切联系幼儿园工作实际，将所学的生物学基础知识和基本理论，与日常生活中常见的生物种类、生物现象和生理现象密切联系起来，特别要注意观察并认识周围环境中的动植物，熟悉它们的名称、生活习性和用途，学会深入浅出地分析和解答幼儿可能提出的生物学问题，绿化、美化幼儿园环境，为幼儿学习科学创造氛围，提供条件。

遗 传 工 程

遗传工程，又称基因工程或DNA重组技术，它是在分子生物学和分子遗传学综合发展的基础上于20世纪70年代诞生的一门崭新的生物技术科学。这种技术是在生物体外，通过对DNA分子进行人工"剪切"和"拼接"，对生物的基因进行改造和重新组合，然后导入受体细胞内进行无性繁殖，使重组基因在受体细胞内表达，产生出人类所需要的基因产物。通俗地说，就是按照人们的主观意愿，把一种生物的个别基因复制出来，加以修饰改造，然后放到另一种生物的细胞里，定向地改造生物的遗传性状。

遗传工程是一个复杂庞大的系统工程，简单地说，它包括4个大的步骤：其一是目的基因的获得；其二是目的基因与载体的体外重组；其三是重组后的DNA分子导入受体细胞；最后是转化细胞的筛选和外源基因的表达。遗传工程就是用"外科手术"的方法将甲生物的某个基因从其染色体上切下来，并转移给乙生物，通过该基因的表达，从而使后者具备了前者的某个性状或某项功能。

遗传工程是生物工程的一个重要分支，它和细胞工程、酶工程和微生物工程共同组成了生物工程。

早期的遗传工程在微生物方面首先取得了突破，例如，遗传工程取得的第一项震惊世界的成果，是用大肠杆菌生产出了生长激素释放抑制素（SMT）。通过转基因的大肠杆菌发酵生产糖尿病特效药胰岛素，其他类似的应用还可生产人的生长素和干扰素等。随着生物技术的迅猛发展，遗传工程已经开始用于农作物品种改良，如培育抗病、抗虫、抗除草剂的作物，提高作物中蛋白质和氨基酸的含量，改变油料作物的油质成分，延长水果成熟后的贮藏时间，提高作物抗冻、抗旱、耐盐能力等。基因工程的前途是光明的，但是目前也存在着不少问题，有着许多争议。目前的研究还没有得到关于转基因生物对环境有害或对人有害的明确的结论。尽管如此，人们还是应谨慎地对待这个问题，还必须更加深入地探索生物的奥秘。只有这样，才有助于基因工程技术的健康发展，才能造福于人类以及地球上的其他生物。

怎样才能学好生物学课程？你打算如何学好生物学课程？拟定一份个人学习计划。

调查汇报

收集近期一个月中，媒体对生物科学技术发展的有关报道。

目的要求

1.通过对近期一个月报纸杂志等媒体的调查，了解生物科学技术发展的近况及其对人类社会的影响。

2.初步学会收集和处理生物科学技术信息的方法。

3.通过在班级内作交流报告和讨论，提高语言表达能力和信息交流能力。

提示

1.可调查的媒体有报纸、杂志、书籍、互联网、电视节目、广播节目等。

2.同学间可以组成小组，分工调查不同媒体的报道。

3.将获得的生物科学技术信息进行归类，如分子生物学、脑科学、生物工程和生态学方面等。同学间可以通过讨论，确定适当的归类方案。

4.做交流报告的形式可以多种多样，但信息的表达应力求简明、准确、生动。

讨论

1.生物科学技术在哪些方面已经或将要取得突破性进展？

2.生物科学技术的发展对人类社会已经或将要产生怎样的影响？

3.对所获得的信息在时效性和权威性方面进行评价，并思考怎样才能使获得的信息具有较高的时效性和权威性。

4.怎样才能使信息表达简明、准确、生动？

上

篇

花粉

花粉管

雄球花

雌球花

胚珠

卵细胞

精子

胚乳
胚
种皮

种子

球果

植
物

　　在广袤的陆地和辽阔的海洋中，几乎到处都生活着植物。地球上的植物，目前已知的约有30多万种，它们千姿百态，构成了绚丽多彩的植物界。它们既有共同的特征，又有各自的特点。根据植物的生殖特点，可将植物分成孢子植物和种子植物两大类。

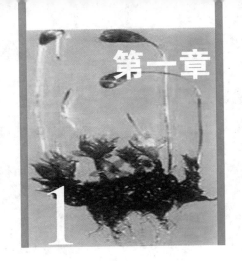

第一章

孢 子 植 物

孢子植物，是指能产生孢子并用孢子繁殖的植物，主要包括藻类植物、苔藓植物和蕨类植物。其中，藻类植物有3万多种，苔藓植物有2万多种，蕨类植物有1万多种，它们在形态结构和生殖上具有各自的特点。

一、藻类植物

藻类植物，是一类具有光合作用色素，能利用光能把无机物合成有机物，供自身营养的低等植物。其中有单细胞的，在显微镜下才能看到，如绿藻；有的体形较大，结构复杂，如海带。根据藻类植物的细胞里含有的光合色素的不同，藻类植物可分为绿藻、褐藻、红藻、蓝藻。

观察衣藻、水绵、紫菜、石花菜、海带和裙带菜等几种常见的藻类植物，然后思考以下问题：

1. 这些藻类植物生活在什么环境中？

2. 比较这几种藻类植物在形态结构上各有什么特点？

3. 藻类植物的共同特征是什么？

衣藻　在绿色的池水中，往往能够找到衣藻(见图1–1)。衣藻，细胞呈卵形，有细胞壁、细胞质和细胞核，细胞质里有一个杯状的叶绿体和一个能够积累光合作用产物的蛋白核。前部有一个红色的眼点，对光线的强弱很敏感。衣藻细胞的前端有两根鞭毛，能够摆动。衣藻能够依靠眼点的感光和鞭毛的摆动，游到光照和其他条件适宜的地方，进行光合作用，维持自身的生存。

水绵　水绵是水池和溪流中常见的一种绿藻。在显微镜

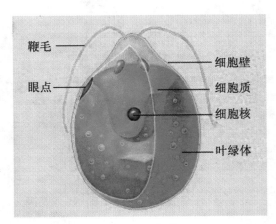

图1–1　衣藻

下可以见到，它是由许多个长筒状细胞连接而成的没有分枝的丝状体（见图1-2）。每个水绵的细胞内都含有带状的叶绿体，带状的叶绿体螺旋状地分布在细胞质中。细胞核由丝状细胞质牵引着位于液泡的中央。由于细胞壁的外层有大量的果胶质，所以用手摸水绵时会有滑腻的感觉。

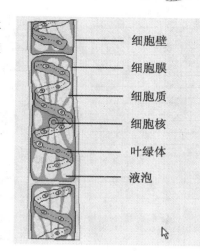

　　海带　海带是海水中的大型褐藻，在浅海海底岩石上生活，主要分布在北方温度较低的海水中。海带的植物体长度可达3米（m）以上。它的结构简单，没有根、茎、叶等器官的分化，只有扁平的叶状体、柄和起固着作用的根状物（见图1-3）。海带的叶绿体里除了叶绿素以外，还含有大量的藻黄素，植物体呈现褐色。海带营养丰富，含有丰富的碘，因此，人们可以通过食用海带，来治疗和预防地方性甲状腺肿（俗称大脖子病）。

图1-2　水绵

　　紫菜　紫菜是人们喜爱食用的一种红藻，它生长在浅海岩石上。紫菜的植物体通常是由一层细胞组成，薄而柔软的叶状体，边缘有很多皱褶（见图1-4）。紫菜的叶绿体里含有叶绿素和大量的藻红素，所以呈现紫红色。

图1-3　海带

图1-4　紫菜

　　综上所述，藻类植物有单细胞的，也有多细胞的，即使是个体比较大的藻类植物，也只有起固着作用的根状物和宽大扁平的叶状体，所以藻类植物的结构很简单，没有根、茎、叶等器官的分化。藻类植物细胞一般都含光合作用的色素（叶绿素和其他辅色素），能进行光合作用，它们的生活方式为自养型，绝大多数的藻类植物都生活在水中。

阅读材料

1. 螺旋藻——21世纪人类最佳食品

　　螺旋藻是一种水生的蓝藻，藻体通常仅有0.3～0.5毫米（mm）长，呈螺旋状，故称为螺旋藻。自然状态下的螺旋藻，世界上目前发现仅有3处存在，它们是非洲的乍得湖、墨西哥的特世可可湖和我国云南省的程海湖。螺旋藻含有丰富的营养成分，蛋白质占干重的50%～70%，比鸡蛋、肉类、豆类的蛋白质还多，堪称蛋白质之最，而且氨基酸的组成均衡合理，此外还含有多种矿物质、维生素和生理活性物质，所以螺旋藻对人类和动物有防病健身作用。由于螺旋藻的营养价值高而且全面，联合国粮农组织和卫生组织宣称，螺旋藻将是21世纪人类的最佳食品和保健品。

2. 硅藻——寻找石油的路标

　　硅藻藻体一般为单细胞，有时集成群体。藻体金褐色，除含有叶绿素、叶黄素和胡萝卜素外，还含褐色的硅藻素。它们普遍分布于淡水、海水中和湿土上，为鱼类和无脊椎动物的食料。硅藻死后，遗留的细胞壁沉积成"硅藻土"，可作耐火、绝火、填充、磨光等材料。化石硅藻对石油勘探以及古地理的研究等有一定的参考价值。

3. 发菜——"黑色黄金"

发菜是一种野生的陆生藻类植物，由许多圆球形细胞连接而成，外形为不分枝的丝状体，干时呈黑色，丛生在土壤表面，好像一团乱发。发菜分布于我国西北陕西、甘肃、宁夏、青海、新疆和内蒙古等省区干燥的高原荒漠草原地带。发菜有固氮作用，能增进草原土壤肥力，促进牧草生长，还可以起到荒漠的固沙作用。发菜营养价值高，含丰富的蛋白质（约占干重的30%）和氨基酸，味道鲜美，珍稀名贵，是我国和东南亚的传统名菜。近年，由于人类大量采集发菜，使草原生态系统受到严重破坏。

二、苔藓植物

苔藓植物的个体很矮小，小的肉眼不易看清楚，大的也不过十几厘米，苔藓植物像绿色的绒毡，常常在阴湿的石面、地表、树干和墙壁上成片生长。包括苔类和藓类两大类。

观察思考

观察地钱、葫芦藓、墙藓和泥炭藓等常见的苔藓植物，然后思考以下问题：

1. 与藻类植物相比，苔藓植物的生活环境有什么不同？

2. 比较苔藓植物与藻类植物在形态结构上有什么主要区别？这与它们的生活环境有关系吗？

3. 苔藓植物有什么共同的特点？

地钱　苔类中最常见的是地钱（见图1-5）。地钱的植株是绿色扁平的叶状体，成片地生长在地表、岩石和墙壁上。叶状体的前端呈叉状分裂，好像古代的钱币，所以叫做地钱。地钱的叶状体分背腹两面，叶状体的上面叫做背面，呈深绿色；叶状体的下面叫做腹面，腹面平覆于地表，并向下生出许多假根。

图1-5　地钱

葫芦藓　藓类中最常见的是葫芦藓（见图1-6）。葫芦藓生活在阴湿的泥地林下或树干上。植株高1～3厘米(不包括孢蒴和蒴柄)，一般茂密丛生，呈草绿色。葫芦藓的地上部分有细弱分枝的茎，又薄又小的叶螺旋状地着生在茎上。茎基部的叶不发达，排列得也比较疏松，茎顶部的叶片很稠密，能够进行光合作用。茎的基部长有很多条假根，假根有固着作用和吸收水分的作用。葫芦藓的孢蒴呈葫芦状，由此而得名。葫芦藓体内由于没有输导组织，吸水和保水能力都很弱，因此植株矮小，只能生活在阴湿的环境里。

墙藓　生长在平原及山地阴湿的石灰岩和石灰旧墙上，植株十分矮小，高仅0.5～1.5厘米，有柔弱的直立茎，茎上着生由单层薄壁细胞构成的绿色小叶片。叶

图1-6　葫芦藓

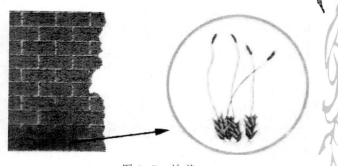

片不仅能够进行光合作用，而且能够直接吸收水分和溶解在水中的无机盐。墙藓没有真正的根，只有在茎的基部密生着红棕色短而细的假根，主要起固着植物体的作用。墙藓的蒴柄呈橙黄色，孢蒴呈圆柱状（见图1-7）。

泥炭藓 生活在沼泽地区和森林洼地中的丛生藓类。植物体呈灰白色或灰黄色，常直立呈垫状，上部不断生长，下部不断死亡。茎有丛生分枝，叶片只有一层细胞。无假根。泥炭藓无蒴柄，孢蒴球形（见图1-8）。

图1-7 墙藓

综上所述，苔类植物没有茎、叶的分化，它们的植物只是扁平的叶状体。藓类植物开始有了茎、叶的分化，但没有真正的根。由于茎和叶的组织中没有输导组织，因此它们的叶又小又薄，植株长得很矮小。

图1-8 泥炭藓

阅读材料

苔藓植物在自然界中的作用

（1）苔藓植物是自然界的拓荒者。地球上几乎每一个有水的环境中都有苔藓植物的存在。许多苔藓植物都能够分泌一些酸性物质，这种物质可以缓慢地溶解岩石表面，加速岩石的风化，促成土壤的形成，所以苔藓植物对土壤的形成起着重要作用，也是其他植物生长的开路先锋。

（2）苔藓植物能够促使沼泽陆地化。泥炭藓、湿原藓等极耐水湿的苔藓植物，在湖泊和沼泽地带生长繁殖，其衰老的植物体或植物体的下部，逐渐死亡和腐烂，并沉降到水底，时间久了，植物遗体就会越积越多，从而使苔藓植物不断地向湖泊和沼泽的中心发展，湖泊和沼泽的净水面积不断地缩小，湖底逐渐抬高，最后，湖泊和沼泽就逐渐变成了陆地。

（3）许多种苔藓植物可以作为土壤酸碱度的指示植物。例如，生长着大金发藓的土壤是酸性的土壤；而生长着墙藓的土壤是碱性土壤。近年来，人们把苔藓植物当作大气污染的监测植物。例如，尖叶提灯藓和鳞叶藓对大气中的二氧化硫（SO_2）特别敏感。

（4）古人很早就开始利用苔藓植物，用来堵墙缝、隔热、塞枕头、做被褥，有的用来做装饰、疗伤等。到了现代，人们开始人工栽培苔藓植物，装饰公园、庭院。藓类中泥炭藓的应用较广，它吸收力强，质地柔软，又能抗菌，是很好的外伤包扎敷料，它还可用来包扎花卉、树苗等，既通风又保湿。有些种类的泥炭藓还可做草药，能清热消肿，泥炭藓可治皮肤病。

三、蕨类植物

蕨类植物大都具有比较发达的根、叶、茎，因此能够适应陆地上的生活。

观察思考

观察蕨、肾蕨和满江红等常见的蕨类植物，思考以下几个问题：

1.与藻类植物、苔藓植物相比，蕨类植物的生活环境有什么不同？

2.比较蕨类植物与苔藓植物、藻类植物，在形态结构上有什么区别？

3.蕨类植物有什么共同的特点？

蕨　蕨（见图1-9）有茎、叶，出现了真根。没有地上茎，地下的根状茎横卧在地面，蔓延生长，根状茎内具有木质部和韧皮部构成的维管束，因此输导能力强。蕨的根状茎向下生有根。早春，根状茎上生出新叶，新叶卷曲上面生有柔毛。叶柄坚硬直立、无毛，高度可达1米。长成的叶是羽状复叶，叶面平滑无毛，叶背的边缘生有许多由孢子囊组成的孢子囊群，孢子囊里有许多孢子。

肾蕨　肾蕨（见图1-10）成片地生长在温暖地带的山野、林下。匍匐茎的短枝上生出圆球形的块茎。叶丛生，羽状复叶，孢子囊群生在每一组侧脉上侧的小脉顶端，囊群盖肾形。肾蕨株形美观，常作观赏植物。

图1-9　蕨

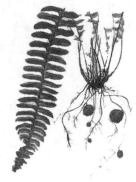

图1-10　肾蕨

满江红　满江红（见图1-11）是一种生长在水田或池塘中的小型浮水植物。幼时叶呈绿色，生长迅速，常在水面上长成一片。秋冬时节，它的叶内含有很多花青素，群体呈现一片红色，所以叫做"满江红"。满江红的个体很小，呈三角形、菱形或类圆形。茎横卧，羽状分枝，须根下垂到水中。叶细小如鳞片，每一叶片都深裂成两瓣，上瓣浮在水面上，能进行光合作用；下瓣斜生在水中，没有色素。满江红常与蓝藻中的项圈藻(鱼腥藻)共生，项圈藻能固定大气中的氮，因此，植株可以作为水稻的优良绿肥，也是鱼类和家畜的饲料。

此外，蕨类植物中比较重要的还有真蕨类的铁线蕨（见图1-12）、木贼类的问荆（见图1-13）和石松类的石松（见图1-14）。

图1-11　满江红

图1-12　铁线蕨

图1-13　问荆

图1-14　石松

综上所述，蕨类植物大多数是陆生的，有了根、叶、茎的分化，根有固着作用和吸收作用，而且茎的内部具有维管束，因此输导能力增强，适于在陆地生活。

1. 旱不死的卷柏

在蕨类植物中，有一些非常耐旱的种类，卷柏就是其中的佼佼者。卷柏是一种矮小的草本植物，高不过十几厘米。在直立短粗的茎顶部，密密丛生着许多扁平的小枝，小鳞片状的叶分4行排列在小枝上，看上去很像一簇柏树小枝插在了地上。卷柏靠孢子进行有性生殖。卷柏分布十分广泛，在中国各地以及俄罗斯远东地区、朝鲜、日本都有。这种植物有极强的耐旱本领，因此多扎根于裸露的岩石上和悬崖峭壁的缝隙中。

2. 桫椤

桫椤（见图1-15），现在蕨类植物中最高大的种类，是我国的一级保护植物。其无分枝的主干可高达8米，顶部簇生的羽状复叶可长达2～3米。我国仅在贵州赤水、四川、广东、台湾等地有少量分布。

图1-15 桫椤

1.除了文中讲到的以外，你还知道哪些藻类植物、苔藓植物和蕨类植物？

2.天气转暖以后，池水为什么会渐渐变绿？

3.苔藓植物为什么只能适应于生活在阴湿的环境里？

4.对比蕨和葫芦藓在形态结构方面有什么不同之处？

第二章

2

种 子 植 物

可用种子进行繁殖的植物，称为种子植物。桃、大豆、马尾松、银杏等都是种子植物，因为桃核中的桃仁，大豆豆荚中的豆粒，银杏结的白果都是种子。种子是一种生殖器官，种子植物就依靠种子来繁殖后代。种子的结构比孢子复杂，抵抗干旱和其他不良环境的能力也远远的强于孢子。因此，具备种子的种子植物是植物界中进化水平更高级的类群，在30多万种植物中，种子植物占了2/3左右。

第一节　种子植物的概述

种子植物不仅具有发达的根、茎、叶，而且受精过程脱离了水的限制，更适于在陆地上生活。种子植物根据种子是否有果皮包裹，可分为裸子植物和被子植物两类。

一、裸子植物和被子植物

裸子植物的种子外面没有果皮的包被，种子是裸露的，所以叫裸子植物。常见的种类有松、银杏、苏铁等（见图2-1）。

被子植物的种子外面有果皮的包被，能形成果实，所以叫被子植物。例如桃、百合、杨梅、葡萄等（见图2-2）。

银杏

苏铁

图2-1　裸子植物

杨梅

百合

图2-2　被子植物

16

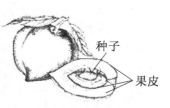

观察思考

观察图2-3，并思考：

1. 你知道为什么把它们称为种子植物吗？

2. 哪个是裸子植物,哪个是被子植物,为什么？

松的球果和种子 　　　　桃的果实和种子

图 2-3 　种子植物　松和桃

松的球果和桃的果实里面都含有种子，都依靠种子繁殖后代，所以说松和桃都属于种子植物。不过，它们种子着生的状况又有明显的不同：仔细观察，会看到松树的球果是由许多木质鳞片所形成。剥开鳞片，可以看到在每一鳞片下覆盖着两粒有翅的种子，外面没有果皮包被着，种子是裸露着的，因此松树属于裸子植物。桃树的种子不裸露，外面有果皮包被着，因此桃树属于被子植物。

由于裸子植物的种子裸露在外，因此种子在抵抗不良环境条件及传播等方面都比被子植物差。而被子植物的种子藏在果实之内，不但受到了保护，而且有利于种子传播，大大加强了繁殖后代的能力。因而被子植物成为植物中最高等、种类最多、分布最广的一个大类群，数量多达25万种，而裸子植物的数量不足800种。

二、草本植物和木本植物

根据植物茎的木质化程度的不同，种子植物可以分为草本植物和木本植物两大类。

草本植物是指茎内木质部不发达，木纤维等木质化细胞比较少的植物。草本植物的茎比较柔软，含水分多，较脆弱，容易折断，植株一般比较矮小，没有年轮，如白菜、玉米。

木本植物是指茎内木质部发达，木纤维等木质化细胞比较多的植物。木本植物的茎坚硬而直立，植株一般比较高大，寿命很长，是多年生植物，一般有比较明显的年轮。

木本植物根据主干是否明显，又可以分为乔木和灌木两类。乔木是一类具有明显而直立的主干，分枝繁茂的木本植物。乔木的植株高大，主干在距地表较高的地方出现分枝，形成树冠，如毛白杨、雪松、梧桐、王棕（见图2-4）等。灌木是一类没有明显主干而分枝繁茂的木本植物。灌木的植株比乔木矮小，常在近地表的地方出现分枝，主干与分枝呈丛生状，如木槿、迎春花、冬青、杜鹃花（见图2-5）等。

图 2-4　乔木　王棕

图 2-5　灌木　杜鹃花

种子植物与人类的关系

在植物界中，种子植物不仅数量最多，而且用途最广泛，与人类的关系最密切。

人们吃的粮食、蔬菜、水果、肉、蛋、奶，穿的棉、麻、丝、毛，绝大多数直接或间接来源种子植物。

人们制作坚固的房屋，美观实用的家具，以及车、船、桥梁等，过去都要用种子植物提供的木材，现在虽然有了水泥、钢铁和塑料，利用的木材比以前少了，但是制造其中的某些部件，还是离不开木材。

许多种子植物，如人参、甘草、贝母等，可作药材。随着医药科学研究的深入发展，人们发现越来越多的种子植物具有药用价值。例如，红豆杉、三尖杉和长春花就是近年来发现具有治疗癌症功效的种子植物。

球鞋底和车辆的内外胎等日用生活品都是橡胶制品，可供提取橡胶的植物是橡胶树和橡胶草；食品工厂酿造酒、醋、酱油、味精、豆腐乳等所需要的原料，主要来自小麦、高粱、玉米、大豆等；芦苇是重要的造纸原料。近年来，我国的科学家从田菁的种子中提取出田菁胶，田菁胶在食品、造纸、石油、矿冶、纺织等工业中有着重要的用途。

许多种子植物能阻挡、过滤和吸附粉尘，吸收大气中的有害气体，降低空气中粉尘、有害气体和细菌的含量，起到净化空气的作用。例如，铁树可吸收空气中的苯，万年青和雏菊可以清除三氯乙烯，芦荟、虎尾兰可吸收甲醛等。

种子植物构成了大片的森林，森林能够涵养水源和保持水土。此外，由种子植物构成的大片森林，还具有防风固沙、调节气候的作用。

供观赏的花草树木，大都是种子植物。例如，金钱松、罗汉松。

拓展练习

1. 什么是种子植物？请举例说明。

2. 根据什么特征可以将种子植物分为裸子植物和被子植物？

探索实践

收集各种形状、颜色、花纹的种子，并发挥你的聪明才智和丰富的想象力，将收集到的这些种子创作成一幅美丽的种子画。

第二节 裸子植物

一、裸子植物的形态结构和生殖特点

（一）裸子植物的形态结构

裸子植物在中生代最为繁盛，由于地球气候经过多次重大变化，许多种类相继灭绝，现在仅存800多种。裸子植物具有发达的根、茎、叶。根能更好地吸收水分和无机盐，且牢牢地固定泥土；茎内具有大量的管胞，具有输导和支持的作用；叶多为针形或鳞形，极少数为扁平的阔叶，从而可减少水分的蒸发，更适合陆地生活，所以裸子植物一般长得很高大。常见的有松、油松、杉木、侧柏、银杏等，公园栽培的著名观赏植物有雪松、苏铁等也属裸子植物。

（二）裸子植物的生殖特点

我们以松树为例，介绍裸子植物的生殖特点，其全过程可参见图2-6。

春天，松生出很多新的枝条。一些新枝的顶端生有淡红色的球状的雌球花，一些新枝的基部生有黄色的雄球花。每个雄球花都由许多鳞片构成，每个鳞片上有两个花粉囊，囊内产生很多黄色的花粉粒，每一个花粉粒有两个网状花纹的气囊，因而花粉很容易被风吹散。雌球花也由许多鳞片构成，每个鳞片上都生有两个胚珠，胚珠裸露。

晚春，雄球花鳞片上的花粉囊破裂，花粉粒随风飘出。有些花粉粒落到雌球花的胚珠上，被珠孔顶

部的黏液黏住，随着黏液中水分的蒸发，花粉粒被带入珠孔。这个过程就叫做"传粉"。

花粉粒进入珠孔后，不久就萌发形成花粉管。花粉管穿入珠心一段距离以后，就停止了生长，进入休眠状态。一年以后，花粉管才继续伸长，到达胚珠中的卵细胞附近，放出精子，精子与卵细胞融合，完成受精作用。受精过程在授粉后13个月左右才完成。受精后的同年秋天，球果成熟并裂开，种子散落出来，种子有翅状结构，可以随风传播。

可见，裸子植物的生殖过程脱离了水的限制，使其更适于陆地生存。

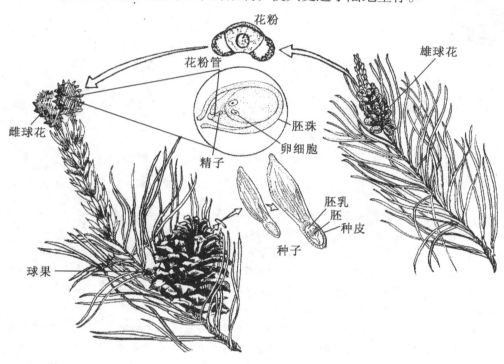

图2-6 松树的生殖过程

简述裸子植物的主要特征。

二、常见的裸子植物

我国是裸子植物种类最多、资源最丰富的国家之一，其中有许多是文明世界的珍稀植物，还有不少是第三纪的孑遗植物或称"活化石"植物，如银杉、水杉、银杏等。

苏铁 又叫铁树（见图2-7），主干呈柱状，顶端丛生大型的羽状复叶，雌雄异株。主要分布在我国南方，在北方地区很难开花，所以人们常用"铁树开花"来比喻事物非常罕见或极难实现。实际上，只要条件适宜，铁树可连年开花不断。苏铁树形优美，为我国常见的观赏树种。

图2-7 苏铁（雌株）

银杏 又叫白果树（见图2-8），高大的落叶乔木，雌雄异株。种子近球形，熟时黄色，外被白粉，种皮有3层：外种皮厚，肉质；中种皮白色坚硬；内种皮红色，膜质。银杏为我国特产的著名中生代孑遗植物。银杏的树形优美，是行道树和园林绿化的珍贵树种。木材可供建筑用材，种

图2-8 银杏

仁可食（注：多食易中毒）和药用，叶中含有多种活性物质，可生产出抗衰老和治疗心脑血管疾病的特效药。

雪松 常绿乔木（见图2-9），叶针形，坚硬。球果第二年成熟，种子有宽大膜质的种翅。材质坚实，致密而均匀，具香气。雪松的树形美观，作为庭园树种被我国各大城市广泛栽培。

侧柏 常绿乔木，叶鳞形交叉对生，小枝扁平，许多小枝排列成一个平面，直伸或平展。在我国分布十分广泛。

图2-9 雪松

阅读材料

裸子植物的经济价值

一、林业生产中的作用

裸子植物大多为乔木，覆盖着地球陆地表面，森林中约有80%都是裸子植物。其在维护森林生态平衡和水土保持等方面发挥了重要的作用。我国长江流域以南的马尾松林和杉木林，东北大兴安岭的落叶松林，小兴安岭的红松林，甘肃南部的云杉、冷杉林，陕西秦岭的华山松林等均在各林区中占有重要地位，为我国的造纸工业和建筑工业提供了主要的木材资源。裸子植物较耐寒，对土壤的要求较低，枝少干直，易于种植，因此，我国目前的荒山造林首选针叶树，如云杉、冷杉、杉木、马尾松、油松等，它们已成为重要的人工造林树种。

二、食用和药用

许多裸子植物的种子可食用或榨油，如买麻藤、红松等的种子，均可炒熟食用。近年研制开发的"松花粉"是一种极具推广价值的营养保健品。药用的种类也很多：银杏和侧柏的枝叶及种子、麻黄属植物的全株均可入药；近年来从红豆杉的枝叶及种子中的提取物具有抗癌活性的多种生物碱，可用于制取抗癌药物。

三、工业上的应用

裸子植物的木材可作为建筑、家具、器具及木纤维等的工业原料。多数松杉类植物的枝干可割取树脂用于提炼松节油等副产品，树皮可提制栲胶。

四、观赏和庭院绿化

大多数的裸子植物为常绿乔木，寿命长，树形优美，修剪容易，是重要的观赏和庭院绿化树种，如苏铁、银杏、雪松、油松、水杉、金松、侧柏、圆柏、南洋杉、罗汉松等，其中雪松、金松、南洋杉被誉为世界三大庭院树种。

探索实践

你还认识哪些常见的裸子植物？收集图片、文字或其他的资料，在班上举办一次我国珍稀裸子植物展。

第三节 被子植物

一、被子植物的营养器官——根、茎、叶

一株完整的被子植物，由根、茎、叶、花、果实、种子6种器官构成。其中，根、茎、叶担负着营养植物体的生理功能，叫"营养器官"；花、果实、种子与植物的生殖有关，叫"生殖器官"。

（一）根的形态结构及生理

根，是植物在长期进化过程中适应陆地生活而逐渐形成的器官。根大多生长在土壤里，具有吸收、固着、合成、贮藏等作用。植物的根具有向下生长特性，一株植物全部根的总和，叫做"根系"。根系具有固定流沙、保护堤岸和防止水土流失的作用。

1. 根和根系的类型

（1）主根、侧根和不定根

主根：种子萌发时，最先是胚根突破种皮，向下生长，这个由胚根细胞的分裂和伸长所形成的向下垂直生长的根，称为主根。

侧根：主根生长到一定长度时，在一定部位上侧向地生出许多分支的根，称为侧根。侧根和主根往往形成一定的角度，当侧根达到一定长度时，又能生出新的侧根。

不定根：有些植物在主根和侧根以外的部分，如茎、叶或胚轴上生出的根，统称为不定根。例如，小麦的种子萌发时形成的主根，存活时间不长，以后由胚轴上或茎的基部所产生的不定根所代替。在农业、林业生产中，常利用某些植物能从茎、叶上产生不定根的特性进行扦插繁殖，已成为常见的育苗方法之一。

观察图 2-10，看看下列两种植物的根有什么不同？你还知道哪些植物的根系与它们一样？

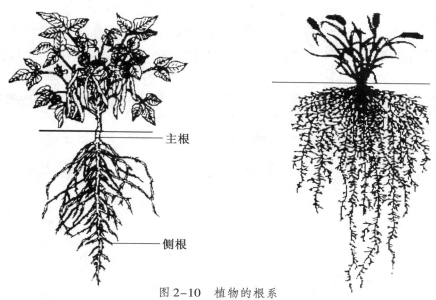

图 2-10　植物的根系

（2）直根系和须根系

根系有两种基本类型：

直根系：有明显的主根和侧根区别的根系，称为直根系。松树、棉花、杨、菠菜等植物的根系是直根系。

须根系：葱的根系由不定根和它的分枝组成，粗细相近，无明显的主根和侧根区分，称为须根系。车前、稻、百合等植物的根系是须根系。

根系在土壤中分布的深度和阔度，因植物种类、生长发育的情况、土壤条件和人为的影响等因素而不同。

2. 根尖的基本结构

根尖，是指从根的顶端到着生根毛的这一段，是根中生命活动最旺盛、最重要的部分。根内组织的形成，根的伸长，根对水分和养料的吸收，主要是在根尖内进行的。根尖可以分为4个部分，从顶端向

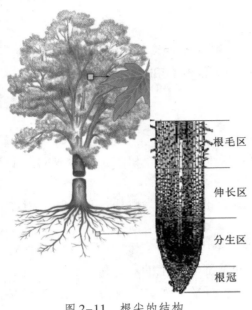

图 2-11　根尖的结构

上依次是：根冠、分生区、伸长区和成熟区（见图 2-11）。

（1）根冠　根冠位于根的先端，成圆锥形，由许多排列不规则的薄壁细胞组成，像一顶帽子似的套在分生区的外方，所以称为根冠。根冠具有保护根的顶端分生组织和帮助正在生长的根较顺利的穿越土壤，并减少损伤的作用。

（2）分生区　分生区是根的顶端分生组织，位于根冠内方。分生区不断地进行细胞分裂形成新的细胞，除一部分形成根冠细胞，以补偿根冠因受损伤而脱落的细胞外，大部分经过细胞的生长、分化，逐渐形成根的各种结构。

（3）伸长区　伸长区位于分生区稍后方的部分，细胞分裂已逐渐停止，并明显沿根的长轴方向延伸，因此称为伸长区。伸长区能够吸收一些水分和无机盐。根长度的生长是分生区细胞的分裂和伸长区细胞的延伸共同活动的结果，有利于根能吸取更多的营养。

（4）成熟区　成熟区紧接伸长区，细胞已停止伸长，并且多已分化成熟。表皮产生根毛，也称为根毛区。成熟区是根吸收水分和无机盐最强的部位。

3. 根的生理功能

（1）吸收作用　根可吸收土壤中的水和无机盐。

（2）固着和支持的作用　由于植物体具有反复分枝，深入土壤的庞大根系，以及根内牢固的机械组织和维管组织的共同作用，可以抵抗风、雨、冰、雪的袭击，巍然屹立。

（3）输导作用　由根毛吸收的水分和无机盐，通过根的维管组织输送到茎和其他部位，而叶所制造的有机养料经过茎输送到根，再经根的维管组织输送到根的各部分，以维持根的生长需要。

（4）合成功能　据研究，在根中能合成蛋白质所必需的多种氨基酸，并能很快地运至生长的部分，构成蛋白质，作为形成新细胞的材料。根还能合成激素和植物碱，这些激素和植物碱对植物地上部分的生长、发育有着较大的影响。

（5）储藏和繁殖功能　根内的薄壁组织较发达，常为物质贮藏之所，如萝卜、甜菜等。有些植物的根能产生不定芽，常常利用扦插的方式来繁殖后代。

简述根的主要功能。

阅读材料

无土栽培技术

无土栽培是指不用天然土壤，而是用把植物生长发育过程中所需要的各种无机盐，按一定比例配制成的营养液来栽培作物的方法，当前主要用于温室大棚中蔬菜、花卉栽培和树木育苗。最早的无土栽培，是1929年美国加利福尼亚大学格里克（Gericke）教授成功栽培番茄。从此，无土栽培面积不断扩大，方法不断增多。与土壤栽培相比，无土栽培的农作物产量高，质量好，无污染，并省肥、省水、省工。无土栽培最突出的特点是经济效益高，目前发达国家温室作物生产的90%采用无土栽培，温室无土栽培西红柿亩产量达到了3万～4万千克，获得了极大的经济效益。中国农科院蔬菜花卉研究所利用有机生态无土栽培技术，生产西红柿亩产量达到1.3万千克，亩纯收入1.5万元。同时，许多不适宜农作物栽种的地方（沙滩、海岛、盐碱地等）都可进行无土栽培，扩大了农作物的栽培范围和面积。

（二）茎的形态结构及生理

茎由胚芽发育而来，大都生长在地面上，支持着叶、花和果实，并将根吸收的水分、无机盐及叶制造的有机养料运输到身体的各部分。植物体通过茎将各部分的活动联成一个整体。茎除物质的输送和支持作用外，还能制造和贮藏养料，进行营养繁殖。

采集并观察几种常见植物的茎，如柳、白杨、爬山虎、牵牛花，结合你过去所学的知识，思考：

1. 茎有什么特征？与根在外形上有什么不同？

2. 各种茎的生长状态有何不同？

1. 茎的基本形态

（1）茎的外形

茎上着生叶和芽的位置叫节，两节之间的部分为节间，叶和茎之间形成的夹角称为叶腋，茎顶端和节上叶腋处都生有芽。木本植物茎上的叶子脱落后留下的痕迹叫叶痕。

（2）芽的类型

芽是未伸展的枝、花或花序，将来可发育形成枝或花。根据芽的位置、性质、构造和生理状态等特点，芽可以分为许多种类。根据芽的位置分，一般生在主干或侧枝顶端的芽叫顶芽，着生在叶腋处的叫腋芽，腋芽因生在枝的侧面，也称侧芽。顶芽和腋芽称为定芽，还有许多芽是生长在茎的节间、老茎、根或叶上，这些没有固定着生

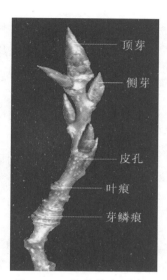

图2-12　茎的基本形态

部位的芽，被称为不定芽。根据芽的性质分，芽发育后形成茎和叶的，这种芽叫叶芽，亦称枝芽。芽发育后形成花或花序的芽为花芽，芽发育后可同时发育成枝与花，称为混合芽，如苹果。根据芽的构造，可分为鳞芽和裸芽；根据芽的生理状态，可分为活动芽和休眠芽。

（3）地上茎的类型

茎的生长方向与根相反，是背地性的，一般都向上生长。不同植物的茎在长期的演化过程中由于适应不同的环境，从而形成了不同的类型。植物地上茎可以分为4种不同的类型：

直立茎：茎垂直地面生长直立于空间，大多数植物茎都是直立茎，例如柳树、玉米、向日葵等。

图2-13　直立茎

攀缘茎：茎细长柔软不能直立，必须以特有的结构攀缘他物才能向上生长，叫做攀缘茎。例如，葡萄、黄瓜、豌豆等以卷须攀缘他物上升；爬山虎以卷须顶端的吸盘附着墙壁或岩石上；白藤以茎上的钩刺，附着他物上，使茎向上生长；常春藤以气生根攀缘他物生长。

缠绕茎：细长柔软不能直立，也无攀缘结构，而以茎本身缠绕于他物上升，如牵牛花、菜豆、紫藤等。

匍匐茎：茎细长柔弱，平卧在地上蔓延生长，在茎上不但生有叶子，而且在节处生有不定根。如草莓、甘

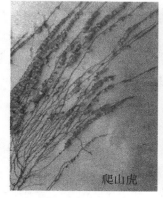

爬山虎

图2-14　攀缘茎

图2-15　缠绕茎

图2-16　匍匐茎

薯等。

有攀缘茎和缠绕茎的植物，统称为藤本植物。藤本植物可分为草质藤本（菜豆、黄瓜等）和木本植物（紫藤、葡萄等）。

2. 茎的基本结构

下面以双子叶植物茎为例，介绍茎的初生结构。

双子叶植物茎的初生结构，可以分为表皮、皮层和维管柱3个部分。

（1）表皮　表皮是茎最外面的一层细胞，是茎的初生保护组织。在横切面上表皮细胞为长方形，排列紧密，没有胞间隙，有各种表皮毛和气孔器分布。表皮细胞一般壁比较薄，但外切向壁较厚，并有不同程度加厚的角质膜，可以控制蒸腾，抵抗病菌的侵入。

（2）皮层　位于表皮之内，组成成分主要是薄壁细胞，细胞多层，排列疏松，有明显的胞间隙。近表皮处的厚角组织和薄壁组织细胞中常含有叶绿体，因此使幼茎呈绿色。

（3）维管柱　维管柱是皮层以内的部分，包括维管束、髓和髓射线3部分。

初生维管束是指皮层以内由初生木质部和初生韧皮部构成的束状结构，一般初生韧皮部在外，初生木质部在里面，两者之间存在着形成层，是由顶端分生组织保留下来的具有分裂能力的细胞，将来可以分裂产生新的木质部和韧皮部。

髓是茎的中心部分，由薄壁组织细胞组成，有贮藏养料的作用，如单宁、淀粉粒等。

髓射线位于皮层和髓之间，是维管束之间的薄壁组织，在横切面上呈放射状，有横向运输的作用，也可贮藏营养物质。

3. 茎的生理功能和经济利用

？ 观察思考

我们都知道"水往低处流"，而植物的根所吸收的水，为什么能源源不断地向上输送到茎、叶、花和果实中呢？

（1）茎的输导作用　双子叶植物茎的木质部中的导管，把根毛从土壤中所吸引的水分和无机盐，运送到植物体的各部分。茎的韧皮部中的筛管，把叶进行光合作用产生的有机产物运送到植物体的各个部分。

水分、无机盐和有机营养物质，是植物正常生活中不可缺少的条件，它们的运输和植物的光合作用、蒸腾作用、呼吸作用等，有着紧密的联系。

（2）茎的支持作用　茎内的机械组织，构成了植物体的坚固有力的结构，起着巨大的支持作用。庞大的枝叶和大量的花、果，加上自然界中的暴雨、强风和冰雪，如果没有茎的坚强支持和抵御，是无法合理安排枝、叶在空间的展布的。合理的展布有利于植物的光合作用，以及开花、传粉、受精和果实种子的发育、成熟和传播。

（3）茎还有储藏和繁殖作用　茎的薄壁细胞组织往往贮存大量物质，如地下茎中的根状茎（藕）、球茎（荸荠）、块茎（马铃薯）等的储藏物质尤为丰富，可作为食品和工业原料。不少植物茎能形成不定根和不定芽，农林和园艺工作中常用扦插、压条等方法繁殖苗木，可作营养繁殖。

拓展练习

1. 攀缘茎与缠绕茎的相同点和不同点？

2. 一棵果树在树干上进行环割处理，环割太宽很容易使树死亡，为什么？而在某一树枝上进行环割处理，则一般不会使枝条枯死，而且有利于增加有效花率，提高坐果率，为什么？

阅读材料

年 轮

年轮（见图2-17），也称为生长轮。在温带的春季或热带的雨季，气候温和，雨水充沛，形成层活动旺盛，所形成的木质部中的细胞径大而壁薄，这部分的木材，质地较疏松，颜色较浅，称为早材或春材。在温带的秋季或热带的旱季，气温和水分等条件渐渐不宜于树木的生长，形成层的活动逐渐减弱，所形成的木质部中的细

图2-17 年轮

胞径小而壁厚，这部分的木材，质地较坚实而颜色较深，称为晚材或秋材。同一年内所产生的早材和晚材就是一个年轮。两者之间的细胞结构是逐渐转变的，没有明显界限；但前一年的晚材与后一年的早材之间的界限，非常明显。茎内形成层活动受不同季节气候影响。在许多木本植物茎的横截面可以看到是不同颜色的同心环——年轮。人们可根据树干基部的年轮，测定树木的年龄。年轮还可反映出树木历年生长的情况，结合当地气候条件和抚育管理措施的实际，从中总结出树木快速生长的规律，用以指导林业生产。

（三）叶的形态结构及生理

叶是植物制造有机养料的重要器官，是光合作用进行的主要场所。叶的形态是多种多样的，每种植物都有一定形状的叶，叶的形态是识别植物的重要特征之一。

1. 叶的形态

（1）叶的组成 植物的叶一般由叶片、叶柄和托叶3部分组成（见图2-18）。叶片是叶的主要部分，叶柄是叶的细长柄状部分，连接着叶片与茎。托叶是柄基两侧所生的小叶状物。具叶片、叶柄和托叶3部分的叶，称为完全叶，如梨、桃、月季等植物的叶。只具一或两个部分的，称为不完全叶，如荠菜、白菜、丁香等植物的叶。

（2）叶片的形态 各种植物叶片的形态多种多样，大小不同，形状各异。常见的形状有以下几种（见图2-19）：

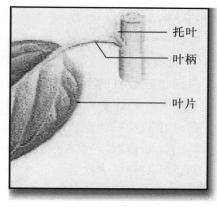

图2-18 叶的组成

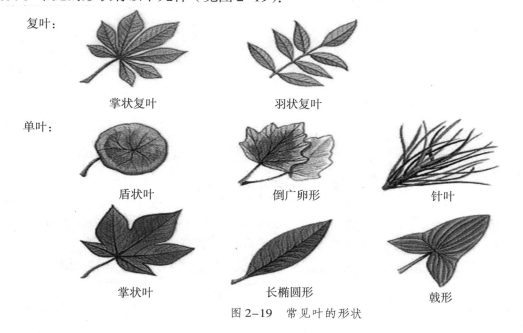

复叶：

掌状复叶　　　　羽状复叶

单叶：

盾状叶　　　倒广卵形　　　针叶

掌状叶　　　长椭圆形　　　戟形

图2-19 常见叶的形状

① 椭圆形——叶片中部较宽而两端较狭，两侧叶缘成弧形，称为椭圆形叶，如橡皮树叶、樟的叶。

② 卵形——叶片基部圆阔，上部稍狭，称为卵形叶，如向日葵、玉兰的叶。

③ 线形——叶片狭长，叶基到叶尖宽度约略相等，两侧叶缘近平行，称为线形叶，也称条形叶，如水稻、小麦、韭菜的叶。

④ 针形——叶细长，先端尖锐，称为针叶，如松、云杉叶。

⑤ 披针形——叶片较线形短而宽，由叶基到叶尖渐次狭尖，称为披针形叶，如柳、桃的叶。

⑥ 菱形——叶片成等边的斜方形，称菱形叶，如菱的叶。

⑦ 心形——类似卵形，但叶片下部更为广阔，基部凹入，似心脏的形状，称为心形叶，如紫荆的叶。

⑧ 肾形——叶片基部凹入成钝形，先端钝圆，横向较宽，形如肾，称为肾形叶，如天竺葵、冬葵的叶。

⑨ 扇形——顶端宽而圆，基部渐狭，形如展开的折扇，如裸子植物中的银杏的叶形。

（3）叶脉　叶片内的输导和支持结构，通过叶柄与茎相连，在叶片上呈现出各种脉纹的分布。叶脉在叶片上有规律的排列方式，称为脉序。主要有3种类型：

① 平行脉——叶脉平行排列，多见于单子叶植物，如水稻、小麦、香蕉、蒲葵、车前等。

② 网状脉——具有明显的主脉，并向两侧发出许多侧脉，各侧脉又一再分枝形成细脉，共同组成网状，多见于双子叶植物，如苹果、桃、李、葡萄、向日葵等。

③ 叉状脉——其特点是各脉作二叉分枝，为较原始的脉序，如银杏。

（4）单叶和复叶　植物的叶有单叶和复叶之分。一个叶柄上只生有一片叶片的，称为单叶；一个叶柄上生有两片以上小叶的，称为复叶。复叶的叶柄，称为总叶柄；在总叶柄上所生的许多叶，称为小叶；小叶的叶柄，称为小叶柄。

根据小叶排列的位置，复叶可分为以下4种：

① 羽状复叶——小叶排列在总叶柄的左右两侧，类似羽毛状，如蚕豆、槐树等。

根据小叶数目的不同，又分为奇数羽状复叶（如月季、刺槐）和偶数羽状复叶（如花生、皂角）。

羽状复叶根据总叶柄分枝的情况，分为一回、二回、三回和多回羽状复叶。一回羽状复叶，小叶直接生在总叶柄左右两侧，即总叶柄不分枝，如刺槐、花生等；二回羽状复叶，即总叶柄分枝一次后，再生小叶的，如合欢等；三回羽状复叶，即总叶柄分枝两次后，再生小叶的，如南天竹等。多回羽状复叶，即总叶柄分枝多次后，再生小叶的，如茴香等。

② 掌状复叶——多片小叶都生在总叶柄顶端的一个点上，排列如掌状，如五加、七叶树等。

③ 三出复叶——只有3片小叶生在总叶柄上的称为三出复叶，如大豆、酢浆草、苜蓿等。

④ 单身复叶——顶生小叶正常发育，侧生小叶退化，顶生小叶与总叶柄相连处有一关节，这种复叶看上去似一片单叶，称单身复叶，如桔。

观察思考

如何区别单叶与复叶？

2. 叶片的基本结构

植物的叶片由表皮、叶肉和叶脉3部分组成。

（1）表皮　表皮分布于整个叶片的外表，起保护作用，分为上表皮和下表皮，由一层扁平而排列紧密的活细胞组成。表皮上常有气孔、表皮毛等结构。气孔是由两个半月形的保卫细胞围合而成的小孔，可以自动调节开闭，是植物与外界环境之间进行气体交换和水分蒸腾的通道。

（2）叶肉　叶肉位于上、下表皮之间，由大量的叶肉细胞组成，内含有大量的叶绿体，是植物进行光合作用的主要部分。多数植物的叶肉细胞分化为栅栏组织和海绵组织。栅栏组织靠近上表皮，由一些排列较紧密的长圆柱状细胞组成，主要进行光合作用。而海绵组织靠近下表皮，由一些排列较疏松的不规则形细胞组成，主要进行气体交换，也能进行光合作用。

（3）叶脉 叶肉内的维管束为叶脉。叶脉分布在叶肉组织中，由木质部和韧皮部组成。叶脉的主要功能是起输导和支持作用。

3. 叶的生理功能

叶的主要生理功能是光合作用和蒸腾作用，它们在植物的生活中有着重大的意义。

（1）光合作用（此内容在第八章"生物的新陈代谢"中将再作详细介绍）

（2）蒸腾作用 植物吸收的水分，仅有少部分留在体内，参与各项生命活动，其余绝大部分都散失到体外去了。水分以气体状态通过植物体的表面，散失到大气中的过程，称为蒸腾作用。植物的主要蒸腾器官是叶，主要蒸腾途径是叶表面的气孔。

蒸腾作用对植物的生命活动有重大意义：

第一，蒸腾作用是根系吸水的动力之一。由于蒸腾作用而产生的蒸腾拉力是植物吸水和水分运输的动力。

第二，根系吸收的矿物质，主要是随水分在导管内的运输而到达植物各器官的。蒸腾作用促进了对矿质元素在植物体内的运输。

第三，当水分变成水蒸气时，须吸收一定的热量。因而蒸腾作用可以降低植物体特别是叶表面的温度，使叶在强烈的日光下，不会因温度过高而受损害。因此，夏天在森林及附近地区，会感到空气比较凉爽和湿润。

拓展练习

1. 采集15种不同植物的叶子，分析它们各属于哪种叶形，运用所学知识，看一看它们的叶刺、叶脉各属于哪种类型？

2. 思考一下，为何在夏天中午，我们经常看到植物叶子会变蔫？

3. 落叶树木的移栽为什么只在早春进行？常绿树木移栽时为何常剪去部分枝叶？

阅读材料

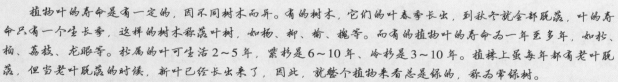

叶的寿命与落叶现象

植物叶的寿命是有一定的，因不同树木而异。有的树木，它们的叶春季长出，到秋冬就全部脱落，叶的寿命只有一个生长季，这样的树木称落叶树，如杨、柳、榆、槐等。而有的植物叶的寿命为一年至多年，如松、柏、荔枝、龙眼等。松属的叶可生活2～5年，紫杉是6～10年，冷杉是3～10年。植株上虽每年都有老叶脱落，但当老叶脱落的时候，新叶已经长出来了，因此，就整个植物来看总是绿的，称为常绿树。

进入秋天，我们会看到落叶树的叶片逐渐变黄，不久就纷纷落下。落叶是树木的一种生理现象，它受植物体内外部环境条件共同影响，是植物对不良环境条件的一种保护性适应，是树木保护自己的一种本领。

实验1 叶的解剖构造的观察

一、目的要求

了解双子叶植物和单子叶植物叶片的构造。

二、仪器及用具

显微镜、刀片、镊子、载玻片、品红染料。

三、实验材料

大豆叶片、小麦叶片。

四、方法步骤

（一）观察表皮和气孔

撕取大豆叶上表皮和小麦叶下表皮部分，制作成简易装片，置于显微镜下观察，可观察到双子叶植物、单子叶植物的表皮细胞和气孔。

（二）双子叶植物叶片的构造

把大豆叶片横切，用品红染料染色，制作成横切面装片，在显微镜下观察，可观察到以下各部分结构：

1. 表皮　有上下表皮之分，各由一层排列紧密的表皮细胞组成，下表皮分布有较多的气孔。

2. 叶肉　在上下表皮之间，由薄壁细胞组成，分为栅栏组织和海绵组织，内含叶绿体。

3. 叶脉　分布在叶肉中，一般由木质部和韧皮部组成。

（三）单子叶植物叶片的构造

在显微镜下观察小麦叶片的横切面装片，可观察到以下各部分结构：

1. 表皮　由上下表皮组成，各由一层排列紧密的表皮细胞组成，上下表皮均有气孔。

2. 叶肉　无栅栏组织和海绵组织的明显分化。

3. 叶脉　由木质部与韧皮部组成。

五、实验报告

1. 绘出大豆叶片的横切面图，注明各部分的结构名称。

2. 绘出小麦叶片的横切面图，注明各部分的结构名称。

实验 2　蜡叶标本的制作

一、目的要求

学会植物蜡叶标本的采集与制作。

二、仪器及用品

采集标本的用具：采集箱、枝剪、小铲、标本夹、吸水纸、标签。

用品：刷子、台纸、针、线、胶水。

三、内容与方法

1. 植物标本的采集　野外采集标本时要求具有代表性和典型性。草本植物一般要求根、茎、叶、花（或果实）完全，可用小铁锹将植物连根挖出；木本植物须选用无病虫害，发育正常，大小适中，具有花或果的枝条。采集时在标本上挂上标签，同时记录好植物号码、采集地、分布情况、采集日期等。

2. 整理　用刷子轻轻擦掉标本上的灰尘和脏物，使其清洁美观。把标本放在吸水纸上，加以整理，使其枝叶舒展，保持自然状态。

3. 压制　在标本夹里每放几层吸水纸，便放一份标本，最后将标本夹用绳子捆紧，放置通风处，加速标本干燥。同时注意每天应及时换纸，使其彻底干燥。

一株植物或植物的一部分，经过整理、压制、干燥后，叫蜡叶标本。

4. 装贴（上台纸）　装贴是指把蜡叶标本固定在一张硬纸板（台纸）上。把植物蜡叶标本固定在台纸上的方法主要用胶水、针和线固定。枝叶柔软的标本，可用胶水涂在标本的下面，粘在台纸上。根和茎的部位可用针和线装订，注意线的颜色与标本相近似。

上完台纸后，在台纸的右下角贴上标签，注明植物的学名、采集地、采集者、采集时间。

四、实验报告

每人交一份制作好的蜡叶标本。

（四）营养器官的变态

有些植物的营养器官，在长期适应某种特殊环境的过程中，其形态、结构或生理功能，发生了很大的变化，这种变化叫做变态。变态是植物体在长期发展过程中形成的，是长期适应环境条件的结果。

营养器官根、茎、叶中都有变态。

1. 根的变态

（1）贮藏根　肉质肥大，贮藏有大量营养物质。

① 肥大直根——由主根肥大发育而成。如萝卜、胡萝卜、甜菜的肉质肥大的根。肥大直根上部具有胚轴和节间很短的茎，在上面着生许多的叶子。在肥大直根中有薄壁细胞，内贮存大量营养物质。

② 块根——由侧根或不定根膨大发育而成，在外形上比较不规则。由于它不是由主根膨大而成，因此不像萝卜、胡萝卜、甜菜那样每株只能形成一个肉质根，而是一株可以形成许多膨大的块根，如甘薯。

（2）气生根　生长在空气中的根叫气生根，因作用不同，又可分为支柱根和呼吸根。

① 支柱根——一些植物可以从靠近地面的茎上长出许多不定根来，向下深入土中，具有支持植物体的作用，这类变态的根叫支柱根，例如，玉米茎上长出的不定根；榕树的树枝上长出许多不定根，向下生长，直达地面，穿入土中，成为强大的支柱根，具有加强支持的作用。

② 呼吸根——生长在沼泽地带的植物，由于植株的一部分被淤泥掩埋，淤泥中空气很少，在泥中的根呼吸困难，有一部分根从淤泥中向上生长，暴露在空气中。这种根的内部有发达的通气组织，有利于植物通气和贮存气体，这样的根叫做呼吸根，如广东沿海一带的红树等。

（3）寄生根　有些营寄生生活的植物，它的茎缠绕在所寄生植物的茎上，同时生出许多不定根，伸入寄生植物茎的内部组织，吸取寄主的水分和养料，供自身生长。这种不定根叫寄生根，如生长在大豆地里的菟丝子。

2. 茎的变态

（1）地上茎的变态

① 茎卷须——有些植物的茎细长柔软，不能直立，部分茎和茎端变态形成卷须，卷须多发生于叶腋处，如黄瓜和南瓜。也有些植物的卷须出现在叶的对生处，如葡萄的茎卷须。

② 枝刺——由茎变态形成具有保护功能的刺，生于叶腋处，如皂荚、山楂茎上的枝刺。

③ 肉质茎——茎肥厚多汁，呈扁圆形、柱形或球形等多种形态，能进行光合作用，也可贮藏水分和养料，如仙人掌、莴苣。

（2）地下茎的变态

① 块茎——指短而膨大的地下球形肉质茎，贮藏着大量淀粉。由外形来看块茎上面分布着许多凹陷的芽眼，在顶部有一个顶芽，芽眼在块茎上呈螺旋状排列，芽眼下面可以看到叶痕，如马铃薯。

② 鳞茎——是一种扁平或圆盘状的地下茎，其上面生有许多肉质肥厚的鳞片，肉质鳞片外面有干燥膜质的鳞片包围，起着保护作用，如洋葱、蒜等。

③ 球茎——为短而肥大的地下茎，有明显的节与节间，在节上生有起保护作用的鳞片及腋芽，其内部贮存养料，下部生有多数不定根，如慈姑、荸荠、芋等。

④ 根状茎——外形与根相似，横着伸向土中，但它具有明显的节与节间，节上的腋芽可长出地上枝，节上生有不定根，在节上还可以看到小型的退化鳞片叶，如竹鞭和藕等。

3. 叶的变态

（1）叶卷须　有些植物的叶，一部分变为卷须状，能攀缘在其他物体上，使植物体充分接受阳光，如豌豆先端几片小叶变为卷须。

（2）鳞片叶　有些植物的叶变化成为鳞片状，称为鳞片叶。植物的地下茎上常有鳞片叶，如荸荠、藕、洋葱等。

（3）叶刺　有些植物的叶变为刺状，叫叶刺。例如，仙人掌生长在干旱的荒漠里，它的叶退化成刺状，可以大大地降低蒸腾作用，减少水分的流失，使其更好地适应干旱的环境。此外，叶刺还起着保护作用，防止植株遭受动物的掠食。洋槐、酸枣的托叶变态为硬刺。

（4）苞片　着生在花下面的一种特殊的叶，具有保护花或果实的作用，如玉米雌花序外面的苞片。苞片数多而聚生在花序外围的，称为总苞，如向日葵花序外边的总苞。

（5）捕虫叶　有些植物的叶发生变态，能捕食小虫，这类变态的叶叫做捕虫叶。在捕虫叶上有分泌黏液和消化液的腺毛，当捕捉到昆虫后，由腺毛分泌消化液，把昆虫消化掉，然后被植物吸收利用。这种变态的叶，有的为囊状（狸藻），有的呈瓶状（猪笼草），有的呈盘状（茅膏菜）。

拓展练习

1. 日常生活中吃的姜是根还是茎？为什么？
2. 仙人掌为什么能在干旱的沙漠中正常地生活？

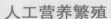
阅读材料

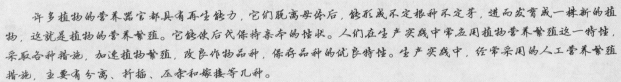

人工营养繁殖

许多植物的营养器官都具有再生能力，它们脱离母体后，能形成不定根和不定芽，进而发育成一株新的植物，这就是植物的营养繁殖。它能使后代保持亲本的性状。人们在生产实践中常应用植物营养繁殖这一特性，采取各种措施，加速植物繁殖，改良作物品种，保存品种的优良特性。生产实践中，经常采用的人工营养繁殖措施，主要有分离、扦插、压条和嫁接等几种。

（1）分离繁殖　由植物体的根茎、根蘖、匍匐枝等器官长成的新植株，人为地加以分割，使其与母体分离，移栽到适当的场所发育长大的方法，称为分离繁殖。分离繁殖移栽的新植株，一般是已经成长了的植物小体，所以成活率很高。大多数木本植物的繁殖是采用根蘖进行的，如洋槐、杨树、苹果、樱桃、银杏等。

（2）扦插　剪取植物的一节枝条，一段根或一片叶子，插入湿润的土壤或其他排水良好的基质上，等到生出不定根后就可栽种，使之成为独立的新植株。普通扦插是用枝条进行，有些植物可进行根插，如梨、苹果、合欢树等，或用叶扦插，如柠檬、柑桔等。

（3）压条　与扦插的不同点是把母株枝条的一段割伤埋入土中，生根后切离母株，使之成为独立的新植株。例如葡萄、连翘、茶等植物。

（4）嫁接　将一株植物体上的枝条或芽体，移接到另一株带根的植株上，使两者愈合，共同生长在一起，这一方法称为嫁接。接合时，两个伤面的形成层要互相紧贴，各自增生出新的细胞，形成愈伤组织，并分化出维管组织，将两株植物连接起来，成为一个整体。

二、被子植物的生殖器官——花、果实和种子

被子植物从种子萌发，经过一系列的生长发育后，在植株的茎上形成花芽，然后开花、结果、产生种子。被子植物开花结果后，其果实和种子通过一定的方式传播。每种植物的花、果实和种子都有自己的特有形状，花、果实和种子均是识别植物的重要依据。在适宜的环境条件下，种子发育成为新的植株，使种族得以延续和发展。

（一）花

1. 花的组成与基本结构

一朵完整的花可以分成5个部分：花柄、花托、花萼、花冠、雄蕊群和雌蕊群。

（1）花柄和花托

花柄又叫花梗，是花着生的小枝，花柄的长短因植物种类而异。花柄具有输导和支持的作用。

花柄的顶端膨大部分为花托，花的其他部分按一定方式着生于花托上。花托的形态随植物种类而异。

例如玉兰，花托为柱状；草莓的花托为圆锥形。

（2）花萼和花冠

花萼和花冠，合称花被。花被着生于花托边缘或外围，起保护作用，有些植物的花被还有助于传送花粉。花萼是花的最外一轮变态叶，由一定数目的萼片组成，常呈绿色。大多数植物的萼片是分离的，叫离萼，如油菜、萝卜等；有些植物的萼片合生，叫合萼，如大豆。花萼以内，通常较鲜艳的部分称为花冠，花冠由许多花瓣组成。花瓣完全分离的花叫离瓣花，如桃花；花瓣合生在一起的花，叫合瓣花，如黄瓜花。花冠的形态多样，常见种类如图 2-20 所示。

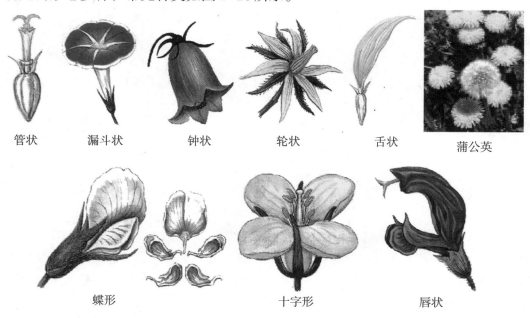

| 管状 | 漏斗状 | 钟状 | 轮状 | 舌状 | 蒲公英 |

蝶形　　　　　　　　　十字形　　　　　　　唇状

图 2-20　花冠的类型

（3）雄蕊群

雄蕊由花药与花丝两部分组成。花药是花丝顶端的囊状结构，其内有花粉囊，花粉囊可产生大量花粉粒，花粉粒中有精子。花丝呈细柄状，支持着花药。当雄蕊成熟时花药开裂，花粉散出。常见的雄蕊有：

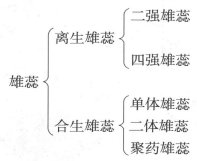

（4）雌蕊群

雌蕊是由一个或多个具有生殖作用的变态叶构成的，这种变态叶，叫心皮。

雌蕊一般由柱头、花柱和子房 3 部分构成，其子房内有胚珠，胚珠里有卵细胞。胚珠外被子房包被，被子植物由此得名。

① 柱头——柱头位于雌蕊的顶端，有一定的膨大或扩展，是接受花粉的部位。柱头表皮呈乳突状，表面分泌黏液，可黏附花粉，并为花粉萌发提供水分和其他物质。

② 花柱——花柱是连接柱头与子房的部分，花粉管萌发后穿过花柱进入子房。

③ 子房——子房是雌蕊基部膨大的部分，子房外面是子房壁，里面有 1 个至多个子房室。子房室内着生胚珠，胚珠由珠被和胚囊组成，胚囊中有卵细胞。子房室中胚珠数目因种而异，为 1 个至多个。

根据各个结构的状况，花可以分为：

完全花——指一朵花中花柄、花托、花被、雄蕊群和雌蕊群都具备，如桃花。

不完全花——指一朵花中花柄、花托、花被、雄蕊群和雌蕊群，缺其中一种或两种结构的，如杨属的花，其花萼和花冠皆无。

根据雄蕊和雌蕊的状况，花可以分为：

两性花——一朵花中雌蕊群和雄蕊群都有的为两性花，如豌豆。

单性花——一朵花中，雌蕊群和雄蕊群缺少其中一种的为单性花，仅有雄蕊群的为雄花，仅具雌蕊群的为雌花。雌花与雄花着生于同一植株上的，叫雌雄同株，如南瓜；雌花与雄花着生于不同植株上的，叫雌雄异株，如杨。

2. 花序

花在花轴上的排列方式，叫花序。花序可分为两大类：无限花序和有限花序。

观察思考

观察刺槐、油菜、菊花、梨、苹果、胡萝卜、韭菜、白杨、柳树等常见植物的花序，想一想：它们花序的开花顺序是怎样的？这些植物的花在茎上的排列方式是怎样的？

（1）无限花序　在开花期，花轴可继续向上生长，伸长，开花时，花轴基部的花先开，开花顺序由下而上，或由边缘向中央依次开放。常见的有以下类型（见图2-21）：

①总状花序——具有一直立的花轴，且不分枝，上面着生花柄长短相等的花，开花顺序是自下而上，例如，油菜、紫藤、荠菜的花序。

②穗状花序——具有一直立花轴，且不分枝，上面着生许多无柄的两性花。例如，车前草的花序。

③柔荑花序——具有一较柔软的花轴，整个花序常下垂。花轴上着生许多无柄的单性花（雌花或雄

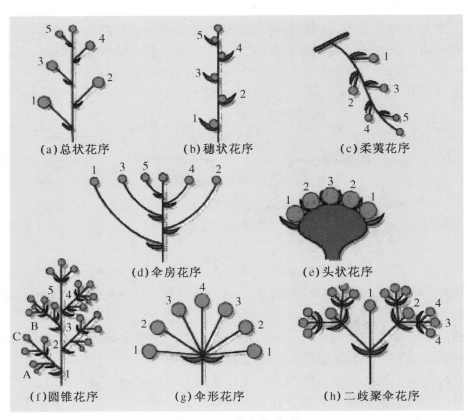

图 2-21　花序的类型

花），开花后整个花序易脱落。例如，杨、柳、胡桃的花序。

④ 肉穗花序——与穗状花序相似，但花轴肥厚肉质化，呈棒状。花轴周围着生无柄花。例如，玉米的花序。

⑤ 伞房花序——着生在花轴上的花，花柄长短不等，花差不多排列在一个平面上。例如，苹果、梨的花序。

⑥ 头状花序——花序的花轴缩短，并且顶端膨大，上面密集地排列着许多无柄花。例如，菊、蒲公英、向日葵等的花序。

⑦ 伞形花序——花轴缩短，花自花轴顶端生出，各花花柄近等长，花常排列成一圆顶形。例如，人参、葱的花序。

⑧ 隐头花序——花轴顶端膨大，中央部分下凹呈囊状。花分雌雄，雄花分布在囊状体内壁的上部，下部为雌花，花完全被包在内部，只顶端有一孔与外界相通，是昆虫进入囊内传粉的通路。例如，无花果的花序。

（2）有限花序 开花时，花序最顶端或最中心的花先开，开花后花轴不再继续生长，开花顺序由上向下或由内向外。可分为3种类型。

① 单歧聚伞花序——花轴顶端的顶芽发育成花后，其下形成一侧枝，然后在枝端的顶芽又发育成花，又再有侧芽生长，如此，连续多次形成单歧聚伞花序。例如，唐菖蒲（见图2-22）、勿忘草的花序。

② 二歧聚伞花序——花轴顶端的顶芽发育为一花后，停止生长，在下面同时生出两等长的侧枝，每个侧枝的顶端各发育出一花，然后又以同样的方式产生侧枝，如此连续多次形成。这种花序叫做二歧聚伞花序。例如，冬青、康乃馨（石竹科，见图2-23）的花序。

图2-22 唐菖蒲

图2-23 康乃馨

图2-24 大戟

③ 多歧聚伞花序——花轴顶端的顶芽发育为一花后，在下面同时发生几个侧枝，侧枝长度超过主轴，侧枝顶端形成一花后，又以同样方式分枝，这种花序叫做多歧聚伞花序。例如，大戟的花序（见图2-24）。

3. 花的生殖作用

被子植物开花后，经过传粉和受精，就会结出果实，产生种子。

（1）开花

当花的各个部位发育成熟时，花被展开，露出雌蕊、雄蕊，这一现象称为开花。开花是被子植物生活史中一个重要时期，是植物生殖过程中的关键时刻。各种植物的开花习性不全相同，反映在植物的开花年龄、开花季节和花期长短等方面。

（2）传粉

开花后，花药裂开，花粉囊散出的花粉借助于一定的媒介力量，被传送到同一朵花或另一朵花的柱头上，这一过程称为传粉。

① 传粉的方式：自然界中普遍存在着自花传粉与异花传粉两种方式。

自花传粉——一朵花的花粉落在同一朵花的柱头上的传粉过程称自花传粉，如棉花、豌豆。

异花传粉——一朵花的花粉落在另一朵花的柱头上的传粉过程称异花传粉，如苹果。

从生物学意义上讲，自花传粉是一种原始的方式，对植物本身不利，长期自花传粉，会降低后代生活力。而异花传粉由于遗传的差异性大，对植物有利。农业上，水稻，小麦良种连续多年种植，往往产量下降，需经常配备杂交组合，杂交稻生命力强，产量高，道理在此。

② 传粉的媒介：花粉借助于外界的媒介力量被传送到雌蕊的柱头上，传送花粉的外界的媒介力量有风、动物、水等。根据花传粉时媒介的不同，可分为以下两种类型：

风媒花——以风为媒介传粉的花，叫风媒花。花粉从花囊中散出后随风飘散，随机地落到雌蕊的柱头上。

风媒花的特点：其花多密集成穗状花序、柔荑花序等，可产生大量的花粉，花粉粒体积小，质轻，较干燥，表面较光滑。例如，水稻、小麦等的雄蕊花丝细长，开花时花药伸出花外，随风摆动，有利于花粉散放。风媒花雌蕊的柱头往往较长，呈羽毛等形状以便接收花粉。

虫媒花——以昆虫为传粉媒介的花为虫媒花。传粉的昆虫主要有蜂类、蝶类、蛾类等。这些昆虫在花丛之间飞舞，在花朵上栖息，采食花蜜，在与花接触的过程中将花粉从一朵花传到另一朵花的柱头上，实现了传粉过程。

虫媒花特点：多数具花蜜；常具特殊的气味；花朵较大，有鲜艳的颜色；有些植物花朵虽然较少，但密集形成花序，如紫丁香等，十分显著；花粉粒较大，外壁粗糙，表面有黏性物质；花粉不易为风吹散，易为虫体黏附。

此外，在美洲有一些小型的鸟类称蜂鸟，具长喙，能吸食花蜜，也可传播花粉。水生的被子植物如金鱼藻等借助于水力传粉。

（3）双受精

通过各种媒介传到雌蕊柱头上的花粉，在柱头分泌的黏液的作用下，自萌发孔处突出形成花粉管，花粉管伸入柱头，并沿着花柱向子房生长，直达胚珠，然后穿过珠孔进入胚囊。随着花粉管的生长，里面的两个精子及其内含物集中到花粉管顶端。到达胚囊后花粉管的顶端破裂，管内的内含物，包括两个精子进入胚囊。两个精子中一个与卵细胞融合，形成受精卵，进一步发育成为胚；另一个与极核融合，形成受精极核，进一步发育成为胚乳。这一过程叫做"双受精"，双受精过程是被子植物所特有的。

双受精使后代的胚具有父母双方的遗传性状和特性，供给胚发育的胚乳也有父母双方的遗传性状，从而使植物体的后代具有更强的生命力和适应性。这些优势加上其他各部分形态结构上的进化适应，使被子植物成为地球上适应力最强、种类最多、分布最广的一类植物。

拓展练习

1. 从花到果实的发展过程中，花的各部分结构产生什么变化?用连线方式表达。

花被	胚
雄蕊	果实
花柱	果皮
子房	种子
子房壁	凋零
胚珠	
受精卵	

2. 果树开花季节，如遇阴雨连绵天气，常会造成果树减产，请用所学知识进行解释。

阅读材料

外界环境条件对传粉、受精的影响

影响传粉与受精的因素很多,概括起来可分为内因和外因。内因通常是由于雌蕊或雄蕊有缺陷,外因主要是气候条件及栽培条件等。

气候条件中以温度的影响最大。低温不仅使花粉粒的萌发和花粉管的生长减慢,甚至使花粉管不能到达胚囊;精子接近卵细胞的过程受到抑制;精子与卵细胞接触的时间延长等。例如,水稻传粉、受精的最适温度为26~30℃,若日平均温度在20℃以下,最低温度在15℃以下,对水稻的传粉、受精就有妨碍。在我国的双季稻地区,早播的早熟品种,如果在传粉、受精期间,遇到低温多雨的侵袭,就会产生大量的空粒、秕粒。

湿度和水分对传粉、受精也有很大的影响。水稻开花时对大气的最适相对湿度为70%~80%,如果这时遇到干旱高温天气,不仅花粉粒的萌发力很快丧失,而且柱头干枯,不利于花粉管的伸入生长。所以水稻抽穗开花期,稻田要保持一定的水层,这不仅是因为植株在这时需水量大,还可提高田间小气候的相对湿度,有利于传粉、受精的进行。大雨或长期阴雨,往往会增加作物的空粒、秕粒率,降低果树的结果率。这是因为花粉粒吸水后易破裂,而且柱头上的分泌物会被雨水冲洗或稀释,影响花粉粒的萌发。

此外,光照强度、土壤营养等条件,对传粉、受精也有直接或间接的影响。如果施肥过多或过少,都会影响受精所需的时间。所以,农业上应结合当地气候的具体情况,适当调节栽种季节,加强栽培管理,在作物的传粉、受精时期内少受不良环境条件的影响,使传粉、受精能顺利进行,提高产量。

(二) 果实

观察思考

1. 桃、苹果、梨、西瓜、黄瓜、柿子都是我们熟悉的果实,这些果实是否有相同的结构特点?

2. 将桃、苹果的果实作纵切(见图2-25),仔细观察它们的内部结构。

3. 想一想,这两种果实分别是花的哪些部分形成的? 常见的一些果实中哪些结构分别与这两类果实相似?

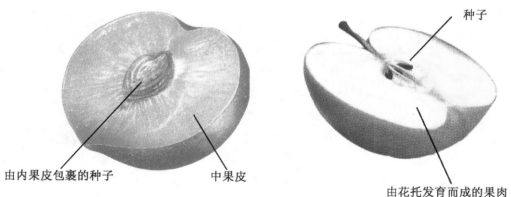

图 2-25 桃、苹果果实结构

1. 果实的形成及结构

一般情况下,受精过程完成后,叶制造的有机养料源源不断地输送到子房,子房迅速发育,最终形成果实。不同植物的花,参与形成果实的部分不完全相同。有些植物的果实,单纯由子房发育而成,叫做真果,如桃、柿。有些植物的果实,除子房外,花托或花被等部分也参与果实的形成,这样的果实叫假果。

通过我们的解剖和观察可以发现，果实虽然形态多种多样，但它们的结构基本相同，都由果皮和种子两部分组成。

$$
果实的结构\begin{cases}果皮\begin{cases}外果皮\\中果皮\\内果皮\end{cases}\\\\种子\end{cases}
$$

2. 果实的类型

植物的果实虽然都由果皮和种子构成，但3层果皮的结构、色泽、质地及各层的发育程度的变化是很大的，因此，果实可以分为许多类型。根据果实的发育情况，果实可分为真果、假果。根据形成果实时，花的形状以及雌蕊的数目，果实可分为：

$$
果实\begin{cases}单\quad果：一朵花中只有一枚雌蕊，以后形成一个果实的，称为单果，如桃、花生。\\聚合果：一朵花中有若干离生雌蕊，每一雌蕊发育成一个果实，相聚在同一花托上，称聚\\\qquad\qquad合果，如草莓。\\聚花果：果实由整个花序发育而来，成熟后整个花序脱落，称为聚花果，如桑、菠萝。\end{cases}
$$

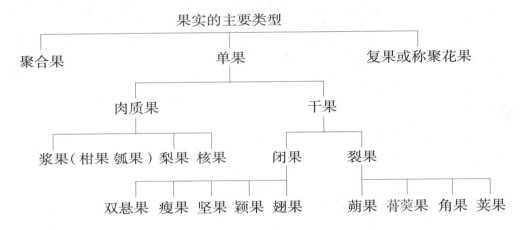

果实的主要类型

根据果实成熟时果皮的性质，可以分为肉果和干果。

（1）肉果

成熟时果皮肉质化、肥厚多汁的果实叫肉果，主要有浆果、瓠果、柑果、梨果和核果：

①浆果——外果皮膜质，中内果皮都肉质化，通常由多心皮的雌蕊形成，内含数粒种子。例如，葡萄、番茄和柿子等的果实。

②瓠果——葫芦科植物的果实也属浆果，特称瓠果，如黄瓜、西瓜、冬瓜等。这类植物花托与子房共同参与果实的发育。

③柑果——柑橘类的果实也是一种浆果，特称柑果。其外果皮为革质；中果皮髓质，有维管束分布其间；内果皮为膜质，分为数室，室内生有多个汁囊，为可食部分。例如，橘、柚、柠檬等的果实。

④梨果——由花托与子房愈合在一起共同发育成果实。花托部分膨大肉质成为可食的部分，外果皮、中果皮肉质化，内果皮木质化较硬。例如，苹果、梨等的果实。

⑤核果——由单心皮的雌蕊发育形成，内有一粒种子。成熟的核果果皮明显分为3层：外果皮膜质；中果皮肉质多汁，是主要的实用部分；内果皮木质化、坚硬。例如，桃、李、梅等的果实。

（2）干果

果实成熟后果皮干燥无汁的果实叫干果。根据成熟时果皮是否开裂分为裂果与闭果两类。

裂果　果实成熟后果皮裂开，有以下几种常见类型：

① 蒴果——由两个或多个心皮的子房发育形成的果实。子房多室，每室内形成多粒种子。成熟的果实具有多种开裂方式。例如，棉、罂粟、马齿苋等。

② 荚果——由单心皮雌蕊的子房发育形成的果实。成熟的果实具有的开裂方式一般是沿心皮背缝与腹缝同时开裂，例如，豌豆、大豆等的果实。

③ 蓇葖果——由单心皮雌蕊或多心皮雌蕊的子房发育形成的果实。成熟时只沿心皮背缝或腹缝纵向开裂。例如，玉兰、八角、梧桐等的果实。

④ 角果——由两心皮雌蕊的子房发育形成的果实。心皮边缘子房室内生出一隔膜，将子房分成2室。成熟时果实沿2条腹缝裂开，种子附在隔膜上。例如，荠菜、油菜、萝卜等的果实。

闭果　果实成熟后果皮不开裂，有以下几种类型：

① 颖果——果皮与种皮完全愈合的果实，含一粒种子。例如，水稻、玉米、小麦等的果实。

② 瘦果——果实较小，含一粒种子，果皮与种皮易于分离，果皮较硬。例如，白头翁、荞麦、向日葵等的果实。

③ 翅果——呈瘦果状，果皮向外延展成翅状，有利于随风传播。例如，枫、杨、槭、臭椿等的果实。

④ 坚果——果皮木质坚硬，含一粒种子。例如，榛、板栗等的果实。

（三）种子

种子是种子植物传宗接代的繁殖器官，是种子植物所特有的结构。种子植物有较强的适应外界环境的能力。

1. 种子的构造和类型

（1）种子的类型

观察思考

认真观察蚕豆和蓖麻种子的外部形态和内部结构，想一想：

1. 它们的结构有什么相同之处和不同之处？

2. 种子由哪些部分组成？其各部分有何功能？

根据种子成熟后是否具有胚乳，将种子分为两种类型：

① 有胚乳种子——有胚乳种子是指在种子成熟后具有胚乳，胚乳占据了种子的大部分，胚相对较小。大多数单子叶植物和部分双子叶植物的种子是有胚乳种子，如蓖麻、小麦、水稻等。

② 无胚乳种子——无胚乳种子是指在种子成熟后缺乏胚乳，这类种子仅由种皮和胚两部分组成，在种子成熟过程中，胚乳中贮藏的养料转移到子叶中，因此常常具有肥厚的子叶，如花生、蚕豆的种子等。

（2）种子的构造

不同植物的种子的形态、大小、颜色等存在着差异，但基本结构却是一致的，一般由胚、胚乳和种皮3部分组成。

① 胚——胚是构成种子的最重要部分，是新一代植物体的幼体。种子内的胚由胚根、胚轴、胚芽和子叶4个部分组成。胚根由根端生长点和根冠组成，能够发育成根；胚芽由茎端生长点和幼叶组成，能够发育成茎和叶；胚轴是连接胚根和胚芽的轴状结构，能够发育成连接茎和根的部分；子叶可贮存养料，在种子萌发时供给养料。种子中有一片子叶的，叫单子叶植物；有两片子叶的，叫双子叶植物。

② 胚乳——胚乳位于胚和种皮之间，是种子中贮藏营养物质的场所，供种子萌发时利用。有些植物在种子生长发育过程中，胚乳的养料被胚吸收，贮存在子叶中，所以成熟时，种子中无胚乳，营养物质贮藏在子叶里。

③种皮——种皮是包被在种子最外面的结构，具有保护功能，避免水分的丧失、机械损伤和病虫害的侵入等。

成熟种子的种皮上一般还有种脐、种孔和种脊等结构。种脐是种子成熟后与果实脱离时留下的痕迹；种孔是原来胚珠时期的珠孔，种子萌发时，胚根首先从种孔处突破种皮；种脐另一端略为突起的部分是种脊，内有进入种子的维管束。

2. 种子萌发和幼苗的形成

种子形成幼苗的过程叫种子的萌发。当种子中的胚发育成熟，而且条件适宜，种子内部经过一系列的变化，胚开始生长发育，形成幼苗。

（1）种子的寿命和休眠

种子的寿命是指在一定条件下种子保持生命活力最长的期限，种子的生命活力主要表现在胚是否具有生命。不同植物种子的寿命是有差异的，有的可达百年以上，如古莲，有记载人们曾在考古发掘物中发现超过千年的古莲种子仍有生命活力；有的寿命短，仅能存活几天或几周，如柳树等。未完全成熟的种子容易丧失其生命活力，空气湿度的大小、温度的高低都会影响种子的生命活力。

有些植物的种子成熟后在适宜的条件下也不会萌发，要经过一段时期才会萌发，这一特征称为种子的休眠。休眠是种子的一种有利的适应特征。

种子的休眠对于种子植物的生活有意义吗？为什么？

（2）幼苗的形成和类型

干燥的种子吸足了水分后，坚硬的种皮被软化，子叶或胚乳中的营养物质运往胚，胚吸收这些营养物质后，胚根和胚芽相继顶破种皮，胚根向下生长，形成主根，继而形成根系，胚轴带动着胚芽向上生长形成茎和叶，从而发展成一棵幼苗。

根据种子萌发时子叶是留在土里还是露出土面将幼苗分为：

①子叶出土的幼苗——种子在萌发时，下胚轴迅速伸长，上胚轴、胚芽和子叶一起推出土面，如棉花、菜豆，这类植物不宜深播。

②子叶留土的幼苗——种子在萌发时，上胚轴伸长，但下胚轴不伸长，结果使子叶留在土壤中，其子叶作为吸收和贮藏营养物质的器官，在养料耗尽后便脱落死亡，如玉米、小麦，这类植物可以适当深播，以得到更多的水分和养料。

1. 我们日常生活中吃的大米是水稻的哪一部分？

2. 种子在适宜的环境下，为什么能长成小苗？

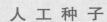

人工种子

所谓"人工种子"，即用人为的方法生产出与天然种子相类似的一种结构。人工种子主要由3部分构成，最外面为一层有机的薄膜包裹，即种皮，主要起保护作用；中间为胚状体等培养物所需的营养成分和某些植物激素；最里面为胚状体或芽。

人工种子的优点主要是：第一，可根据不同植物对生长的要求配置不同成分的"种皮"；第二，通过组织培养的方法可获得数量很多的胚状体，而且繁殖速度快，结构完整；第三，在大量繁殖苗木和人工选林方面，人工种子的繁殖方法能降低成本，而且便于机械化播种；第四，利用胚状体发育的途径，可以作为高等植物基因工程和遗传工程的桥梁。

20世纪80年代初，美国、日本和法国等相继开展了植物人工种子的研究，并研制出了胡萝卜、苜蓿等一批人工种子。我国植物人工种子的研究也取得了可喜的进展，对多种材料进行了系统研究，制备的一些植物人工种子在无菌条件下发芽率可达90%以上。人工种子的研究具有很好的发展前景，特别是对于珍稀濒危植物的繁殖具有重要意义。

（四）果实和种子对传播的适应

植物果实和种子适应传播的方式主要有以下几种。

1.适应风力的传播

这类植物的果实或种子常小而轻，生有翅、毛或其他有利于风力传送的构造，如榆等果皮形成翅，蒲公英等果实有冠毛，棉等种子外面有绒毛，白头翁果实上宿存的羽毛等，风吹时能飘得很远，种子也随之散放。这类传播方式能使果实或种子长距离地传播。

2.以果实自身的机械力量传播种子

有些植物果实成熟时，借果皮开裂时所产生的弹力使种子散布，如油菜、大豆、凤仙花等。其种子散布的范围往往仅限于植株附近。

3.适应人及动物的活动传播

这类植物的果实与种子外表生有刺毛、倒钩或有黏液，能附着在人的衣服上或动物的皮毛上，被传向远处，如鬼针草、苍耳、丹参等。有一些植物的肉果被鸟类等动物吞食，但种子未被消化，随动物的粪便排出而传播。其种子传播的距离往往较远。

4.适应水力的传播

有些水生植物和沼生植物的果实与种子可借水力传播。例如，莲蓬是莲的花托，质轻，由疏松的海绵状组织构成，能漂浮在水面上，随水流传送其中的果实；热带海岸边多椰林，椰子的外果皮较坚实，可以抵御海水的浸蚀，中果皮纤维质，疏松质轻，能在海面上漂浮，随海水流动到远方沿岸，萌发生长。

探索实践

收集生活中常见到的植物果实，试进行初步分类，并说出人们主要食用的是哪一部分，以小组为单位，在班级上作一次汇报。

第四节　被子植物的分类

现存已知的植物约有30万种，为了更好地识别、利用和保护植物，需要对它们进行分类。

一、植物分类的基础知识

植物分类的基础知识，包括植物分类的方法、植物的命名方法和植物分类的单位。

（一）植物分类的方法

植物分类的依据主要是生物的形态、结构、生殖方式、生活环境及植物间的亲缘关系。近年，随着科技的发展，生物化学和分子生物学的一些指标也为生物分类提供了新依据。植物分类方法分为人为分类法和自然分类法。

1. 人为分类法

自从人类开始利用生物，就有了生物分类知识的萌芽。人为分类法的基本特征是根据植物的用途，或仅根据植物的一个或几个明显的形态特征进行分类,而不考虑植物种类彼此间的亲缘关系和在系统发育中的地位。例如，中国明代李时珍所著《本草纲目》将所收集的 1 000 余种植物分为草、木、果、谷、菜 5 部分。瑞典的林奈，选择了植物的生殖器官如雌蕊和雄蕊的数目和形态特征，为分类依据进行分类，并撰写了巨著《植物种志》，将植物分为 24 纲。上述的分类方法虽然是人为的，但对人类的生产和生活都起了重要作用，并为科学的分类积累了丰富的经验和资料。

2. 自然分类法

现代的植物分类方法采用的是自然分类法。所谓自然分类法，就是以植物的外部形态结构为依据，以植物之间的亲缘关系作为分类标准的分类方法。这种分类方法是从形态学、解剖学、细胞学、遗传学、生物化学、古生物学等综合学科进行分类，尤其会依据最能反映亲缘关系和系统演化中的主要性状进行分类。例如，水稻和小麦在形态结构等方面有许多相同之处，就认为它们亲缘关系较近，而水稻和油菜、月季相同的地方比较少,就认为它们亲缘关系较远。自然分类方法的发展是和达尔文的进化论分不开的，1859年达尔文根据他亲身的考察和仔细的分析所获得的各种证据，创立了进化学说，发表了《物种起源》一书。分类学开始从对种本身的描述，转到了重点描述能反映遗传进化关系的特征，并探讨建立植物界符合自然发展的进化谱系。

（二）植物的命名法

同一个国家的不同民族、不同地区常对同一种植物有多种不同的名称，而不同的植物也可能叫同一个名称。不同国家的语言文字也各不相同，一种植物的名称更是多种多样，由于名称统一，常造成混乱。为了便于各国学者的学术交流，必须对植物按一定规则来统一地进行命名。现行的植物命名都是采用双名法。1753 年，瑞典人林奈（Linnaeus）创立了"双名法"。在生物分类学上做出了不可磨灭的贡献。双名法一直沿用至今。

所谓双名法，就是指用两个拉丁词给植物种命名的方法。第一个词为植物所在属的属名，用名词，第一个字母要大写；第二个词为种名，均为小写；此外，还要求在种名之后写上该植物命名人姓氏的缩写，第一个字母也必须大写。例如，稻的名称为 *Oryza sativa* L.，第一个拉丁单词 *Oryza* 为属名，*sativa* 为种名，L.是定名人林奈的缩写。

有了统一的"双名法"，不仅可以消除植物命名中的混乱现象，还可大大推动国际间的学术交流，对植物学的发展具有重大的意义。

（三）植物分类的单位

生物分类的单位由大到小依次为界、门、纲、目、科、属、种。其中"界"是最大的分类单位，"种"是基本的分类单位。分类单位不仅表示大小上的差异,而且还表明各分类单位间在遗传学和亲缘关系上的疏密。若干个形态上有许多相似,亲缘关系比较接近的不同种可归属到比种大一级的分类单位"属"。亲缘关系相近的若干个属可归属于一个"科"，同一科内的植物具有许多共同的特征。如伞形科大约有 300 个属，3 000 种。若干个相近的科又可归属于一个"目"，若干个相近的目再归属于高一级的"纲"，若干个相近的纲可归属于一个"门"。由于植物种类繁多，可根据植物在主要分类依据上的差异，常在上述的分类单位中又列亚单位，如亚种、亚属、亚科、亚目、亚纲、亚门等。将各个分类等级按照高低和从属关系顺序排列起来，可以清楚地看出植物之间的亲缘关系和分类地位。

例如：

胡萝卜	葱	柴胡
界：植物界	界：植物界	界：植物界
门：被子植物门	门：被子植物门	门：被子植物门
纲：双子叶植物纲	纲：单子叶植物纲	纲：双子叶植物纲
目：伞形目	目：百合目	目：伞形目
科：伞形科	科：百合科	科：伞形科
属：胡萝卜属	属：葱属	属：柴胡属
种：胡萝卜	种：葱	种：柴胡

1. 思考胡萝卜、葱和柴胡，哪两种的相似之处多、亲缘关系近？哪两种的相似之处少、亲缘关系远？

2. 自己查阅资料写出桃、水仙的各级分类单位。

二、被子植物的分科举例

被子植物分类中，科是一个十分重要的分类单位。

现选择介绍以下几科：

1. 木兰科

被子植物中最原始的一个科，有200余种，我国有130余种，常绿或落叶木本植物，许多种是著名的观赏植物。常见的有玉兰、荷花玉兰、鹅掌楸等。

玉兰，落叶小乔木，叶片呈倒卵状长椭圆形，上表面具有光泽，下表面生有柔毛。花大，白色或带紫色，花被3轮，香似兰花，玉兰在早春先叶开花，花萼花瓣状，雄蕊和雌蕊均为离生，螺旋排列在花托上，果实为聚合蓇葖果。每到盛开季节，满树晶莹洁丽，如冰似雪，是庭院中栽培的一种名观赏植物。

荷花玉兰，常绿乔木，叶革质，叶背常被锈色毛；花大，白色，花被3～4轮。

木兰科主要特征：花单生，花被花瓣状，雌蕊和雄蕊均为多数分离，螺旋排列在花托上，果实为蓇葖果。

2. 葫芦科

黄瓜，草质藤本，卷须不分枝，叶掌状5浅裂。雌雄同株；雄花叶腋簇生，雌花单生；花萼5裂，花冠5深裂。雄蕊5枚，两两合生，1枚分离，瓠果外面具刺或光滑，为重要的瓜类蔬菜。

南瓜，叶浅裂，卷须分枝，雄蕊完全结合成柱状，原产亚洲南部等，种子药用或食用，果为夏季蔬菜。

葫芦科主要特征：草质藤本，茎上有卷须，单性花，瓠果。

3. 杨柳科

约有600种，我国有300余种，其中许多种是重要的植树造林植物。

毛白杨，高大落叶乔木或灌木。叶三角状卵形，幼时叶背密被白色绒毛，单叶互生，具托叶。花单性，雌雄异株，柔荑花序；每花基部具1苞片，无花被；雄蕊2枚至多枚；雌蕊1枚，蒴果，种子很小。春末，长有白毛的种子随风飘舞，俗称"杨花"，是我国北方防护林和庭园绿化的主要树种。

垂柳，高大落叶乔木，枝细软下垂，顺风摆动，姿态优美。叶狭披针形，雌雄异株，柔荑花序，早春先叶开花，蒴果，种子细小，长有丝状白毛。春末，长有丝状白毛的种子随风飘舞，俗称"柳絮"，为河堤造林树种或作行道树。

杨柳科主要特征：木本，雌雄异株，柔荑花序，先叶开花，蒴果，种子小，有长毛。

4. 十字花科

约有3 000种，我国约有300种，多为蔬菜。

大白菜，二年生草本，花黄色，十字花冠，四强雄蕊，长角果。为华北、东北冬春两季的主要蔬菜。

萝卜，一年或二年生草本，肥大直根，花白色或浅紫色，十字花冠，四强雄蕊，长角果。花通常为淡紫色或白色，角果串球状，不开裂，先端具长喙，为重要的根菜类。

荠菜，花白色，角果倒三角形，嫩茎叶可作蔬菜。

十字花科主要特征：多为草本，常具有辛辣味，十字花冠，四强雄蕊。角果。

5. 蔷薇科

约 3 300 多种，我国有 1 000 多种，有许多是重要果树和著名观赏植物。常见的有月季、玫瑰、苹果、梨、桃和樱花。

月季，具刺灌木，小叶 3～5 片，花常单生，成熟时肉质而有色泽，内含多数瘦果，称为"蔷薇果"。原产南美，各地栽培，果熟时花托肉质化。

桃，小乔木，叶长圆状披针形；花单生，粉红色；核果有纵沟，表面被茸毛，果核表面有沟纹。主产于长江流域，果可食用，桃仁、花、树胶、枝条均入药。

蔷薇科主要特征：多为伞房花序，花被 5 枚，雄蕊多枚，雌蕊 1 枚或多枚，具花托。

6. 禾本科

有 10 000 多种，我国有 1 200 多种，是重要的经济植物。

小麦，一年生草本，穗状花序由 10～20 个小穗组成；花两性，雄蕊 3 枚，雌蕊 1 枚。颖果椭圆形。为我国北方重要的粮食作物。

水稻，一年生草本，茎杆直立，空心，有节。叶片狭长而坚韧，叶鞘具有茸毛。果实为颖果。为重要的粮食作物。

禾本科主要特征：多为草本，有明显的节，茎常中空，叶由叶鞘和叶片组成，叶片狭长，花外面有外稃，内稃各 1 片，雄蕊 3～6 枚，雌蕊 1 枚。颖果。

7. 百合科

约有 3 000 多种，我国有 500 多种，有名花、良药，有的可食用。如：百合、韭菜、葱等。

百合，多年生草本，具鳞茎，鳞片肉质，含丰富的有机养料，可食用。花大而美丽，单生或排成总状花序；花被漏斗状；子房圆柱形。蒴果，室背开裂，种子多数。

葱，多年生草本，鳞茎包有被膜。叶片圆而中空，叶基生，叶鞘闭合。伞形聚伞花序，具膜质总苞。蒴果。

百合科主要特征：多为多年生草本，有鳞茎，花萼花冠无区别，6 枚，排成 2 轮，雄蕊 6 枚，雌蕊 1 枚，果实为蒴果。

8. 茄科

多为草本，重要的蔬菜作物，如茄子、蕃茄、辣椒等。

茄子，全株被星状毛，单叶互生，花紫色，单生，原产亚洲热带，全球广泛栽培，果作蔬菜。

马铃薯，奇数羽状复叶，聚伞花序顶生，花白色或淡紫色，浆果球形。原产南美秘鲁，世界各地广泛栽培，块茎富含淀粉，是重要的粮食作物。

番茄，原产南美秘鲁，果富含维生素，为重要的蔬菜和水果。

茄科主要特征：多为草木，花两性，辐射对称，花萼合生，花冠合生，果实为浆果或蒴果。

9. 菊科

被子植物中种类最多的一个科，约 30 000 种，我国有 2 000 多种。常见的有菊花、向日葵、蒲公英、莴苣等。

向日葵，草本，叶常互生，无托叶。头状花序单生，外具 1 至多苞片组成的总苞。花两性，花萼退化，花冠合瓣，管状、舌状或唇形；雄蕊 5 枚，雌蕊 1 枚。瘦果，种子无胚乳。原产北美，北方各省多有栽培，为重要的油料作物。

蒲公英，多年生草本，叶基生，头状花序，花黄色，瘦果具长喙，冠毛简单，分布全国各地，可全草入药。

菊科主要特征：多为草本植物，头状花序，聚药雄蕊，果实为瘦果。

校园或公园常见植物的识别

运用植物分类知识，认识校园或公园中的常见植物，若同学们生活的校园中还未给植物挂牌，请你运用所学知识，通过查阅资料，给校园中各类植物做一个名牌，挂在植物上，让更多的人能认识校园内的主要植物，最后统计一下，你们校园中有多少种植物。

目的要求

通过对校园或公园等常见植物的观察，识别常见的栽培植物，增加园林绿化的知识。

实践用具

放大镜，镊子，记录本，参考书。

讨论

你是如何来识别这些植物的？

具体步骤

1. 以小组为单位进行观察和识别植物活动。

2. 对已认识的植物，进一步查阅资料，深入学习，并将文字资料简化、整理、制作成植物名牌，挂在植物上。

3. 统计校园内的主要植物种类，并制作成校园绿化档案（拍摄挂牌植物的照片）。

第三章 3

幼儿园的绿化与美化

　　幼儿园是幼儿活动和生活的主要场所之一，为幼儿创设一个优美、整洁、舒适、安全的家，创设一个与幼儿教育相适应的环境是至关重要的。教育环境作为一种"隐性课程"，在开发幼儿智能、促进幼儿个性和谐发展等方面，所发挥的独特功能和作用，已引起各幼儿园的高度重视。《规程》明确指出："应根据幼儿园的特点，绿化、美化园地。"幼儿园的绿化与美化，是幼儿园环境创设的重要组成部分。

第一节　幼儿园绿化与美化的意义和特点

一、幼儿园绿化与美化的意义

　　绿化美化校园不仅仅是一项单纯的植树、种草、栽花活动，还蕴含着多元的劳动、实践、美育等教育功能。室内外环境绿化、美化、儿童化，因地制宜充分利用有限空间，使绿化和美化相映成趣，班班可设自然角、饲养角等。幼儿园绿化与美化是幼儿教育的需要，它直接反映出幼儿园的精神面貌。通过对园区植物的合理配置，可以为幼儿园创设一个优美的环境。园内松柏苍翠、绿树遮阴，鱼池、假山、喷泉、青藤、翠竹、小亭错落有致，花果常年飘香，草木四季常青，就犹如一幅幅立体的画，一首首优美的诗。让幼儿充分享受大自然的美景，激发和培养幼儿对大自然的热爱。优美的环境能够使幼儿心情舒畅愉悦，有利于幼儿身心发展，起到潜移默化、润物无声的作用。

二、幼儿园绿化与美化的特点

　　幼儿园的绿化与美化，必须结合各个幼儿园的自身条件合理设计，并根据幼儿的生活、生理和心理特点进行布局，以利于幼儿身心的健康发展。

图 3-1　墙根绿化

　　充分利用自然地形和现状条件，采用集中与分散，重点与一般，点、线、面结合，以某一区域为中心，以活动场地遮阴绿化为网络，以各班级室外空地及室内绿化为基础，使幼儿园室内和室外环境相互协调，自成系统。

　　由于大部分幼儿园占地面积小，在绿化中应充分开发绿化空间、墙面、地面、楼顶、平台、墙栏杆、墙根、屋角、阳台、楼洞、门厅、房屋之间、空中……这些可利用的地方都可派上用场。例如，可在围墙、栏杆、墙面等种植爬蔓植物。

在幼儿园用地周围，除了用墙、篱笆进行隔离外，还可以沿幼儿园外围种植成行的乔木或灌木，以形成一个防尘、防噪声的隔离绿带。为了满足孩子们户外活动的需要，各班都应该有一块活动场地。分班活动场地应考虑遮阴的问题，可以种植几棵阔叶树，以便在炎热的夏天让孩子们在树阴下游戏。有条件的幼儿园应该铺设一块草地，让孩子们在草地上自由自在地玩耍。幼儿需要充足的阳光，所以，临窗不宜种植高大的乔木，以免影响室内的通风、日照和采光。

图 3-2　操场一角

在幼儿园绿化中，要考虑四季景观效果，通过乔、灌、花、篱、草五者的合理结合（五结合），从而相映成景，与幼儿园建筑浑然一体。

观察思考

1.幼儿喜欢什么样的环境？幼儿园绿化中选择的树种有什么要求？

答：幼儿园的幼儿由于有年龄较小，活泼好动，贪玩爱问，喜欢红色、粉红色、橙色等鲜艳的颜色，园内选择的绿化树种应具有以下几个方面特点：① 无污染，无毛无刺，无刺激性气味，具有形态美、色彩美或气味美，草坪须具有一定的耐践踏特性。② 具有防风、固沙、防火、杀菌、隔音、吸附粉尘、阻截有害气体和抗污染等保护和改善环境的作用，例如，在粉尘较多的工矿区附近、道路两旁和人口稠密的居民区附近的幼儿园，应该多种植侧柏、桧柏、龙柏、槐树、悬铃木等易于吸附粉尘的树木；在排放有害气体的工业区特别是化工区附近的幼儿园，应该尽量多栽植一些能够吸收或抵抗有害气体能力较强的树木，如广玉兰、海桐、棕榈等树木。③ 选择低矮和色彩丰富的树木，如红花继木、金叶女贞、十大功劳等。

图 3-3　幼儿园大门

2. 哪些植物不适合在幼儿园种植？

答：不宜种植多刺、有异味、有毒汁和毒果以及能够引起幼儿过敏反应的树种，以免伤害儿童，如漆树、夹竹桃、凤尾兰等。飞絮多、病虫害多、落叶落果多的也不宜种植，如杨柳、银杏（雌株）、悬铃木等。

3. 幼儿园绿化中，如何合理配植，增大绿化面积，做到四季常绿，花果飘香？

答：做到五结合：① 落叶树与常青树相结合，以常青树为主；② 乔木与灌木相结合，以乔木为主；③ 观赏树与经济树相结合，以观赏树为主；④ 木本与草本相结合，以木本为主；⑤ 点、线、面相结合，立体绿化，不断地拓展绿色面积，增加绿化覆盖率。

第二节　幼儿园绿化与美化的配置

幼儿园绿化与美化的配置要有总体规划，要因地制宜地设计绿化、美化方案。绿化树种在形态选择和空间安排上要注意高低、大小和颜色的搭配，做到疏密相间，协调自然。

一、植物的配置和树种的选择

进行植物配置时，要因地制宜、因时制宜，使植物正常生长，充分发挥其观赏特性。原则上要考虑

图3-4 园区一角，各种植物穿插搭配

以下几个方面：首先，要根据当地的气候环境条件配植树种。其次，要根据当地的土壤环境条件配植树种。例如，杜鹃、茶花、红花继木等喜酸性土树种，适于pH值5.5～6.5、含铁铝成分较多的土质；而黄杨、棕榈、夹竹桃、海桐、枸杞等喜碱性土树种，适于pH值7.5～8.5、含钙质较多的土质。第三，要根据树种对太阳光照的需求强度，合理安排配植的用地及绿化使用场所。第四，要根据环保的要求进行配植树种。第五，要根据活动场地性质进行配置，如幼儿活动区域，应选择耐践踏的草坪。

二、植物配置原则

考虑绿化功能和改善环境的需要，应以树木花草为主，提高绿化覆盖率，改善幼儿园生态环境。

要考虑四季景观及普遍绿化的效果，应采用常绿树和落叶树，乔木和灌木，速生树和慢长树，重点与一般相结合，不同树形、色彩变化的树种的配置。观叶、观花、观果或观树形的各种植物相结合，并搭配绿篱、花卉、草皮等，使乔、灌、花、篱、草相映成景，丰富美化园内环境。

树木花草种植形式要多种多样，除道路两侧需要成行成列栽植树冠宽阔、遮阴效果好的树木外，可采用丛植、群植、孤植、对植等手法，以打破成行成列的单调和呆板感，以植物布置的多种形式，丰富空间的变化，并结合幼儿园道路的走向，建筑和大型活动设施等形成对景、框景、借景等，创造良好的景观效果。

植物材料的种类不宜太多，又要避免单调，力求以植物材料形成特色，统一中有变化，形成不同的绿化风格和特色。

选择生长健壮、管理粗放、少病虫害、有地方特色的优良树种。还可栽植一些有经济价值的植物，特别是较宽阔的园内，可多栽植即好看又实惠的植物，如桃、苹果、葡萄等。花卉的布置可使园内增色添景，可大量种植宿根、球根花卉及自播繁衍能力强的花卉，既省工节资，又获得良好的观赏效果，如美人蕉、蜀葵、玉簪、芍药、葱兰、波斯菊等。

种植多种攀缘植物，以绿化园内建筑墙面、各种围栏、矮墙，提高幼儿园立体绿化效果，并用攀援植物遮蔽丑陋之物，如地锦、五叶地锦、凌霄、常春藤、山荞麦等。

以乡土树种为主，有计划地选用当地缺少而又适宜本地域气候、土壤条件的树种。

室外绿化和美化的配置 幼儿园一般占地面积不大，室外绿化、美化的配置应力求小巧、精致。应当根据幼儿园的建筑风格和布局进行规划，合理配置树木，选择合适的花草，建造优美的花坛、花台和草坪等景观。力求做到合理布局、搭配巧妙、协调自然、使幼儿园四季常绿，花果飘香。

树木在幼儿园室外绿化中占有重要地位,其配置的形式应根据幼儿园的自然条件而定,可以进行孤植、对植、丛植或行列植。孤植就是单株树孤立种植，用于孤植的树种应当选择形体高大，姿态优美、枝繁叶茂、树冠开展的树木，如马褂木、枫杨、鸡爪槭等。孤植的树也可以选择能够观赏果形、果色的树种，如柿、柑橘等；还可以选择赏花的树种，如樱花、紫薇、白玉兰、广玉兰、合欢等。用于对植的树种，一般只要树的外形比较整齐、美观的都可用，常用的树种有雪松、龙柏、女贞、棕榈、丁香、红枫、腊梅、海桐、罗汉松等。"丛植"，是指一个树丛由三五株至八九株同种或异种树木，以不等距离种植在一起，成为一整体。一般种在山冈土丘上或园林建筑旁，也可以种在幼儿园门口、道路分叉处和拐弯的地方。丛植的树木在混合配置时，要注意在树的形体、大小、姿态上稍有变化，在整体上形成群体景观，在个体上相互呼应。同时还要考虑树种间的色彩对比，使树丛景观层次丰富，感染力强。丛植常用的树种有石榴、栀子、雀舌黄杨、迎春等。行列植是指将乔木或灌木成行的栽植，具有比较整齐、单纯的景观效果。例如，幼儿园外围的隔离带常用侧柏、黄杨、月桂等树种成行种植，也可以选用迎春、栀子、麻叶绣线菊、合欢等，成行种植成花篱，还可以选用火棘、枸杞等，种植成果篱。

花卉在幼儿园室外的绿化、美化中应用极为广泛，主要配置有花坛、花台等。花坛是指在具有一定几何形状的种植床内种植不同色彩的低矮型观赏植物。花坛可以充分体现出观赏植物的群体美、色彩美和图案装饰美。花坛的边缘可以用不同的建筑材料做成，如卵石、短木栅、花砖等，也可以用一些群体形象整齐、观赏价值较高的多年生草花，如葱兰、兰、麦冬等嵌边。花坛内种植植物的选择很重要，一般以色彩构图为主，因此多采用开花繁茂，花期一致的一年生和二年生草本花卉和一些宿根花卉，如金盏菊、三色堇、石竹、一串红、雏菊、菊、大丽花、风信子、郁金香、半支莲、金鱼草等。在一个花坛内，植物种类不宜太多，花色也不宜杂乱，一般选用相同颜色的花卉。如果用两种色彩，最好以鲜明的红与黄、绿与橙、黄与紫等相互搭配，并注意比例不要均等，避免生硬、呆板。

图 3-5 花台

花台，是在40～100厘米高的空心台座中填以培养土，并栽上观赏植物的台子。花台主要观赏植物的自然形体、色彩、芳香以及人工造型等综合美，这是幼儿园室外绿化、美化中常见的植物造景方式。花台适于布置在大门两侧、窗前、角隅、草坪、墙基、路边等处，花台的形状多种多样，有几何形状，也有不规则形状。花台植物一般选择小巧玲珑、造型别致的松、竹、梅、芍药、红枫、海棠、杜鹃、山茶、南天竹等盆景植物作为主体，配以适当的草本花卉和假山石来创造最佳景观。花台可以全部采用一年生和两年生的花坛花卉制作。

图 3-6 草坪与园路

有条件的幼儿园可以选择适当的地方建造长廊，长廊周围可以种藤蔓植物，如紫藤、凌霄、木香、牵牛、葡萄、葫芦等，力求营造曲径通幽、奇趣无穷的意境。若幼儿园较大，公共活动场地也可以完全按照花园形式布置园路、小型蘑菇亭、花廊、水池、喷泉等。幼儿园除了种植孩子们喜爱的树木花卉外，还可适当种植一些果树，如桃、苹果、樱桃、石榴、枇杷、柿、核桃、金橘等，做到有绿、有花、有果、有香，使孩子们的生活更加丰富多彩。如果有空地，还可以在幼儿园的一角，开辟小型菜园、果园、花圃和小动物园等。

藤蔓植物是幼儿园环境绿化中的常用植物，在围墙、建筑物墙面、护栏、围栏等处，种植可攀爬、悬垂的藤本植物，可有效除噪吸尘。同时，使园内绿化带富于层次感，达到幼儿园的立体绿化效果，扩大绿化空间和绿化覆盖率，改善幼儿园小环境。

图 3-7 各类植物的配置

室内绿化、美化的配置   室内绿化、美化配置是以绿色植物为主要材料，装饰、美化室内空间，为幼儿创造一个富有大自然气息的清新、宁静、温馨的室内环境，同时为幼儿创设一个学习自然的环境。

室内盆花的配置   盆花是室内绿化、美化配置的常用材料。盆花便于挪动和更换，摆放灵活方便，并且种类繁多，形态各异，具有较高的观赏价值。盆花种类的选择要根据不同花卉的生活习性、室内环境特点以及幼儿教育活动的需要等综合考虑，以便取得较好的效果。例如，能适应室内条件并且可以供

图3-8 盆花

较长时间观赏的植物有海桐、君子兰等。能置于光线充足、空气流通地方的室内花卉有含笑、山茶花、秋海棠、兰花、杜鹃、迎春、石榴、茉莉、扶桑等。盆花可根据幼儿园的具体环境，放置在窗台、门口或几架上。室内盆花应少而精，并且注意盆花摆放的高低，以及室内光线的明暗所产生的不同效果。室内盆花常遇到阳光不足、通风不良、尘埃较多等问题，因此盆花在室内放置的时间不宜过长，须适时放置于室外进行养护，以恢复其自然美。

室内观叶植物的配置　用观叶植物点缀幼儿园的某些室内区域，会使人感到特别清新幽雅。同时，一些观叶植物还可吸附有害气体，净化空气，改善室内环境。室内观叶植物是指产于热带、亚热带地区，具有一定耐阴性，适宜在室内生长，供观赏叶片色泽和质地的一类植物。因为室内的环境条件对这类植物来说不很适合，特别是某些地区冬季室内温度过低，往往会影响室内观叶植物的生长。因此，选择室内观叶植物时，要考虑这类植物对室温的要求。室内观叶植物大致可分为3类：

高温型观叶植物：要求室温不能低于10～15℃，如广东万年青、虎尾兰、绿萝、龙血树、竹芋、散尾葵等。

中温型观叶植物：要求室温不能低于5～10℃，如朱蕉、秋海棠、彩叶草、龟背竹、文竹、一品红、铁线蕨等。

低温型观叶植物：可耐受0～5℃的低温，如吊兰、天门冬、棕竹、橡皮树等。

室内观叶植物的摆放位置，可根据需要而定，一般可以摆放在门厅、走廊以及幼儿园的各个功能活动地区，起到绿化、美化的效果。

拓展练习

1. 选择幼儿园绿化树种时，应注意哪些问题？

2. 如何才能使幼儿园的绿化做到春有花、夏有阴、秋有果、冬有青？如何提高幼儿园的绿化覆盖率？谈谈你的办法。

探索实践

1. 通过在网上查询资料，进一步学习室内环境绿化的相关知识，设计一份幼儿园大班的室内环境绿化方案。

2. 以4～6人为一个学习小组，选择一所幼儿园进行实地考察，运用所学知识，对该园环境绿化、美化的现状进行分析，设计一份可行的改进方案。

动

物

鳌足

步足

　　动物是生物界中最庞大的一类，提到它们，谁都可以说出一大长串的名字：鳄鱼、鹰、狼、猫、狗、虎、豹、蚂蚁、蝴蝶……动物是多种多样的，现在生活在地球上的动物，已经知道的大约有150万种。科学家们根据各种动物的形态和特征，把动物分成两大类：一类是无脊椎动物；另一类是脊椎动物。其中，无脊椎动物有100多万种。

　　无脊椎动物的身体内没有由脊椎骨组成的脊柱，主要类群包括原生动物、腔肠动物、扁形动物、线形动物、环节动物、软体动物、节肢动物、棘皮动物等。脊椎动物的身体内有由脊椎骨组成的脊柱，主要类群包括圆口类、鱼类、两栖类、爬行类、鸟类、哺乳类等。

动物的分类

动物分类，可以让我们更清楚地认识各种动物。动物的分类单位有：界、门、纲、目、科、属、种。"界"的范围最大，它包括20多个"门"，每个"门"又包括10多个"纲"，依次类推，"种"的范围最小，它只包括一种动物。例如给梅花鹿分类，它属于动物界、脊椎动物门、哺乳纲、偶蹄目、鹿科、鹿属、梅花鹿（种）；又如丹顶鹤属于动物界、脊椎动物门、鸟纲、鹤形目、鹤科、鹤属、丹顶鹤（种）。知道了一种动物的门、纲、目、科、属，就可以确定它的分类地位，也就能知道它和其他种动物在进化上的关系，比如常见的马、牛、驴和猪这4种动物，虽然都是哺乳动物，属脊椎动物门哺乳纲，但马、驴同属奇蹄目、马科，而牛和猪属于偶蹄目，牛属于牛科，猪属于猪科。所以我们从中可知道，在进化上，马与驴的亲缘关系，要比牛与猪的亲缘关系更近一些。

世界上各国有各国的语言、各地有各地的方言，在不同地方的同一种动物会有不同的名称。这就给生物学家在研究它们时，相互之间进行交流带来了麻烦，为解决这个问题，全世界的生物学家使用统一的标准来命名动物，这就是通常所说的学名。由于这些名称主要来源于拉丁语，所以又叫拉丁名。动物的命名也是采用"林奈双名命名法"，即动物的学名由两部分组成：属名和种名。属名相当于我们的姓，告诉人们自己属于哪个家族；种名是自己的名字，可以在属内进一步对这一物种给予确认。

人类也属于动物界，分类地位是脊椎动物门、哺乳纲、灵长目、人科、人属、人种，和猩猩、猴子在同一个目。由此来看，动物是人类的朋友，和我们共同拥有一个地球，保护动物就等于在保护我们自己。

如何给猫、鹦鹉分类？

生
物
学

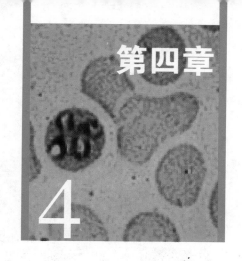

第四章

4

无脊椎动物

第一节　无脊椎动物的概述

　　无脊椎动物，是动物类群中比较低等的类群，它们是与脊椎动物相对应的一类，最明显的特征是不具有脊椎骨。无脊椎动物不论种类还是数量都是非常庞大的。从生活环境上看，海洋、江河、湖泊、池沼以及陆地上都有它们的踪迹；从生活方式上看，有自由生活的种类，也有寄生生活的种类，还有共生生活的种类；从繁殖后代的方式上看，有的种类可进行无性繁殖，有的种类可进行有性繁殖，有的种类既可进行无性繁殖也可进行有性繁殖。

　　无脊椎动物在进化上是比较古老和低等的一类，和人类的关系极为密切，有许多是人类的食品，或为人类提供工业上、医药上的原料，但也有不少种类对人类有害，如传播疾病等。

　　科学家按照无脊椎动物的从低等向高等的进化顺序进行分类，依次是：原生动物门、腔肠动物门、扁形动物门、线形动物门、环节动物门、软体动物门、节肢动物门和棘皮动物门等。

一、原生动物门

　　这门的动物也简称原虫，是动物界最原始的一门。结构简单，由单细胞所组成，故有时也称它们为单细胞动物。它们虽然没有高等动物那样的器官、组织、系统来进行生命活动，但能由细胞本身分化出不同的部分来进行各种生命活动，如分化出鞭毛、纤毛等用来运动，分化出胞口、胞咽、食物泡等用来摄食和消化等。原生动物的身体微小，人们通常只有借助显微镜才能看到它们。

　　原生动物门大约有3万种动物，大多数种类生活在有水的环境，少数种类寄生在其他生物体内。常见的原生动物有草履虫、变形虫、疟原虫、阴道毛滴虫、绿眼虫等。

　　原生动物与人类的关系很密切，有些种类对人类直接有害，如疟原虫引起疟疾、痢疾内变形虫使人患"阿米巴痢疾"（也叫赤痢）等；而有些种类是浮游生物的组成部分，成为鱼类的自然饵料，海洋和湖泊中的浮游生物是形成石油的原料；有些种类是探测石油矿的标志，如孔虫、放射虫。

能致病的原生动物

痢疾内变形虫（见图4-1）即痢疾阿米巴，除了能引起阿米巴痢疾（即赤痢）外，还会造成肝脓肿。当药物进入肠道时，它们会形成孢子而随粪便排出体外，经人、畜饮水后再进入寄主体内。

疟原虫（见图4-2）分布极广，遍及全世界，在人体内的肝细胞和红血细胞内发育。它是地球上最致命、最隐蔽的致病元凶之一，能通过蚊子传播疟疾，这种病发作时一般多发冷发热，并伤及脾肺，而且是在一定间隔时间内发作，有些地方叫"打摆子"或"发疟子"，是我国五大寄生虫病之一。全世界每年有5亿人感染上这种疾病。在这些受感染的人中，估计有270万人死亡，其中绝大多数是不满5岁的儿童。

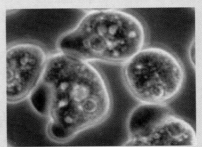

图4-1　痢疾内变形虫

阴道毛滴虫（见图4-3）多寄生于女子阴道黏膜上，引起阴道炎，通过接触也会导致男性尿道感染。

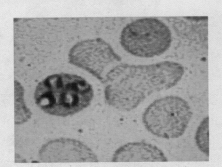

图4-2　疟原虫

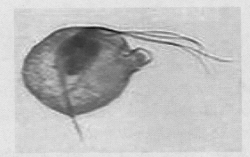

图4-3　阴道毛滴虫

二、腔肠动物门

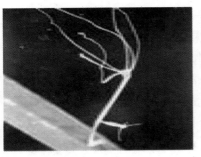

图4-4　水螅

这是一类低等的多细胞动物。身体一般呈辐射对称，体壁包括由细胞构成的内外两个胚层——外胚层和内胚层，以及在两个胚层之间有由两胚层细胞分泌的中胶层。由体壁围成的腔肠叫消化腔，有消化和循环的功能，这个腔有口但无肛门，在口的周围环生着一定数目的触手，食物从口进入消化腔进行消化后，营养物质输送到身体各处，不能消化的残渣仍从口排出。

腔肠动物的外胚层和触手上密布了刺细胞，刺细胞是腔肠动物的武器，遇到其他动物时，把毒液注入对方体内，进行摄食和御敌。

腔肠动物约有9 000多种，大多数种类生活在海洋里，少数种类生活在淡水中，常见的种类有珊瑚、海蜇、海葵、水母、水螅（见图4-4）等。

三、扁形动物门

扁形动物是多细胞动物中比腔肠动物稍高等的一门。特征是身体左右对称，背腹扁平，有3个胚层，有口无肛门。与腔肠动物比较，扁形动物的体型是左右对称，在内外两个胚层之间出现了一个发达的中胚层，这是扁形动物比腔肠动物进化的重要特征。左右对称的身体能够较快地运动、摄食和适应外界环境的变化，中胚层的出现增强了动物的运动能力，使它们能够主动地、较快地摄取食物。大多数扁形动

物雌雄同体，能异体交配和体内受精。

　　世界上已知的扁形动物有1万多种，它们有些分布在海水、淡水和湿土，有些寄生在人和动物的体表或体内，这些种类对人畜的危害很大。血吸虫、猪肉绦虫、涡虫（见图4-5）等是比较常见的变形动物。

图4-5　涡虫

四、线形动物门

图4-6　钩虫

　　线形动物比扁形动物高等。特征是身体细长或圆筒形，体表有一层角质膜，前端有口后端有肛门，有了肛门后，动物的消化、吸收和排泄分开，提高了消化效率。线形动物不仅是雌雄异体，而且雌雄体在外形上也有区别。这些特征在动物的演化上是有进步意义的。

　　线形动物约有9 500种，其中少数过着自由生活，大多数寄生在人、家畜和农作物体内，会对人、家畜和农作物造成严重的危害。常见的线形动物有蛔虫、蛲虫、钩虫（见图4-6）等。

五、环节动物门

　　环节动物是多细胞动物中比线形动物又高一等的一门。其身体分成许多体节，开始有了明显的真体腔，出现了血液循环系统，多数环节动物的身体上长有刚毛。环节动物门在动物演化上发展到了一个较高阶段，是高等无脊椎动物的开始。

　　已知的环节动物的种类有8 700多种，世界各地都有分布。常见的种类有蚯蚓、蚂蟥、沙蚕（见图4-7）等。

　　环节动物有一定的经济意义，如分布在淡水和海水的一些种类可作为鱼虾的食料，土壤里的蚯蚓对农业有利；但蚂蟥等种类能吸吮人、畜血液，损坏人、畜的健康。

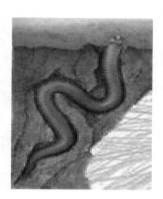

图4-7　沙蚕

六、软体动物门

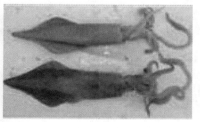

图4-8　鱿鱼

　　已经知道软体动物的种类有10万之多，种类数量仅次于节肢动物门，是动物界第二大门。各类之间的外形差别很大，但主要的形态结构大致相同。特征是身体柔软，没有体节，身体一般左右对称，大多可以分为头、足和内脏囊3个部分，体外有外套膜，并有外套膜分泌的贝壳。

　　软体动物的分布非常广泛，与人类的关系也很密切。有的可以食用，如鱿鱼（见图4-8）、牡蛎、缢蛏、螺蛳、乌贼等；有的可以入药，如鲍（见图4-9）的壳（石决明）、乌贼的内壳（海螵蛸）等；有的可育珍珠，如珍珠贝，珍珠既是高贵的装饰品又可以入药；有的可以做家禽饲料和鱼类饵料；有的贝壳是人们喜爱的观赏品，如宝贝、鸡心螺、竖琴螺等；有的种类会危害海港建筑，如船蛆（见图4-10）；有的种类危害农作物，如蜗牛、蛞蝓等。

图4-9　鲍

图4-10　船蛆

七、节肢动物门

节肢动物是动物界中最大的一个门，已知的种类约有120多万种，占整个动物界的4/5。这门动物广泛分布在海洋、河流、陆地，常见的种类有蝗虫（见图4-11）、蜜蜂（见图4-12）、蝴蝶（见图4-13）、螃蟹、蝎（见图4-14）、蜘蛛（见图4-15）等，与人类的生活、健康、经济等各方面有十分密切的关系。

图 4-11　蝗虫

图 4-12　蜜蜂

图 4-13　蝴蝶

图 4-14　蝎

图 4-15　蜘蛛

节肢动物门的主要特征是不仅身体分节，附肢也分节，因而称作节肢动物。身体分部，体表有外骨骼，在生长发育的过程中要蜕皮。感官发达，有触角、单眼、复眼等。

节肢动物门主要包括昆虫纲、甲壳纲、蛛形纲、多足纲。其中昆虫纲的种数最多，约占节肢动物的94%，在本章第三节将作详细介绍。

拓展练习

1. 请你按照由低级到高级的进化顺序说出无脊椎动物主要包括哪些动物门？各个动物门有哪些常见种类？
2. 动物界中的第一大门是哪个动物门？主要特征是什么？

第二节　常见的无脊椎动物

一、草履虫

草履虫（见图4-16）是一种原生动物。体形微小，整个身体由一个细胞构成。草履虫身体的前端钝圆，后端较尖，外形很像一只倒放着的草鞋，所以被叫做草履虫。它的全身长满了纵行排列的纤毛（见图4-17）。

草履虫的生殖方式有无性生殖和有性生殖两种形式。最简单的生殖方式是无性生殖，身体中部横缢，一分为二，繁殖很快。有性生殖是结合生殖，两个草履虫的口沟部分黏合，互相交换一个小核后分开，体内进行一系列的变化，虫体同时进行两次分裂，形成4个新的草履虫。草履虫能够对外界刺激作出反应，趋向有利刺激，逃避有害刺激。

草履虫生活在有机物丰富、水不大流动的池塘、水沟等淡水环境中，对净化污水有一定的作用。因为其个体较大，结

图 4-16　草履虫

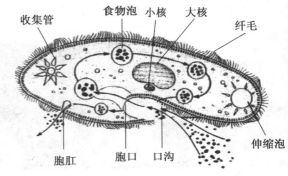

图 4-17　草履虫的结构图

生物学

构典型、繁殖快、观察方便、容易采集培养，因此一般用它作为研究细胞遗传的好材料。

二、水母

　　水母是一种腔肠动物。水母身体中的水占体重的97%。水母大多都是透明的，看上去很美，但是却非常危险，去海滨游泳的人如果被水母的触手刺到，会产生很强的疼痛感，有时甚至会致命。大多数的水母生活在浅海中，它们漂浮在海水表面，长长的触手一碰到猎物就会缠住它并使猎物麻痹，然后将猎物拖到"嘴"里。

　　常见的水母有桃花水母、海蜇、僧帽水母、海月水母等。

三、珊瑚

　　珊瑚属于腔肠动物。珊瑚（见图4-18）其实是珊瑚虫群体的骨骼。大多数珊瑚虫聚集在一起生活，它们体态玲珑，色泽鲜艳非常好看，构成了海底花园。

　　依其骨骼特性，可分为石珊瑚及软珊瑚类。石珊瑚类能分泌碳酸钙形成坚硬群体，软珊瑚不分泌大量的钙质骨骼，但代之以钙质骨针

图4-18　珊瑚

束支撑身体。石珊瑚的骨骼是构成珊瑚礁和珊瑚岛的主要成分，如我国的西沙群岛、印度洋的马尔代夫岛、南太平洋的斐济群岛等都是珊瑚岛。石珊瑚还可以用来铺路、盖房子，如我国海南沿海和台湾一带用珊瑚建造的房子坚固耐用、便宜美观。珊瑚的式样很多，颜色各种各样，可制作成工艺品。

　　珊瑚礁、珊瑚岛是如何形成的？

亲密无间的伙伴——海葵和双锯鱼

　　自然界中生物之间可以建立起十分和谐的共生关系。这些生物你离不开我，我离不开你，互惠互利。海葵和双锯鱼就是海洋生物中的一个共生例子。

　　海葵是腔肠动物（见图4-19）。外表很像植物，体呈圆柱状，上端中央有口，口周围有几圈像花瓣那样的触手，全部伸展开来时，好像葵花开放，海葵由此而得名。在它身体的基部，有一个足盘，能分泌黏液，把身体固着在浅海的岩石、木桩等物体上。

　　双锯鱼又叫小丑鱼，生活在我国南海和世界热带海洋的珊瑚礁丛里。一般长5～12厘米，身体表面有鲜艳的朱红色和雪白色相间的色带，清晰美丽。

　　海葵身体上分布着刺细胞，尤其触手上最为密集，刺细胞能分泌毒汁。

图4-19　海葵

任何动物只要碰到海葵，就会被海葵瓣状触手上的刺细胞中有毒的刺丝麻醉或杀死，但是双锯鱼却例外，它们不仅能在海葵周围活动，而且还可以肆无忌惮地来回穿梭于海葵的触手间。引人注目的双锯鱼，会引起许多凶猛肉食性鱼类的追逐，这时双锯鱼便逃到海葵触手间躲藏，接近海葵触手的凶猛鱼类却被海葵触手刺细胞射出的刺丝麻醉致死，成了海葵的美餐。海葵不但庇护双锯鱼，并且还供给它们食物。双锯鱼主要吃浮游生物，但也经常把海葵坏死的触手扯下来，吃触手的刺细胞和上面的藻类，它们还寻食海葵进食时掉下来的残渣，有时还在海葵嘴边抢吃食物，海葵却听之任之，从来不会伤害它们。

　　双锯鱼还可帮助海葵清理卫生。海葵身体不能移动，常常被细沙、生物尸体和自己的排泄物掩埋以致窒

息而无。双锯鱼在海葵的触手中间游动搅动海水，冲走海葵身体的"尘埃"与"污物"，同时加强了海葵周围水的流动，使海葵得以获得充足的氧气。

如果人们把海葵拿走，双锯鱼就会被其他鱼类吃掉。海葵保护了双锯鱼，而双锯鱼的活动为海葵招来了食物并带来充足氧气，让海葵得以更好地生存。这对亲密无间的伙伴，真是大自然独具匠心的安排（见图4-20）。

图4-20　海葵和双锯鱼

观察思考

切菜时，为什么要将生食和熟食的菜板和刀分开？

四、猪肉绦虫

猪肉绦虫属于扁形动物。成虫以人作为终寄主，寄生在人的小肠中，幼虫以猪作为中间寄主，寄生在猪的肌肉舌、脑等部位，故由此而得名。

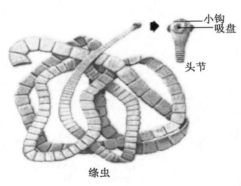

图4-21　猪肉绦虫

猪肉绦虫（见图4-21）的身体背腹扁平，分为头节、颈节和节片3部分。体长2～3米，宽7～8毫米，共有节片800～900片，后端的成熟节片长约10毫米。头节圆球形，直径约1毫米，有4个吸盘，并有顶突与两圈小钩。含有猪肉绦虫幼虫的猪肉叫"米猪肉"（也叫"豆猪肉"），人如果误食没有煮熟的"米猪肉"，幼虫就会在人的小肠内发育。猪肉绦虫寄生在人的小肠内吸食人已经消化的养料，会使人发生营养不良、贫血等症状；人如果不慎误食了含有绦虫卵的食物，绦虫的幼虫会寄生在人的肌肉、舌、脑、眼等部位，引起人肌肉无力、抽风、失明等症状，严重影响人的健康。

预防猪肉绦虫的方法是，首先，在选购猪肉时，要选择经过检疫的猪肉；其次，切菜时生熟食品要分开；最后，猪肉要在充分烹制熟后再食用。

观察思考

为什么饭前便后要洗手？

五、蛔虫

蛔虫（见图4-22）属于线形动物。人体肠道内最常见的寄生虫，感染率高达70%。蛔虫体长圆柱形，两端逐渐变细，活虫呈乳白色或略带粉红色。雌雄异体，雄虫较小，体长15～25厘米，尾部向腹面弯曲；雌虫较大，体长20～35厘米，尾端尖直。蛔虫身体前端有口，消化结构简单，体表有角质层，能抵抗人的消化液的侵蚀。这些结构特点与蛔虫的

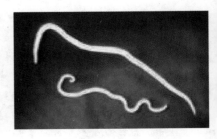

图4-22　蛔虫

寄生生活相适应。雌雄蛔虫发育成熟后，在人的小肠内交配，雌虫体内受精，每条雌虫平均每天产卵20万粒左右。蛔虫的受精卵（见图4-23）具有感染性，随着人的粪便排出体外。人喝了含有感染性虫卵

的生水，吃了沾有感染性虫卵的生菜或者用黏附着感染性蛔虫卵的手去拿食物，都可能会感染蛔虫病。受感染后，出现不同程度的发热、食欲不振或者容易饥饿、肚脐周围阵发性的疼痛、磨牙、失眠、营养不良等。有时还会引起严重的并发症，如蛔虫扭集成团可形成蛔虫性肠梗阻，钻入胆道形成胆道蛔虫病，进入阑尾造成阑尾蛔虫病和肠穿等，对人体的危害很大，因此必须预防蛔虫病。首先，要注意个人饮食卫生，生吃的蔬菜、水果等一定要洗干净，不喝不清洁的生水，饭前便后要洗手；其次，要管理好粪便。

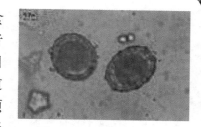

图 4-23 受精的蛔虫卵

图 4-24 蚯蚓

图 4-25 蚯蚓生活的环境

图 4-26 蚯蚓的环带

六、蚯蚓

蚯蚓又叫地龙、曲蟮（见图4-24），属于环节动物。常见的蚯蚓是环毛蚓，生活在潮湿、疏松、富含有机物的土壤中（见图4-25），以落叶和泥土中的有机物为食。

蚯蚓头部退化，没有听觉，眼也已经退化，只有感光细胞，但对光的刺激有敏锐的反应。蚯蚓身体细长而柔软，由多个体节组成，体节上生有刚毛。在靠近头部的第14～16体节间有一圈较宽阔而没有刚毛的粉红色环带，称作"生殖带"（见图4-26）。蚯蚓的体壁能分泌黏液，黏液使身体表面湿润黏滑，可以减少身体与地面的摩擦，并且有助于蚯蚓通过体表完成呼吸作用。体壁的肌肉发达，依靠肌肉的舒缩以及体表刚毛的配合进行运动。当蚯蚓前进时身体后部的刚毛钉入土里，使后部不能移动，这时身体向前伸长。接着，身体前部的刚毛钉入土里，使前部不能移动，这时身体向前缩短。这样一伸一缩，蚯蚓就得以向前移动。

蚯蚓是雌雄同体、异体受精的动物。交配时两条蚯蚓的生殖带紧贴在一起，相互交换精子，然后将交换来的精子和自己的卵细胞结合，完成受精作用。

蚯蚓对人类有很多益处。第一，改良土壤。第二，蚯蚓是优良的动物蛋白饲料和食品。蚯蚓的身体中含有大量的蛋白质和脂肪，还含有不少糖类和矿物质，营养价值很高，是畜、禽、鱼的优质饲料，也可以做人的食品。第三，蚯蚓在医学上用途很广，可以做解热镇静剂和利尿剂等。第四，人们可以利用蚯蚓来处理有机废物，消除环境污染。

阅读材料

"能干"的蚯蚓

蚯蚓有"大自然耕耘机"和"大自然施肥者"的美誉。蚯蚓能够松土，由于它经常在地下钻洞，使土壤疏松多孔，可以含有更多的空气和水分，有利于植物的生长，所以人们把蚯蚓称为"活犁耙"。同时，蚯蚓的粪便中含有丰富的氮、磷、钾等成分，有利于改良土壤。

蚯蚓在垃圾处理方面的"神通"也显得格外引人注目。蚯蚓可大量吞食垃圾中的有机物，如饭菜、纸张、蛋壳、果皮等，一个三口之家一天产生的生活垃圾，几千条成年蚯蚓可将其全部"消耗"。据统计，两吨的活蚯蚓一天可吃掉一吨有机垃圾。悉尼奥运会期间，奥运村的生活垃圾就是靠160万条蚯蚓处理掉的。蚯蚓可以把垃圾变成对人类有益的东西：蚯蚓肠道中能分泌出多种生物活性成分，一些矿物质经过蚯蚓处理后会变成易被植物吸收的养料。蚓粪酸碱度适宜，具有保水、保肥性能，含有植物所需的微量元素，是绿色环保的生物肥料。

在美国、日本等发达国家，利用蚯蚓处理垃圾的方式早已不鲜见。美国加利福尼亚州的一个公司养殖了5亿条蚯蚓，每天可处理废物200吨；日本的许多家庭都利用蚯蚓来消灭每日的生活垃圾。

 探索实践

实验　探究蚯蚓对土壤的改良作用

教学目标　体验科学探究的一般方法；了解蚯蚓对土壤的改良有何作用。

教学准备　蚯蚓、两面是玻璃的长方形木箱、两种颜色的土壤、树叶、菜叶或泡过的茶叶等、自来水。

背景知识　蚯蚓在土壤活动中活动，钻了许多洞穴，使土壤变得疏松，可以含有更多的空气和水分，有利于植物的生长。蚯蚓吃进腐烂的有机物后，产生的粪便中含有丰富的氮、磷、钾等成分，有利于改良土壤。

活动指导

1. 学生分组，围绕"蚯蚓对土壤的改良有何作用"的问题讨论并制定探究计划，设计实验进行探究。

2. 尝试探究：

（1）探究问题：＿＿＿＿＿＿＿＿＿＿＿＿＿＿＿＿＿＿＿＿＿＿＿＿＿＿？

（2）作出假设：＿＿＿＿＿＿＿＿＿＿＿＿＿＿＿＿＿＿＿＿＿＿＿＿＿＿。

（3）探究指导：

取黑色的土和黄色的土分别装在箱中，做成3层，第一层放黑色土，第二层放黄色土，第三层再放黑色土。

装好土后在箱上做好记号，将各层的边界标出。

选择几条健壮的蚯蚓放在木箱中，每天定时洒水，保持土壤的湿度，并投放适量的树叶、菜叶或泡过的茶叶。

每天观察一次到两次，并将观察结果记录下来。

活动结束后，把蚯蚓放回大自然。

3. 得出结论：各抒己见，分别得出结论。

4. 小组间交流探究过程及结论。

5. 讨论：为什么活动结束后要把蚯蚓放回大自然？

 观察思考

为什么在蜗牛爬过的地方会留下一条湿漉漉的痕迹？

七、蜗牛

蜗牛（见图4-27）属于软体动物。蜗牛通常栖息在温暖而阴湿的环境中，以植物的茎叶作为食物，

常取食农作物的嫩茎、叶片和幼芽。在寒冷的冬季和炎热干燥的夏季，蜗牛能够分泌黏液，将壳口封闭，不吃不动，在枯叶或瓦砾堆中进行冬眠或夏眠。

蜗牛身体表面有一个螺旋形的贝壳，壳内贴着一层外套膜，外套膜包裹着柔软的身体。蜗牛身体的软体部分可以分为头、腹足和内脏团3部分。蜗牛在爬行时头和腹足伸出贝壳外，不活动时则缩进贝壳内。

蜗牛的头上有4只触角，其中较长的那一对触角，有触觉功能。小触角具有嗅觉功能。蜗牛口内的舌上长着有许多的牙齿（齿舌），它就是利用这些牙刮下树叶或草来摄食。当牙齿用久了变钝时，会马上长出新牙齿。

蜗牛的腹足宽大，肌肉发达，因为位于软体的腹面，所以称为腹足。腹足是蜗牛的运动器官，蜗牛爬行时，靠腹足的波状蠕动而缓慢爬行。腹足的腹面前端有足腺，足腺能够分泌黏液，使腹足经常保持湿润，以免爬行时受到损伤。蜗牛爬过的地方总是留下一条黏液的痕迹。

蜗牛对农业生产有害。但蜗牛肉都是一种营养价值很高的高蛋白低脂肪的食品，此外还有药用价值。

阅读材料

多姿多彩的软体动物

软体动物的种类很多，有与蜗牛相似的田螺、蛞蝓，与河蚌相似的宝贝、扇贝、蚶、牡蛎、缢蛏等，软体动物与人类的关系极为密切，很多种类可以食用，营养价值很高；有些种类可以做中药材。我国贝类养殖业发展很快，前景十分广阔。

田螺 一般生活在地质柔软、饵料丰富的湖泊、池塘、水和沟内，吃水藻及腐殖质等（见图4-28）。平时以宽大的足在水底或水生植物上爬行。田螺不仅是鲁中美食，而且可以入药。

蛞蝓 又叫鼻涕虫（见图4-29）。一般生活在阴暗潮湿、多腐殖质的地方。在公园、农田、果园等随处可见，昼伏夜出，身体裸露，外壳退化。喜欢吃幼嫩多汁的植物，是农业上的间歇性害虫。

缢蛏 别名蛏子（见图4-30）。仅分布在我国和日本沿海。贝壳长方形，壳顶位于背缘略靠前方，约为壳全长1/3处。背腹缘近于平行，前后端圆。壳表生长线显著，壳面有一层黄绿色外皮，在老个体中外皮常因磨损脱落而成白色，贝壳脆而薄，肉面白色。缢蛏肉味鲜美，含有丰富的蛋白质、动物淀粉和维生素C等，营养价值较高。

图4-28 田螺

图4-29 蛞蝓

图4-30 缢蛏

八、对虾

对虾（见图4-31）属于节肢动物，是我国重要的海洋生物资源之一，经济价值高，是重要的海产品捕捞对象。

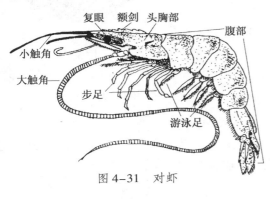

图4-31　对虾

对虾体长而侧扁，体型较大。身体分为头胸部和腹部两部分，外披坚硬的头胸甲。

对虾头胸甲的前端中部，有一长而尖的突出部分，称为额剑。呈锯齿状，是防御和攻击的武器。额剑两侧有1对能活动的眼柄，顶端着生复眼；此外，有两对触角，第一对较短小，第二对特长。具有嗅觉、触觉和平衡作用。口器位于头胸部腹面。

头胸部有8对足，包括3对颚足及5对步足。头胸部的前3对足称为颚足，具有感觉及辅助摄食功能。5对步足，为捕食及爬行器官。第1～3对步足末端呈钳状，后两对步足末端呈爪状。鳃位于足的基部，头胸甲的内缘，呈叶片状，是对虾的呼吸器官。

对虾的腹部肌群发达，腹部有6对足。在腹部第1～5节腹面各生有1对，特化为片状的足，适于游泳称为游泳足。腹部末端的一对尾足与尾节合称尾扇，可使对虾在水中快速运动和改变方向。

九、蜘蛛

蜘蛛（见图4-32）属于节肢动物。身体分为头胸部和不分节的腹部，体表被几丁质的外骨骼。只有单眼，腹面有6对附肢。第一对附肢是螯肢，基部有毒腺，毒腺可分泌毒液用于麻醉小虫；第二对附肢是触肢，有触觉作用；其余4对是步足，末端有爪，用于行走、结网和抓住物体，是运动器官。

腹部不分节，末端有纺绩器，与体内的纺绩腺相同，纺绩腺分泌的液态蛋白质通过纺绩器上的小孔排出体外，在空气中凝结，再由第四步足梳理成细丝，用来结成蛛网。蜘蛛结网是一种复杂的本能。

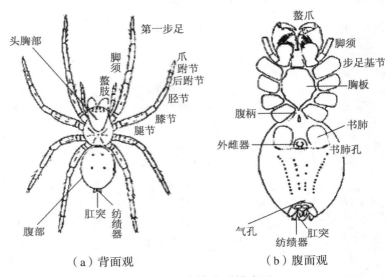

（a）背面观　　　　　　（b）腹面观

图4-32　蜘蛛外形模式图

观察思考

观察蜘蛛的外形和结构特点，明白蜘蛛为什么能"吐"丝？蜘蛛丝有哪些作用？

拓展练习

1. 填表比较甲壳纲、蛛形纲和多足纲动物。

项目 各纲	身体分部	触角	单、复眼	足	主要生活环境
甲壳纲					
蛛形纲					
多足纲					

2. 你认识哪些常见的无脊椎动物？谈谈它们与人类的关系。

3. 请你设计一个向小朋友介绍一种或几种无脊椎动物的科学教育活动，要求写出活动目标、活动准备、活动过程。

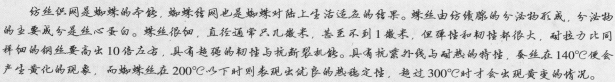

蜘 蛛 丝

纺丝织网是蜘蛛的本能，蜘蛛结网也是蜘蛛对陆上生活适应的结果。蛛丝由纺绩腺的分泌物形成，分泌物的主要成分是丝心蛋白。蛛丝很细，直径通常只几微米，甚至不到1微米，但弹性和韧性都很大，耐拉力比同样细的钢丝要高出10倍左右，具有超强的韧性与抗断裂机能。具有抗紫外线与耐热的特性，蚕丝在140℃便会产生黄化的现象，而蜘蛛丝在200℃以下时则表现出优良的热稳定性，超过300℃时才会出现黄变的情况。

蜘蛛丝有吸收巨大能量的能力，同时又有耐高温、低温与抗紫外线的特性，可广泛应用在军事（防弹衣）、航空航天（结构材料、复合材料和宇航服装）、建筑（桥梁、高层建筑和民用建筑），加上它又是由蛋白质所组成，与人体有良好的兼容性与生物分解性，因而也可用作医疗材料，如人工筋腱、人工韧带、医疗缝合线等外科植入材料等。蜘蛛丝是一种新型的、有惊人性质的生物纤维材料。近年来随着生物技术的发展和科学家对蜘蛛吐丝原理的深入研究，蜘蛛丝人工生产的方法有了突破性进展。相信蜘蛛丝的工业化生产会在不久的将来得到实现，成为一种奇妙实用的高新材料。

第三节 昆 虫 纲

据最新科学统计，昆虫种类有100多万种，占动物种类的4/5以上。是动物界的第一大家族。它们栖息在各种环境内，从冰天雪地的寒带到热带雨林，沼泽、湖泊、高山、海洋都有它们的身影。许多昆虫可随气流升到高空，某些昆虫可寄生在其他动物，甚至其他昆虫身上，可以说地球上几乎无处没有它们的踪迹。昆虫在长期适应环境的活动中，有着多种保护自己安全、不受敌方伤害的自卫本能，从而让昆虫在自然界中能够顺利地生存和繁衍。昆虫的大小和形态差异极大，目前已知最小的昆虫是柄翅卵蜂，其体长小于0.25毫米，主要寄生在其他昆虫的卵中；最大的昆虫是长达30厘米的竹节虫。

一、昆虫的外部形态

在这里，我们以蝗虫为例来介绍昆虫的外部形态。蝗虫是植食性昆虫，危害多种禾本科植物，常造成严重灾害。蝗虫常生活在禾本科杂草茂密，地势较开阔的地带。蝗虫的躯体由许多体节组成，可分为头、胸、腹3部分（见图4-33）。蝗虫身体的外面较坚硬，这是它的外骨骼。

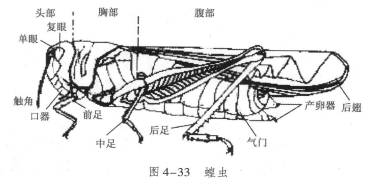

图4-33 蝗虫

1. 头部 头部（见图4-34）是感觉和摄食的部分，其上生有触角、复眼、单眼及口器。

（1）触角：1对，呈丝状，其上生多数嗅毛和触毛。具有触觉和嗅觉作用。

（2）单眼及复眼：3个单眼在触角附近，呈倒三角形排列，它只能感光，不能视物。头部上方两侧有1对复眼，复眼由许多小眼构成，每个小眼可分为集光和感光两部分，是蝗虫的主要视觉器官。

图4-34 昆虫头部

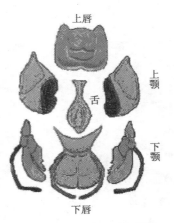

图4-35 昆虫口器的结构

（3）口器：蝗虫的摄食器官，由5部分构成（见图4-35）：① 上唇，位于口器的前方，为额下的1个垂片；② 上颚1对，呈三角形，连接在头部两侧颊部的下方，坚硬，适于咀嚼食物；③ 下颚1对，在上颚的后面，主要用来抱握食物；④ 下唇，位于下颚后方，主要作用是防止食物外漏；⑤ 舌，位于上下颚之间，口腔的底部，表面有刚毛和细刺，唾液腺开口于其基部的下方，有搅拌食物和味觉的功能。

2. 胸部　由3体节愈合而成，分别称为前胸、中胸和后胸。胸部是蝗虫的运动中心，有足3对和翅2对。每个胸节各有1对足，分别称为前足、中足和后足。各足的结构基本相同，由基节、转节、腿节、胫节、跗节和前跗节组成。前足和中足都是步行足，而后足特别强壮发达为跳跃足。

在中胸和后胸的背侧各有1对翅，顺次称为前翅和后翅。前翅狭长，革质，比较坚硬，长于后翅，用来保护后翅。后翅宽大，柔软膜质，飞翔时起主要作用，静息时则如折扇一样，折叠于前翅之下。翅是昆虫进行飞行的器官。

3. 腹部　由11个体节组成。第一腹节较小，左右两侧各有1个稍微凹陷的半月形薄膜，能感知声音，是蝗虫的听觉器官。蝗虫第二至第八腹节都发达。从中胸到腹部第八节，每节的两侧各有1个小孔，叫气门，与蝗虫体内的气管相通。蝗虫的呼吸用气管进行，气门是气体出入身体的门户。末三个腹节退化，其形态因性别而异，雌蝗虫的末三个腹节结构如图4-36所示。

蝗虫不仅外部形态结构复杂，而且具有一系列适应陆生生活的结构，例如，具有复杂的消化系统、循环系统、神经系统、生殖系统等。蝗虫的适应能力强、分布范围广。

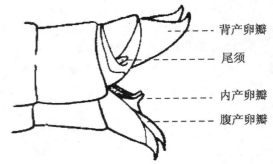

- - - 背产卵瓣
- - - 尾须
- - - 内产卵瓣
- - - 腹产卵瓣

图4-36　雌蝗虫的末3个腹节结构

 观察思考

1. 观察蛔虫、蚯蚓、蝗虫的身体，与蛔虫、蚯蚓相比较，蝗虫身体有哪些特点？

2. 与蛔虫、蚯蚓相比较，蝗虫适应怎样的生活环境和生活方式？

3. 想一想，蝗虫的外骨骼有什么作用？

二、昆虫纲的主要特征

综上文所述，昆虫具有以下共同特征：身体分为头、胸、腹3部分；头部有1对触角、1对复眼和1个口器；胸部有3对足，2对翅（部分种类退化或无）。

拓展练习

1. 一只蝗虫有足（　　）听器（　　）。

　　A. 9对、10对　　　　　　　B. 6对、2对　　　　　　C. 3对、1对　　　　　　D. 5对、1对

2. 气体进出昆虫身体的门户是（　　）。

　　A. 鳃　　　　　　　　　　　B. 气门　　　　　　　　C. 气管　　　　　　　　D. 体壁

3. 在阳光的照耀下，为什么蚯蚓容易死，而蝗虫却不怕晒？

生物学

4.据记载：从公元前707年至公元1935年的2 600多年间，我国共发生蝗灾800多次，平均约3年一次。蝗灾严重时，成群的蝗虫迁飞似乌云般遮天蔽日，蝗虫所到之处，原来生长旺盛的庄稼只剩一些茎秆，粮食颗粒无收，危害极其严重，屡屡造成近百万灾民离乡背井，四处逃荒的凄惨景象。解放后，党和政府十分重视对蝗灾的防治工作，及时掌握蝗情，进行了人工、农业和化学方法的防治。因此，我国基本控制了蝗灾。那么，曾给人类带来深重灾难的蝗虫为什么会造成这么大的危害呢？请你分析原因。

探索实践

1.气门的作用：准备两杯水，将甲、乙蝗虫的中胸以前和中胸之后两个不同部位浸入水中，观察蝗虫的活动，据实验结果得出结论。

2.请你设计一个探索触角功能的方案活动。

三、昆虫的生殖和发育

昆虫是雌雄异体的动物，绝大多数昆虫的生殖一般要经过交配、受精，然后产卵，卵孵化以后，在其幼体长大过程中，有"蜕皮现象"。昆虫与其他动物个体发育有很大差异。

观看图4-37，我们发现生命世界是如此的奇妙，美丽的蝴蝶竟是由"毛毛虫"变成的。

毛毛虫从何而来？它是如何变成蝴蝶的呢？许多昆虫的发育过程与蝴蝶相似，如家蚕、家蝇、瓢虫等。

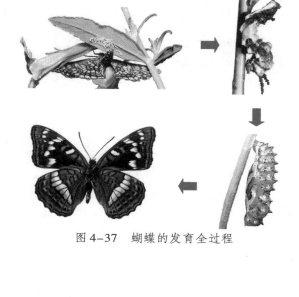

图4-37　蝴蝶的发育全过程

观察思考

1.想一想，菜粉蝶的发育要经过哪些时期？

2.比较昆虫的幼虫、成虫、蛹的形态特点和生活习性。

3.所有昆虫的发育都与菜粉蝶一样吗？

1.完全变态

像菜粉蝶这样，虫体自卵孵出后，经幼虫、蛹发育为成虫。幼虫与成虫不仅形态不同，生活方式及生活环境也完全不同，在变为成虫之前，须要经过一个不食不动的蛹期，蛹经蜕皮最后才羽化为成虫。这样的发育过程称为"完全变态"（见图4-38和图4-39），如菜粉蝶、蝇、瓢虫、蜜蜂等。

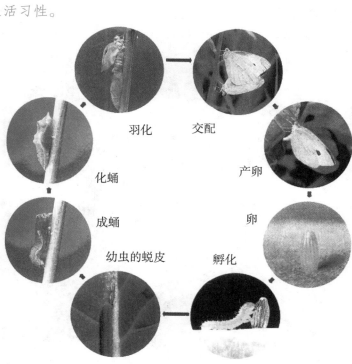

羽化　交配

化蛹　产卵

成蛹　卵

幼虫的蜕皮　孵化

图4-38　完全变态发育过程

图4-39　昆虫的完全变态
发育示意图

（图4-39中）受精卵 → 幼虫 → 蛹 → 成虫

1. 认真观察蝗虫的生活史标本，在不同时期的形态有什么特点？

2. 蝗虫的发育与菜粉蝶有何不同？

2. 不完全变态

蝗虫的发育与菜粉蝶不同。虫体自卵孵化，幼虫经过几次蜕皮后便可发育为成虫。幼虫与成虫在形态上比较相似，生活环境及生活方式一样，只是动物体大小不同、性器官尚未成熟及翅还停留在翅芽阶段，这一阶段通常称为若虫，像这样的发育过程称为不"完全变态"（见图4-40），如蝗虫、蟋蟀、椿象等。

3. 昆虫激素对昆虫发育的影响

昆虫的生长、蜕皮和变态都受到昆虫内分泌系统产生激素的控制（见图4-41）。昆虫激素主要有脑激素、蜕皮激素和保幼激素，它们各有不同的功能。

脑神经分泌细胞分泌脑激素，脑激素是一种活化激素，具有活化咽侧体和前胸腺的功能。蜕皮激素具有引起昆虫蜕皮的作用，促使幼体向成虫转变。保幼激素具有抑制成虫性状出现的作用。当咽侧体分泌旺盛，产生较多的保幼激素时，保幼激素和蜕皮激素共同作用，使昆虫的幼虫蜕皮后仍为幼虫。当保幼激素分泌量较少时，幼虫蜕变成蛹。当咽侧体停止分泌保幼激素时，血液和体液中没有保幼激素，仅有蜕皮激素，这时蛹变态为成虫。昆虫体内的这3种激素相互协调，共同控制昆虫的生长、蜕皮和变态。

人们掌握了昆虫激素跟昆虫的生长、发育和变态的关系，经过科学利用就可以更好地为生产实践服务，如现在已能人工调节蚕的发育。为了让蚕吐丝更多，抓住蚕产生丝素、丝胶的五龄阶段，用保幼激素均匀喷洒在蚕体上，就能延长五龄蚕的生长期，使它能更多地吃一点桑叶，多产蚕丝。如果当时因为缺少桑叶、病害蔓延等原因，需要蚕提前化蛹，可以用蜕皮激素喷过的桑叶喂养四眠后的蚕。这样，可以缩短五龄阶段，使蚕早日结茧，提前吐丝，及时规避风险，减少损失。

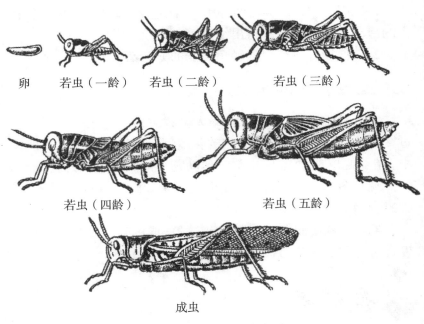

图4-40 不完全变态发育过程

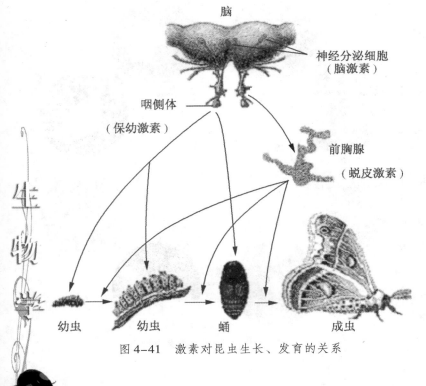

图4-41 激素对昆虫生长、发育的关系

观察思考

"春蚕到死丝方尽"这句诗来自李商隐《无题》中的名篇，请从家蚕的发育过程来分析"春蚕到死丝方尽"这句诗是否科学？此诗如何改更科学？

拓展练习

1. 列表比较蝗虫和家蚕个体发育过程中的相同点与不同点？
2. 请写出下列昆虫的发育类型：

昆　虫	变　态　类　型	昆　虫	变　态　类　型
蟋蟀		菜粉蝶	
蜜蜂		螳螂	
蜻蜓		蝉	
七星瓢虫		苍蝇	

四、昆虫的特征及昆虫纲的分类

昆虫纲动物种类繁多，我们应该怎样分辨不同的昆虫呢？一般可依据口器、触角、翅和足的形态及变态的类型来区分不同种类的昆虫。

（一）昆虫分类的主要依据

1. 触角

触角由柄、梗节、鞭节组成。柄节可以在触角窝内转动。触角是昆虫的触觉和嗅觉器官，触角上有很多嗅感觉器，能够嗅到各种化学物质从不同距离散发出来的气味，以此来觅食、聚集、求偶和寻找产卵的场所。触角的类型，是昆虫分类的重要依据之一，常见类型（见图4-42）有：

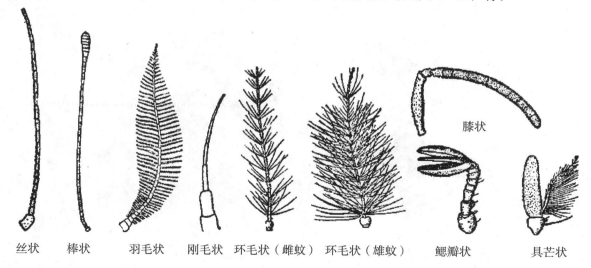

丝状　　棒状　　羽毛状　　刚毛状　环毛状（雌蚊）　环毛状（雄蚊）　　膝状　鳃瓣状　　具芒状

图4-42　昆虫触角的类型

（1）丝状：如蝗虫、蟋蟀等。
（2）羽毛状：如蛾类。
（3）刚毛状：柄、梗节粗，鞭节纤细，如蜻蜓。
（4）棒状：似棒球杆，鞭节末端的几节膨大，如蝴蝶。

65

（5）具芒状：只有3节，柄节1节，膨大，具有刚毛状构造，如蝇类。

（6）鳃瓣状：触角端部3~7节向一侧延展成片状，如金龟子。

（7）环毛状：鞭节各节有一圈刚毛，如蚊子。

（8）膝状：如蜂类。

2. 口器

口器是昆虫的取食器官，各种昆虫因为食性和取食方式不同，口器在构造上有多种不同的类型。其主要口器类型（见图4-43）如下：

（1）咀嚼式：蝗虫和蜻蜓等昆虫的口器属此类型。适于咬碎植物和动物的组织后吞下去，适于取食固体食物。

（2）刺吸式：形成针状的管，用以吸食植物和动物体内的汁、液，如蚊、蝉等的口器。

（3）虹吸式：下颚的外叶延长，并且左右闭合成管状，用时伸长，不用时盘卷成钟表的发条形状。它不能刺入组织，只能用作吸管吸取花蜜等液汁，如蝶类、蛾类成虫的口器。

（4）舐吸式：构造复杂，适于舐吸食物，如家蝇的口器。

（5）嚼吸式：上颚非常发达，适于咀嚼花粉；下颚、舌和下唇延长，取食时各部分并拢成管状，用来吸食花蜜，如蜜蜂的口器。

各种口器都是由咀嚼式口器演变而来的。

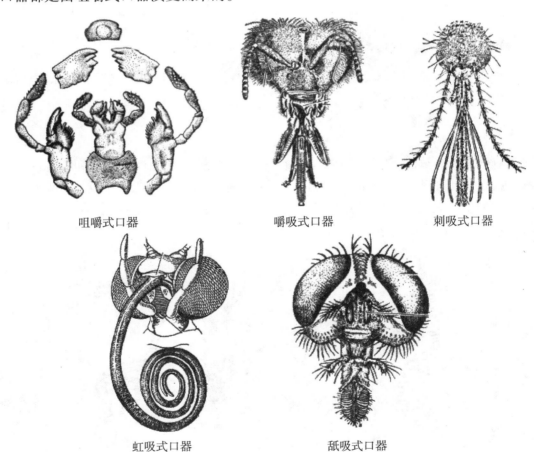

咀嚼式口器　　　　　嚼吸式口器　　　　　刺吸式口器

虹吸式口器　　　　　舐吸式口器

图4-43　昆虫口器的类型

3. 足

昆虫运动方式不同，足的类型不同，常见类型（见图4-44）如下：

（1）步行足：各节均细长，宜于行走。

（2）跳跃足：腿节特别膨大，胫节细长，适宜跳跃，如蝗虫的后足。

（3）捕捉足：基节延长，腿节的腹面有槽，胫节可以嵌入其内，如螳螂。

（4）携粉足：胫节宽扁，两边有长毛，构成花粉篮，第一跗节特别大而宽，上边有硬毛，用以收集毛上黏附的花粉储存于花粉篮中，称为"花粉刷"，如蜜蜂。

（5）游泳足：后足各节延长，变扁平，边缘有长毛，如水生昆虫。

（6）攀缘足：前跗节为一个大的钩状爪，胫节外缘有一指状突起，当爪向内弯曲时可以钳状构造，如虱子。

（7）贴附足：足的末端爪垫多毛，上有粘液，可贴附在光滑物体上，如家蝇。

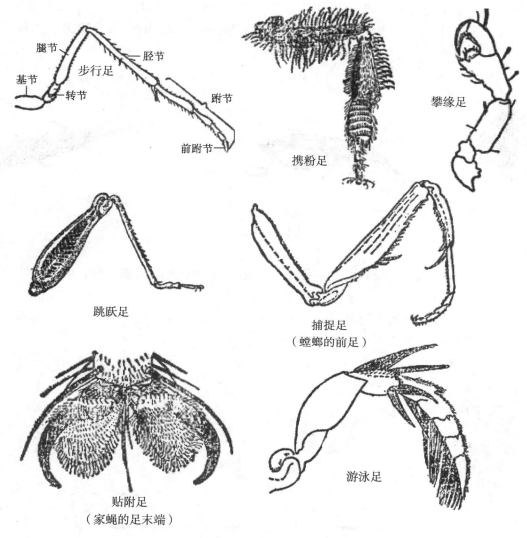

图 4-44 昆虫足的类型

4. 翅

无脊椎动物中，只有昆虫有翅，翅是昆虫的飞行器官。不同种类的昆虫，翅的结构和质地也不同，常见类型（见图4-45）如下：

（1）膜翅：透明，翅脉明显可见，如蜜蜂、蜻蜓、苍蝇等的翅。

（2）革翅（复翅）：质地如皮革，用来保护后翅，如蝗虫等的前翅。

（3）鞘翅：坚硬如角质，用来保护后翅和后背，如金龟子等的前翅。

（4）鳞翅：质地为膜质，表面长有许多鳞片，如蝶类、蛾类的翅。

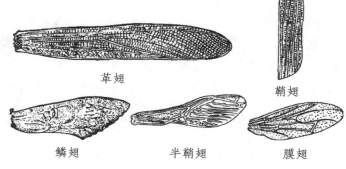

图 4-45 昆虫翅的类型

（二）昆虫纲的主要目

昆虫与人类关系非常密切，现已知道的100多万种昆虫，科学家们依据口器、触角、足的类型，有无翅、翅的类型及变态类型等特点，可将昆虫分为30多个目。在我国南、北方均广泛分布，常见并与人类生活联系紧密的主要有以下各目。

1. 直翅目

中型或大型昆虫。前翅为革质翅，后翅膜质宽大，折于前翅之下。咀嚼式口器，后足适于跳跃，发音器及听器发达；发音以左、右翅相互摩擦或以后足腿节内侧刮擦前翅而成。不完全变态发育。

直翅目昆虫已知的大约有1 200多种，我国大约有380种。常见的种类有蝗虫、蟋蟀、螽蟖、蚱蜢等（见图4–46）。

蟋蟀　　　　　　　　　螽蟖　　　　　　　　　蚱蜢

图4–46　直翅目

2. 同翅目

小型、中型或大型昆虫，刺吸式口器。触角短，呈刚毛状或丝状。翅2对，同为膜质或革质，静止时覆盖在背上，呈屋脊状，也有无翅种类。不完全变态发育。

同翅目昆虫种类很多，世界上已知的有3万多种。本目有许多种类是农林害虫，特别是介壳虫、蚜虫两大类。常见种类如蝉、蚜虫等（见图4–47）。

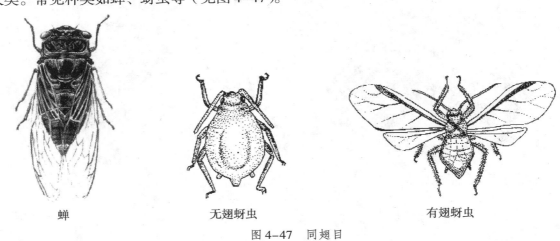

蝉　　　　　　　　　无翅蚜虫　　　　　　　　　有翅蚜虫

图4–47　同翅目

3. 螳螂目

中型或大型昆虫，前胸很长，前足为捕捉足，头三角形，头可以自由转动，前翅革翅，后翅膜质。不完全变态发育。

螳螂目昆虫已知种类约有1 600种，我国有50多种。本目为肉食性昆虫，能捕食其他昆虫，包括害虫，因此是益虫，我们应加以保护。常见种类是螳螂（见图4–48）。

图4–48　螳螂目（螳螂）

4. 蜻蜓目

大型昆虫，头部灵活，身体长，复眼发达（1万～3万只小眼），触角短小、刚毛状。咀嚼式口器。2对膜质翅，有翅痣，翅脉网状。不完全变态发育。

　　世界上已知的蜻蜓目昆虫种类约有 4 000 多种，分布广泛。蜻蜓的幼虫生活在水中，用鳃呼吸，形态和生活习性与成虫明显不同。常见种类有蜻蜓（翅基部宽，后翅略大于前翅），豆娘（翅基窄小，前后翅大小相似，飞行速度慢）（见图 4-49）。

图 4-49　蜻蜓目

5. 鳞翅目

　　中型至大型昆虫，2 对，鳞翅。幼虫咀嚼式口器，成虫虹吸式口器，复眼发达。完全变态发育。蝶类触角末端膨大，呈棒状，大多在白天活动；蛾类触角，有丝状、羽毛状等，多在夜间活动。

　　鳞翅目（见图 4-50）是昆虫纲的第二大目，已知种类约有 14 万多种，我国约有 7 500 种。大多数鳞翅目昆虫的幼虫以植物的茎叶为食，是危害农林业的害虫，如松毛虫、棉红铃虫、玉米螟虫等；一部分是有经济价值的益虫，如家蚕、蓖麻蚕、柞蚕等。

天蛾

灰蝶

大紫蛱蝶

图 4-50　鳞翅目

6. 鞘翅目

　　小型至大型昆虫，前翅为鞘翅，左右两鞘翅在背中线上合成一线，用以保护身体，后翅膜质，用以飞行，静止时折叠在前翅之下。足一般是步行足。咀嚼式口器，触角有丝状、鳃瓣状、棒状等。完全变态发育。

　　鞘翅目（见图 4-51）是昆虫纲中的最大一目，也是动物界中的最大一个目，有 30 多万种以上。本目包括许多重要的农林害虫，如各种天牛、象鼻虫、叩头虫、瓢虫等。

瓢虫

萤火虫

叩头虫

黑角散花天牛

图 4-51　鞘翅目

7. 双翅目

　　小型或中型，仅前翅发达，膜质，后翅退化为平衡棒；头部可自由转动，复眼发达，占头的大部分。有舐吸式或刺吸式口器。触角有具芒状（蝇类）、环毛状（蚊类）。完全变态发育。

自然界中已知的双翅目（见图4-52）种类约有8万多种。本目昆虫的幼虫，生活习性多样，有的生活在水中，有的在泥土、粪便中，或寄生于动植物体中、有机腐殖质中。成虫多为人畜疾病的传播者。有的吸吮人血，有的刺吸植物液汁，对人体健康和农业生产危害极大。如常见的蚊、蝇等。但也有少数种类幼虫或成虫以别的害虫为食，或寄生在其他昆虫体内，如食蚜蝇、寄生蝇等，可用于害虫的生物防治。

家蝇

蚊子

绿头蝇

图4-52　双翅目

8. 膜翅目

小型或中型昆虫，两对膜质翅，咀嚼或嚼吸式口器，复眼大，触角丝状、膝状。大多数腹部基节狭小，并入胸部，形成腰状的腹柄。产卵器发达，多数呈针状。完全变态发育。

在自然界中已知的膜翅目（见图4-53）昆虫种类约有12万多种。膜翅目昆虫的生活习性复杂，有很多种类是过群居生活的，在群体中各个体有明确的职责分工，与它们的职能相适应，各个体形态结构也有明显的区别，如蜜蜂、蚂蚁等。

蚂蚁

熊蜂

蜜蜂

图4-53　膜翅目

拓展练习

1. 昆虫的触角、口器、足、翅各有哪些主要类型？
2. 请调查校园内或其他适宜地点存在的昆虫种类及所属类别？
3. 比较下列各目：

目　名	口　器	触　角	翅		足	发　育	体　型	代表动物
			前翅	后翅				
直翅目								
同翅目								
螳螂目								
蜻蜓目								
鳞翅目								
鞘翅目								
双翅目								
膜翅目								

生物学

阅读材料

自卫防范的艺术

昆虫在长期适应环境的演变中，有多种多样保护自己安全、不受天敌伤害的自卫本能，可以保护自己躲过天敌，生存繁衍。下面我们以图片来展示3种昆虫常用而又有趣的"自卫防范艺术"：

1. 隐形（见图4-54）。

图4-54 隐形

2. 警示（见图4-55）
3. 假死（见图4-56）

图4-55 警示（黄蜂）　　　　图4-56 假死 （瓢虫）

探索实践

实验　昆虫标本的采集和制作

目的要求

1. 初步学会采集和制作昆虫标本的方法。
2. 通过标本采集和鉴定，熟悉当地昆虫种类及形态特征。

材料器具

捕虫网，毒瓶，采集箱，镊子，昆虫针（也可以用大头针代替），展翅板，三角纸包，昆虫盒，海绵或棉花，乙醚或氯仿（也可用苦杏仁，枇杷仁，青核桃皮，月桂叶）。

实验步骤

一、昆虫标本的采集

1. 制作毒瓶　在市售的毒瓶底部（也可自制）放入海绵或棉花，滴入一些乙醚或氯仿。也可以把苦杏仁，枇杷仁，青核桃皮等捣碎，包在纱布内，放入毒瓶底部，约占瓶高 1/3，压平后，将刺有小孔的硬纸盖在上面。

2. 捕捉昆虫　采集飞翔的昆虫要用捕虫网。捕捉这类昆虫的时候，把网口迎着飞来的昆虫，猛然一兜，立刻再把网身翻折上来，遮住网口，以免昆虫从网口飞出。蛾类多数在夜间活动，利用它们的趋光特点，可在路灯附近捕捉。采集活动迟缓的昆虫，虽然会飞但是常常停息的昆虫（如某些甲虫），不必用捕虫网去捕，可以用镊子去捕捉。

3. 毒杀昆虫　将捕获的昆虫放入毒瓶毒杀。大型的鳞翅目昆虫，在瓶内两翅易折断或鳞片掉落，可以先用三角纸包把它包好，然后投入毒瓶。

4. 临时包装　应及时从毒瓶中取出已毒死的昆虫，毒瓶里积存的昆虫不要过多，以免昆虫互相碰撞，损坏触角、翅、腿等部分。从毒瓶里拿出来的昆虫，可以暂时保存在三角纸包（可以用废纸做成）里，再把三角纸包放进采集箱中。

每采集到一种昆虫，都要用肉眼或者放大镜进行初步观察，并且要做记录，把采集地点、采集日期、采集人姓名、昆虫的生活习性（如栖息的环境、危害的农作物、危害的状况），尽可能详细地写在记录本上。将昆虫从毒瓶里取出，分别放在三角纸包时，应该系上或装进临时标签，标签上注明采集地点、采集日期和采集人姓名。

二、昆虫干制标本的制作

昆虫一般都适于制成干制标本。这种标本的制作，要在昆虫采集回来以后，及时进行，以免时间久了，虫体过于干燥，制作起来容易损伤触角和足等部分。制作过程如下（见图 4-57）：

1. 针插　虫体针插标本应按昆虫大小，选用适当粗细的昆虫针。昆虫针在虫体上的针插位置是一定的，鳞翅目、膜翅目等都从中胸背面正中央插入；同翅目、双翅目从中胸的中间偏右的地方插针；直翅目插在前翅基部上方的右侧；鞘翅目插在右鞘翅基部的左上角。虫体在针上有一定的高度，针上部外露全针的 1/4 为宜。这样，每个昆虫标本在昆虫针上的高度就一致了。

插针部位的规定，一方面是为了插得牢固，另一方面是为了使插针不破坏虫体的鉴定特征。

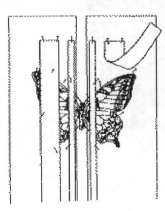

图 4-57　制作昆虫标本

2. 展翅　蝶类、蛾类、蜻蜓等翅膀较大的昆虫，要先做展翅工作。

把采集来的昆虫放在展翅板的纵缝里，用针把昆虫固定在缝底的软木底板上，把翅展平，使左右 4 翅对称，用纸条压住翅的基部，用大头针把纸条钉好，把触角和 3 对足整理好。鳞翅目，使两翅后缘稍向前倾。蝇类和蜂类以前翅的前端与头平齐为准。等到虫体完全干燥以后，从展翅板上取下来，放在三级板上调整好昆虫在昆虫针上的高度。

3. 身体微小的昆虫　不能用昆虫针插入虫体，这就要先将昆虫用胶水粘在三角纸的尖端，再用昆虫针插入三角纸基部的中央，将三角纸的尖端转向针的左边，然后把昆虫针倒着插进三级板第一级的小孔中，使三角纸上露出的昆虫针的高度，跟三级板第一级的高度相等。

4. 整姿　将昆虫针插在昆虫上以后，要用镊子整理一下触角、翅和足，使昆虫合乎自然状态。把这些标本放在通风的地方阴干，完全干燥以后，放入标本匣中保存。

5. 装盒　针插的昆虫标本，必须放在有盖的标本盒内。盒盖与盒底应可以分开，用于展示的标本，盒盖可以嵌玻璃，长期保存的标本盒盖最好不要透光，以免标本出现褪色现象。

标本在标本盒中应分类排列。鉴定过的标本应插好学名标签，在盒内的四角还要放置樟脑球以防虫蛀，樟脑球应固定。然后将标本盒放入关闭严密的标本橱内，定期检查，发现蛀虫及时用敌敌畏进行熏杀。

新陈代谢的工作者

《昆虫记》(选译本)

作者:〔法〕J·H·法布尔　翻译:王光

　　有许多昆虫,它们在这世界上做着极有价值的工作,尽管它们从来没有因此而得到相应的报酬和相称的头衔。当你走近一只死鼹鼠,看见蚂蚁、甲虫和蝇类聚集在它身上的时候,你可能会全身起鸡皮疙瘩,拔腿就跑。你一定会以为它们都是可怕而肮脏的昆虫,令人恶心。事实并不是这样的,它们正在辛碌着为这个世界做清除工作。让我们来观察一下其中的几只蝇吧,我们就可以知道它们的所作所为是多么的有益于人类,有益于整个自然界了。

　　你一定看见过碧蝇吧?也就是我们通常所说的"绿头苍蝇"。它们有着漂亮的金绿色的外套,发着金属般的光彩,它们还有一对红色的大眼睛。

　　当它们嗅出在很远的地方有死动物的时候,会立即赶过去在那里产卵。几天以后,你会惊讶地发现那动物的尸体变成了液体,里面有几千条头尖尖的小虫子,你一定会觉得这种方法实在有点令人反胃,可是除此之外,还有什么别的更好更容易的方法消灭腐烂发臭的动物的尸体,让它们分解成元素被泥土吸收而再为别的生物提供养料呢?是谁能够使死动物的尸体奇迹般地消失,变成一摊液体的呢?正是碧蝇的幼虫。

　　如果这尸体没有经过碧蝇幼虫的处理,它也会渐渐地风干,这样的话,要经过很长一段时间才会消失。碧蝇和其他蝇类的幼虫一样,有一种惊人的本事,那就是能使固体物质变成液体物质。有一次我做了一个试验,把一块煮得很老的蛋白扔给碧蝇作食物,它马上就把这块蛋白变成一摊像清水一样的液体。而这种使它能够把固体变成液体的东西,是它嘴里吐出来的一种酵母素,就好像我们胃里的胃液能把食物消化一样。碧蝇的幼虫就靠着这种自己亲手制作的肉汤来维持自己的生命。

　　其实,能做这种工作的,除了碧蝇之外,还有灰肉蝇和另一种大的肉蝇。你常常可以看到这种蝇在玻璃窗上嗡嗡飞着。千万不要让它停在你要吃的东西上面,要不然的话,它会使你的食物也变得充满细菌了。不过你可不必像对待蚊子那样毫不客气地去拍死它们,只要把它们赶出去就行了。因为在房间外面,它们可是大自然的功臣。它们以最快的速度,用曾经活过的动物的尸体产生新的生命,它们使尸体分解成有机与无机物质被土壤吸收,使土壤变得肥沃,从而形成新一轮的循环。

第五章

5

脊 椎 动 物

第一节　脊椎动物概述

　　脊椎动物代表着动物界中的高等类群。现存脊椎动物有约 44 000 种，包括圆口类、鱼类、两栖类、爬行类、鸟类和哺乳类。

$$
脊椎动物
\begin{cases}
圆口类 \\
鱼类 \\
两栖类 \\
爬行类 \\
鸟类 \\
哺乳类
\end{cases}
$$

　　脊椎动物显著的特征是身体背部有脊椎。从图 5-1 中我们可以看到，图中 5 种动物体内都有脊椎，脊椎及体内其他骨骼构成了脊椎动物复杂的骨骼系统，起支撑身体和保护内脏的作用。

鱼类有用于游水的复杂骨架

大西洋鳕鱼

鱼类

非洲牛蛙

两栖类是最先具有四肢的脊椎动物

两栖类

图 5-1

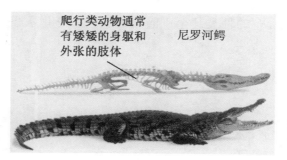

爬行类动物通常有矮矮的身躯和外张的肢体

尼罗河鳄

爬行类

鸟类具有适应飞翔的轻型骨架

椋鸟

鸟类

亚欧獾

哺乳动物挺直四肢行走

哺乳类

图 5-1　各类脊椎动物

观察思考

1. 观察鲫鱼、蟾蜍、龟、家鸽、家兔的骨骼标本，思考脊椎动物得名的原因。

2. 观察鲫鱼、蟾蜍、龟、家鸽、家兔，看一看它们的外形上有什么特点？它们的形态和生理特征是如何与其生活相适应的？

3. 你还知道哪些鱼类、两栖类、爬行类、鸟类和哺乳类动物？

鱼纲　鱼纲是体外被鳞、用鳃呼吸和以鳍肢游泳的水生脊椎动物，常见的有带鱼、鲤鱼、鳝鱼。

两栖纲　两栖纲幼体生活在水中，体形似鱼，用鳃呼吸；成体适应水陆两栖生活，主要用肺呼吸，同时，皮肤外无鳞片，有辅助呼吸的作用。由于其卵和幼体必须在水环境中生活、发育，因此限制了两栖动物的分布，常见种类有蛙、蟾、鲵、蝾等。

爬行纲　爬行纲是体表被鳞、卵生、用肺呼吸的陆生脊椎动物，在中生代曾由于种类繁多盛极一时，常见种类有鳄、龟、蜥、蛇等。

鸟纲　鸟纲全身被羽毛、前肢特化成翼——是鸟类的飞行器官，可进行双重呼吸，卵生、恒温的脊椎动物，形态结构和生理机能均适于空中飞翔，常见种类有雁、鸭、鹰等。

哺乳纲　哺乳纲体表被毛胎生、哺乳、恒温的脊椎动物，也是动物中最高等的类群，最常见的有鼹鼠、穿山甲、兔、鼠、鲸、鹿、羊、猴、猿等。

中国位于亚洲东南部，疆域辽阔，地跨亚寒带、温带、亚热带和热带，大陆海岸线曲折漫长，全长11 000 余公里；自然环境复杂，因而生物资源丰富，有较多的珍禽异兽，东西走向的喜马拉雅山脉将全境分为古北界和东洋界两大世界动物区，这在世界各国也是绝无仅有的。

分布在中国的脊椎动物约5 000种，占全世界总数的1/5左右，其中有些种类为特有种——如大熊猫，有的主要产于中国——如东北虎。这些特有动物具有很高的学术研究价值和文化交流意义，然其数量极为稀少，分布区域十分狭小，有的种类甚至正面临灭绝，已被世界野生动物保护协会定为濒危物种而列入其所作的红皮书之中。

拓展练习

以列表方式，对鱼类、两栖类、爬行类、鸟类、哺乳类动物进行比较。

探索实践

收集脊椎动物是如何运动的相关资料，在班上以小组（4～6人）为单位，进行成果汇报。

活动目的

进一步探究和学习动物的运动，培养学生的自主学习能力和探究、合作能力。

所需材料

各种动物不同运动方式的图片、文字资料、录像等。

活动步骤

1. 每个学生自己收集有关材料，然后以小组为单位进行汇总。

2. 运用所收集到的各种资料，以小组为单位进行学习、讨论。

3. 将学习中所掌握的知识运用于实践，在动物园进行实地观察和再学习。

4. 小组内进行讨论、学习。

5. 每组推荐一人用多媒体手段在全班进行汇报、交流。

第二节　常见的脊椎动物

一、鱼纲

鱼纲是现存脊椎动物亚门中种类最多的一个纲，全世界现存种类有24 000种左右，分布在全世界各个水域中，其中我国约有2 500多种，绝大多数生活在海水中，海水鱼有1 500多种，淡水中仅800种左右。通常根据鱼类骨骼性质，将鱼类分为软骨鱼和硬骨鱼两大类。鱼类具有对水生生活高度适应的特征。

（一）鲫鱼

鲫鱼是在淡水中生活的鱼类，分布广泛。鲫鱼的食物是水生植物和水生动物，生活最适宜的水温是15～30℃。当栖息水层的水温高过30℃时，鲫鱼就移向较深的水层；水温低于15℃时，鲫鱼的食欲减退；水面结冰以后，鲫鱼就躲在水域的深处，不吃不动，进入"冬眠"。

鲫鱼的外形和内部结构上，具有一系列适应水生生活的特征。

观察思考

观察鲫鱼的外形、运动及呼吸，想一想，鱼类是如何适应水生生活的？

1. 鲫鱼的外部形态　鲫鱼的身体左右侧扁，呈梭形，身体分头、躯干、尾3部分。除头部以外，体表覆盖有鳞片；鳞片表面有一层黏液，可以保护身体，游泳时可以减少水的阻力。鲫鱼背部颜色深黑，腹部灰白色，这是适应环境的保护色。

鲫鱼的头部前端有口。眼在头部的两侧，眼没有眼睑，不能闭合，视力很弱，只能看近物。眼的前面有两个鼻孔，鼻孔不通口腔，不能进行呼吸，只有嗅觉作用。鲫鱼没有外耳，但有内耳，藏在头骨里，

76

能感知身体平衡，并有听觉作用。鲫鱼有一种特殊的感觉器官，叫做侧线，侧线位于躯干部的两侧，有感知水流和测定方向的作用。

鱼的运动，主要是靠身体两侧肌肉交替收缩和各种鱼鳍的协调作用而进行的。鳍的主要作用是保持身体的平衡，同时控制运动的方向。鳍可以分为背鳍、胸鳍、腹鳍、臀鳍和尾鳍。胸鳍和腹鳍各有2个，分别对称地着生在身体两侧，叫做偶鳍；背鳍、臀鳍和尾鳍只有1个，不对称，叫做奇鳍。

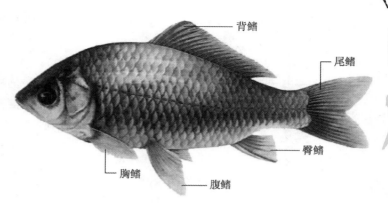

图 5-2 鲫鱼的各种鳍

鲫鱼在水中运动时，胸鳍和腹鳍能够保持鱼体的平衡，尾鳍能够控制鱼体前进的方向，背鳍和臀鳍有保持鱼体稳定的作用（见图 5-2）。

2. 鲫鱼的结构和生理

① 骨骼系统：鲫鱼的脊柱是由许多块脊椎骨前后连接而成的，它在动物的身体里好像房屋的大梁，有强大的支持作用，还有保护脊髓和内脏的作用。

② 消化系统：食物由口进入，口腔内没有牙齿，在咽部有咽喉齿，有的食物在此被压碎，然后经食道到肠，在肠内消化。养料由肠吸收，不能消化的食物残渣由肛门排出体外。

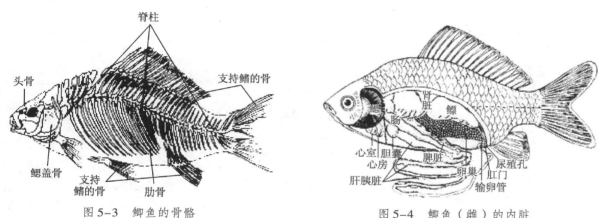

图 5-3 鲫鱼的骨骼

图 5-4 鲫鱼（雌）的内脏

③ 呼吸系统：鲫鱼的呼吸器官是鳃，鳃位于头部两侧的鳃盖内。在每一侧有4片鳃，每一片鳃又分成2个鳃瓣。鳃瓣由鳃弓、鳃耙和鳃丝组成。鳃丝呈丝状，有许多毛细血管，当水流经鳃丝时，溶解在水里的氧就渗入毛细血管里，随着血液循环，氧被输送到身体各部分。同时，血液里的二氧化碳，渗出毛细血管，排到水中。

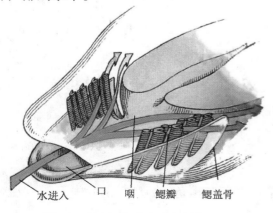

图 5-5 鲫鱼的呼吸过程图解

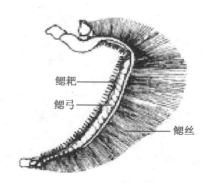

图 5-6 鲫鱼的鳃

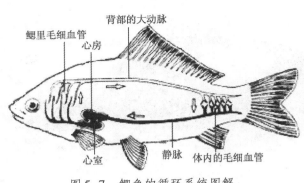

鳃里毛细血管
心房
背部的大动脉
心室
静脉
体内的毛细血管

图5-7　鲫鱼的循环系统图解

鲫鱼体腔的背侧有1个白色的鳔，分前、后两室，里面充满氧气、氮气、二氧化碳等气体。鳔可以控制鱼体的沉浮。鱼在水中由浅层游向深层，水的压力增加，鱼必须调节身体的比重才能适应。这时鳔内气体减少，鱼体比重增大，鱼则下沉；相反，鳔内气体增多，鱼体比重减少，鱼则上浮。

④ 循环系统：鲫鱼的循环系统比较简单，心脏由1个心房和1个心室组成。血液循环路线也只有1条。鱼类的血液循环属于单循环。

由于鲫鱼的循环系统比较简单，心脏跳动得比较缓慢，血液运输氧和体内氧化有机物的能力都比较低，释放的热量也就比较少。

同时，身体表面缺乏专门的保温结构。因此，鲫鱼的体温随着外界温度的改变而变化，鲫鱼是变温动物。

⑤ 神经系统：鲫鱼的神经系统由脑、脊髓和由它们发出的神经组成。鲫鱼脑的结构比较原始、低等，脑的体积也比较小。鲫鱼的大脑不发达，小脑相对发达。

3. 鲫鱼的生殖和发育　鲫鱼是雌雄异体的动物，卵和精子在水中完成受精作用，受精卵在水中发育成胚胎，胚胎再继续发育，形成幼鲫。

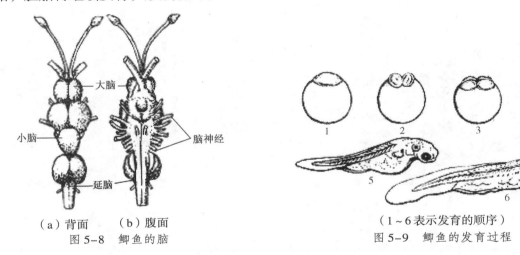

大脑
小脑
脑神经
延脑

（a）背面　　（b）腹面
图5-8　鲫鱼的脑

（1～6表示发育的顺序）
图5-9　鲫鱼的发育过程

（二）鱼类的多样性

地球表面的大部分区域被水覆盖着，在广阔的水域里，生活着种类繁多的鱼类。我国的淡水鱼资源丰富，产量位居世界第一。

观察思考

观察中国四大家养鱼（青鱼、草鱼、鲢鱼、鳙鱼）的活体或标本，思考一下，这些鱼的外形及生活习性有什么不同？

1. 淡水鱼类　我国常见的淡水鱼类有青鱼、草鱼、鲢鱼、鳙鱼、鲫鱼、鲤鱼、鳝鱼、鳗鲡、泥鳅和金鱼等。

青鱼　青鱼（见图5-10）身体呈长圆筒形，体色青黑，鳍灰黑色。栖息在水的中下层，主要以螺蛳、蚌、蛤等软体动物为食。

草鱼　草鱼（见图5-11）外形与青鱼相似，但体表为青黄色，鳍灰色。栖息在水的中下层和水草多的岸边，主要以水草、芦苇等为食。

　　鲢鱼　鲢鱼（见图5-12）也叫鲢子、白鲢，身体侧扁，鳞片细小，眼位置较低，体色为银灰色。鲢鱼生活在水的上层，以浮游植物为食。

　　鳙鱼　鳙鱼（见图5-13）又叫花鲢、胖头鱼，外形与鲢鱼相似，头较大，约占体长的1/3，身体背面为暗黑色。鳙鱼生活在水的上层，主要以浮游动物为食。

图5-10　青鱼

图5-11　草鱼

图5-12　鲢鱼

图5-13　鳙鱼

　　鳝鱼　鳝鱼（见图5-14）也叫黄鳝，它的身体细长呈蛇形，体色为黄褐色，具有暗色斑点；头大，口大，唇厚，眼小；没有胸鳍和腹鳍，背鳍和臀鳍低平，与尾鳍相连；体表没有鳞片。鳝鱼栖息在池塘、水田、小河等处，经常潜伏在泥洞或石缝中，以昆虫、蛙和蝌蚪、小鱼等小动物为食。

图5-14　鳝鱼

　　2. 海洋鱼类　我国常见的海洋鱼类有大黄鱼、小黄鱼、带鱼、鲳鱼、大马哈鱼、海马、鲨鱼、鳕鱼和比目鱼等。

　　大黄鱼　大黄鱼（见图5-15）又叫大黄花，身体长而侧扁，头大，尾柄细长，身体背侧灰黄色，腹面金黄色。大黄鱼栖息在较深的海区，每年4~6月向近海洄游产卵，产卵后分散在沿岸索食，以鱼、虾为食，秋冬季又向深海区迁移。大黄鱼分布在我国东海、南海及黄海南部，是我国重要的经济鱼类之一。

　　带鱼　带鱼（见图5-16）身体侧扁，呈带形，尾细长如鞭，口大，下颌比上颌长，牙齿发达而锐利。背鳍长，几乎和背长相等，没有腹鳍，鳞退化。全身呈银白色，体长可达1米以上。带鱼栖息在中下水层，性凶猛，贪食，主要吃鱼类、毛虾和乌贼等，有时还吃自己的同类。带鱼分布在西北太平洋和印度洋，是我国重要经济鱼类之一。

图5-15　大黄鱼

图5-16　带鱼

图5-17　大马哈鱼

　　大马哈鱼　大马哈鱼（见图5-17）体形如纺锤，口大嘴长，腹部呈银白色，成鱼体侧有10~12条橙赤色的横斑。有凶猛的肉食性和洄游习性。

　　我国北疆的黑龙江号称"大马哈鱼之乡"。大马哈鱼平常栖息在北半球的大洋中，每年秋季成群结队地进入黑龙江产卵，为洄游性的鱼。夏季它能凭借特殊的皮肤感觉及灵敏的嗅觉器官，跋涉上千公里，回到久别的故乡。

　　海马　海马（见图5-18）是一种奇特而珍贵的近陆浅海小型鱼类，因其头部酷似马头而得名，头每侧有两个鼻孔，头与躯干成直角形，尾部细长，具四棱，常呈卷曲状，全身完全由膜骨片包裹，有一无刺的背鳍，无腹鳍和尾鳍。雄性海马腹面有一个育儿囊，卵产于其内进行孵化，一年可繁殖2~3代。

图5-18　海马

　　海马全世界都有分布，但以热带种类数量较多。海马通常生活在沿海海藻丛生或岸礁多的海区。

　　鲨鱼　鲨鱼（见图5-19）身体长棱形，躯干前部粗，后部渐细，尾部细圆有力。背部灰黑色，腹部灰白色，体表密被细小的盾鳞。鲨

图5-19　鲸鲨

鱼的背鳍分前后两片。尾鳍上下不对称，上叶大，下叶小。尾和尾鳍是主要运动器官。鲨鱼的头扁平，口横裂，着生在头的腹面。上下颌生有圆锥形齿。鲨鱼的鳃比较原始，没有鳃盖，在咽的两侧有5对鳃裂，直接开口在体外。

鲨鱼生活在海洋中，是肉食性的鱼类，十分凶猛，经常追捕其他的鱼类为食物。

肺鱼　肺鱼是一种介于鱼类和两栖类之间的珍奇动物，被称为"活化石"，现仅存非洲肺鱼（见图5-20）、南美洲肺鱼和澳大利亚肺鱼3种。

图5-20 非洲肺鱼

肺鱼身上披着瓦状的鳞，背鳍、臀鳍和尾鳍都连在一起；肺鱼鳔的构造很像肺，可以进行气体交换，所以有人将肺鱼的鳔称为"原始肺"，肺鱼的名字也是由此而来的。肺鱼还有内鼻孔，它在水中用鳃呼吸，当河水干涸时，它们能钻进泥土里，用"肺"和内鼻孔呼吸。科学家们认为肺鱼是自然界中最先尝试由水中转向陆地生活的动物。

矛尾鱼　矛尾鱼（见图5-21）属大型海产鱼类，分布于南非印度洋。通常体长1米多。体短粗，纺锤形。口大，内有成对排列的尖锐牙齿。胸鳍、腹鳍、臀鳍和第二背鳍的基部有很发达的肌肉呈柄状，外覆盖鳞片，尾鳍子状。外被大鳞，鳞上有很多棘状或粒状突起。肉食性，以冲刺方式捕食，专吃乌贼和鱼类。

图5-21　矛尾鱼

矛尾鱼的许多同类早已灭绝，唯有它幸存至今，是世界上仍存活的最古老的脊椎动物，对研究生物的演化有着重要意义，所以有"活化石"之称。

(三) 鱼纲的主要特征

终生在水中生活，体表一般被有鳞片，用鳃呼吸，用鳍游泳，心脏有1心房和1心室，单循环，雌雄异体，卵生，体外受精，变温动物。

阅读材料

千奇百怪的鱼类

会爬树的鱼

鱼类在水中生活的主要呼吸器官是鳃，鱼儿离开水，鳃丝干燥，彼此黏接，停止呼吸，生命也就停止了。然而，在我国沿海生活着一种能够适应两栖生活的弹涂鱼。

弹涂鱼体长10厘米左右，略侧扁，两眼在头部上方，似蛙眼，视野开阔。它的鳃腔很大，鳃盖密封，能贮存大量空气。腔内表皮布满血管网，起呼吸作用。它的皮肤亦布满血管，血液通过极薄的皮肤，能够直接与空气进行气体交换。其尾鳍在水中除起鳍的作用外，还是一种辅助呼吸器官。这些独特的生理现象使它能够离开水，较长时间在空气中生活。此外，弹涂鱼的左右两个腹鳍合并成吸盘状，能吸附于其他物体上。发达的胸鳍呈臂状，很像高等动物的附肢。遇到敌害时，它的行动速度比人走路还要快。生活在热带地区的弹涂鱼，在低潮时为了捕捉食物，常在海滩上跳来跳去，更喜欢爬到红树的根上面捕捉昆虫吃。因此，人们称之为"会爬树的鱼"。

能发电和发射电波的鱼

在浩瀚的海洋里生活着会发电的电鳐，它的发电器是由鳃部肌肉变异而来的。在头部的后部和肩部胸鳍内侧，左右各有一个卵圆形的蜂窝状的大发电器。每个发电器官最基本结构是一块块小板——电板（纤维组织），约40个电板上下重叠起来，形成一个个六角形的柱状管，每侧有600个管状物，称为电函管，其内充填有胶质物。每块电板具有神经末梢的一面为负极，另一面为正极，电流方向由腹方向背方，放电量70~80伏特，有时能达到100伏特，每秒放电150次。通过放电，将其他动物击昏而捕食之。电鳐素有"海底电击手"之称。

会发声的鱼

　　许多鱼类会发出各种令人惊奇的声音。例如，康吉鳗会发出"吠"音；电鲶的叫声犹如猫叫；箭鲀能发出犬叫声；鲂鮄的叫声有时像猪叫，有时像呻吟，有时像靬声；海马会发出打鼓似的单调音；石首鱼类以善叫而闻名，其声音像挤乳声、打鼓声、蜂雀的飞翔声、猫叫声和呼哨声，其叫声在生殖期间特别常见，目的是为了集群。

　　鱼类发出的声音多数是由骨骼摩擦、鱼鳔收缩引起的，还有的是靠呼吸或肛门排气等发出种种不同声音。有经验的渔民常能够根据鱼类所发出声音的大小，来判断鱼群数量的大小。

会发光的鱼

　　有些鱼类能发光。如我国东南沿海的带鱼和龙头鱼是由身上附着的发光细菌所发出的光，而更多的鱼类发光则是由鱼本身的发光器官所发出的光。烛光鱼其腹部和腹侧有多行发光器，犹如一排排的蜡烛，故名烛光鱼；深海的光头鱼头部背面扁平，被一对很大的发光器所覆盖，该大型发光器可能起起视觉的作用。

　　鱼类发光是由一种特殊酶的催化作用而引起的生化反应。鱼类发光的生物学意义有4点：一是诱捕食物；二是吸引异性；三是种群联系；四是迷惑敌人。

拓展练习

1. 鱼类有哪些主要特征？
2. 设计一个与鱼类有关的教育活动。

二、两栖纲

　　两栖类动物是水生鱼类过渡到真正陆生爬行类的中间类型。其主要特点是，一生可划分为水中生活的幼年时期和陆地生活的成年时期，两个时期的外形及生活习性截然不同。两栖类动物的皮肤光滑裸露无鳞片覆盖，体温不恒定，属于变温动物（或称冷血动物），有夏眠或冬眠现象。繁殖方式以卵生为主，极少数卵胎生。

　　两栖动物离不开潮湿的陆地和水域环境，因此，它们的分布范围小，种类不多。地球上现存的两栖动物约有2 800余种，我国约有220余种，常见的种类有青蛙、蟾蜍等。

观察思考

观察青蛙活体或标本，看看其在外形及内部结构上与鱼类有什么异同？

（一）青蛙

青蛙（见图5-22）生活在稻田、沟渠和池塘边。每年春季，雌雄青蛙开始活动，在水中完成受精作用。

1. 外部形态　　青蛙身体的背面黄绿色，腹面白色，有黑色的斑纹，背面两侧还各有一条纵的黄金色的褶皱。青蛙的身体表面皮肤是裸露的，没有鳞片和其他覆盖物。皮肤能分泌大量的黏液，皮肤内有丰富的血管，有辅助呼吸的作用，这是对陆生生活的一种适应。

图5-22　青蛙

青蛙的身体分为头、躯干、四肢3部分，没有颈和尾（见图5-23）。头呈三角形，前端比较尖，游泳时可以减少水的阻力。头部的前端有一对鼻孔，是嗅觉器官。头部的上面两侧，各有一个大而突出的眼睛，蛙眼对于活动着

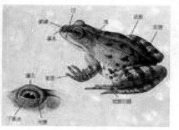

图5-23　青蛙主要外部器官

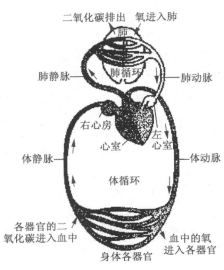

二氧化碳排出　氧进入肺

肺

肺静脉　肺循环　肺动脉

右心房　左心室
心室
心房

体静脉　体动脉

体循环

各器官的二
氧化碳进入血中

血中的氧
进入各器官

身体各器官

图 5-24　青蛙循环系统示意图

的物体感觉非常敏锐。在两眼的后方，各有一个圆形的薄膜状的鼓膜，这是听觉器官。青蛙的感觉器官比鲫鱼的发达得多，这也是对陆上生活的适应。青蛙的头部紧紧地连接着躯干部，躯干部短而宽，上面生有前肢和后肢。前肢短小，有支持头部和躯干部的作用；后肢长大肌肉发达，趾间有蹼，适于跳跃和游泳。

2. 结构和生理　青蛙的呼吸系统由鼻孔、鼻腔、口腔、喉头、气管和肺组成。青蛙口腔的深处有一个缝隙，这是喉门。在喉门里有两片声带，当气体从肺里冲出时，使声带振动而发出声音。雄蛙口角的两旁有一对鸣囊，鸣囊对声带发出的声音有共鸣作用，雄蛙的鸣叫声很嘹亮，这是雄蛙和雌蛙不同的特征之一。

青蛙的心脏有左心房、右心房和1个心室。当心室收缩时，心室中的血液被压入肺动脉和体动

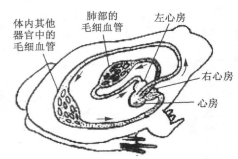

体内其他
器官中的
毛细血管

肺部的
毛细血管

左心房

右心房

心房

图 5-25　青蛙血液循环模式图

脉。同时，来自肺静脉的动脉血液流入左心房，来自体静脉的静脉血流入右心房。青蛙体内有体循环和肺循环两条循环路线。由于青蛙的心脏只有1个心室，左心房里的动脉血和右心房里的静脉血都流入心室，因此，心室中只有部分混合血。青蛙的血液循环是不完全的双循环（见图5-24、图5-25）。

由于青蛙的血液循环是不完全的双循环，因此输送氧的功能仍比较弱，身体里释放的热量也比较少。同时，青蛙身体表面缺少羽毛、毛等专门的保温结构，因此，青蛙也是变温动物。入冬以后，青蛙就钻入水边的泥土中进行冬眠。

青蛙的大脑与各内脏器官（见图5-26）比鱼类的发达。感觉器官也比较发达，例如，蛙眼对活动的物体非常敏锐，出现了感知波的中耳等。因此，青蛙能够在比较复杂的陆地环境中捕食和逃避敌害。

3. 生殖和发育　青蛙虽然能在陆地上栖息，但它的生殖和发育没有摆脱水的束缚。春季，青蛙处于繁殖期，雌蛙将卵排在水中，接着，雄蛙把精子排到水中，卵子和精子在水中相遇而受精。

青蛙的受精卵进行细胞分裂，发育成胚胎。胚胎继续发育，形成幼体——蝌蚪。刚孵化出来的蝌蚪无口，头部下边有吸盘，吸附在水草上，

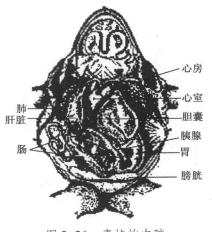

心房

肺　心室
肝脏　胆囊

胰腺
肠　胃

膀胱

图 5-26　青蛙的内脏

靠体内残存的卵黄供给营养。经过几天后，形成了口，开始摄食水里的微生物，头部两侧生有3对羽状外鳃，这是呼吸器官。有一条扁而长的尾。再过一些时候，蝌蚪的外鳃消失，长出像鱼那样的内鳃，外面有鳃盖，身体外面出现了侧线。心脏只有1心房和1心室。此时的蝌蚪，从外部形态到内部结构都非常像鱼。再过40多天，像鱼的蝌蚪逐渐生出后肢，然后再生出前肢，尾部逐渐缩短，最后消失；内鳃逐渐萎缩、消失，肺逐渐形成，可以用肺呼吸；心脏变为2心房1心室，血液循环路线也由一条变为两条。这时候，蝌蚪从外部形态到内部结构，都变成了一个幼小的青蛙。幼蛙离水登陆，爬到岸上来生活，逐渐发育为成蛙。从幼体到成体的发育过程中，在生活习性和形态结构上有显著的变化，青蛙的发育也是变态发育（见图5-27）。

图 5-27　青蛙的生殖发育

观察思考

观察青蛙的发育过程，思考一下，它在变态发育过程中，其生活习性和形态结构有什么显著的变化？

（二）其他两栖动物

除青蛙以外，蟾蜍、大鲵、蝾螈和林蛙等，也都是两栖动物。

蟾蜍 蟾蜍（见图5-28）又叫癞蛤蟆。与青蛙相比，它的身体比较大，而且皮肤上有许多瘤状突起，能够分泌毒液。蟾蜍的眼睛后面有一对大型毒腺，毒腺分泌的毒液，可以制成中药蟾酥，有强心、利尿、解毒和消肿的作用。蟾蜍的跳跃能力远不如青蛙，但食量却比青蛙大许多，蟾蜍也是农业害虫的天敌，应该加以保护。

大鲵 大鲵（见图5-29）又叫娃娃鱼。大鲵身体扁平，终生有尾，是世界上现存的最大的两栖动物。一般体长60～70厘米，最大的可达2米。大鲵主要产于我国华南和西南地区，是我国特产的珍稀动物，已被国家列为二级重点保护动物。目前，大鲵的人工饲养和繁殖在我国已获得成功。

哈士蟆 哈士蟆（见图5-30）又叫中国林蛙。它的外形像青蛙，四肢有显著的黑色横纹。雌蛙输卵管的干制品称为哈士蟆油，可做中药和滋补品。目前我国已经进行哈士蟆的人工饲养。

图5-28 蟾蜍

图5-29 大鲵

图5-30 哈士蟆

（三）两栖纲的主要特征

它们的共同特征是：幼体生活在水中，用鳃呼吸；有的成体生活的陆地上，也能生活在水中，主要用肺呼吸；皮肤裸露，能够分泌黏液，有辅助呼吸的作用，心脏有2心房1心室，双循环。

阅读材料

捕虫能手——青蛙

青蛙的种类很多。常见的一种黑斑蛙，体长可达8厘米；头顶两侧有一对圆而突出的眼睛，视觉很敏锐，能迅速发现飞动的虫子。青蛙是动物中"捕食害虫的能手"。无论是能飞的蜈蚣，还是善跳的蝗虫，都是青蛙捕食的对象。根据观察统计，每只青蛙每天要吃掉大约60只害虫，从春季到秋季的七八个月中，一只青蛙可以吃掉10 000多只害虫。因此，青蛙又有"田园卫士"的美称。一些地方捕捉蛙卵进行人工育蛙，把育成的蛙放入稻田，这种"养蛙治虫"的生物防治试验，已经取得了良好的治虫效果。

青蛙是人类消灭农业害虫的助手，我们应该保护好大自然中的青蛙。

拓展练习

以"小蝌蚪找妈妈"为题，设计一个幼儿园大班的教育活动方案。

三、爬行纲

爬行类动物是真正的陆栖脊椎动物，由古代两栖类衍化而来，它们的身体构造和生理机能比两栖类更能适应陆地生活环境，是鸟类和哺乳类的演化原祖。爬行动物在中生代很繁盛，几乎遍布全球，恐龙是当时的代表。之后由于气候和地壳的变动，绝大多数种类灭绝。现在世界上的爬行类动物约有5 700多种，常见的有蜥蜴、蛇、龟、鳖、鳄鱼等。

爬行类动物的身体表面覆有鳞片或角质板，繁殖方式为卵生或胎生。它们的运动是典型的爬行方式：四肢向外侧延伸，腹部着地，匍匐前进。都用肺呼吸，体温不恒定，有休眠现象。

（一）壁虎

壁虎（见图5-31）又叫守宫、天龙，是昼伏夜出的动物。白天常栖息在建筑物的壁缝、墙洞等处，夜间出来捕食蚊、蝇、蛾等害虫，是对人类有益的动物，应该加以保护。

图5-31 壁虎

1. 外部形态　壁虎的背腹扁平，体长一般不到20厘米，大型的可达30厘米。背部灰白色或暗灰色，有暗色带形斑纹。体表干燥，上面覆有颗粒状细鳞，这样就减少了体内水分的蒸发，使它适于在陆地上生活。壁虎的口阔，舌宽而长。壁虎的前后肢各有5个指或趾。指、趾的底面粗糙末端膨大成吸盘。可牢牢吸附在墙壁上。壁虎的尾部细长，当遇到敌害时，尾部能自行断落，以便转移敌害的视线而逃走，尾具有较强再生能力。

2. 结构和生理　壁虎的内部结构比青蛙的复杂，肺泡数目多，气体交换的能力较强，只靠肺的呼吸作用就能够满足身体对氧的需要。壁虎完全适于在陆地上生活。

壁虎的心脏由左心房、右心房和1个心室组成。心室里已经有了一个不完全的隔膜。这种不完全的隔膜减轻了动脉血和静脉血的混合程度，提高了血液输送氧的能力。但是，动脉血和静脉血还不能完全分开，血液输送氧的能力还较弱，身体里产生的热量还不够多，又没有保温的结构，因此，壁虎与青蛙一样，不能保持恒定的体温，仍然属于变温动物。

3. 生殖和发育　壁虎是雌雄异体的动物，雌雄个体通过交配，在雌壁虎体内完成受精作用，雌壁虎可产卵。卵外包有卵壳，对卵有保护作用，里面含有较多的养料供卵发育。雌壁虎将受精卵产在墙壁缝隙或其他隐蔽的地方，靠外界温度继续发育，待幼体发育完全后，就从壳里爬出来，在墙壁或屋檐下活动。壁虎的生殖和发育完全摆脱了对水生环境的依赖，从而成为真正的陆生脊椎动物。

？ 观察思考

观察爬行动物龟、蜥蜴、蛇的运动方式，思考一下，它们腹部贴近地面的原因。

（二）其他爬行动物　除壁虎外，龟、鳖、蛇、扬子鳄、巨蜥（见图5-32）等都是爬行动物。

龟　龟（见图5-33）生活在水中，但经常浮到水面上来呼吸空气，有时也爬到岸上来休息。龟的身体的背面和腹面都被有坚厚的甲，由背甲和腹甲合成龟壳，甲的外面为角质板。龟活动的时候，头、颈、尾、四肢从壳里伸出来，遇到敌害的时候，这些部分都缩进壳里。

图5-32 巨蜥

中华鳖 中华鳖（见图5-34）体躯扁平，呈椭圆形，背腹具甲。眼小，颈部粗长，呈圆筒状，伸缩自如。生活于江河、湖沼、池塘、水库等水流平缓、鱼虾繁生的淡水水域，也常出没于大山溪中。中华鳖是一种珍贵的、经济价值和药用价值都很高的水生动物。

蛇 蛇（见图5-35）的身体细长，没有四肢，体表有鳞片。蛇的种类很多，有的无毒，有的有毒。我国最常见的无毒蛇是黄颔蛇（见图5-35（a）），因为它的眼后有一条黑色纵纹，像一道黑眉，所以也叫黑眉锦蛇。它的头部呈椭球形，口里没有毒牙，尾比较细长，常栖息在住宅、草丛里，以鼠、鸟、蛙为食，分布很广。

在我国分布极广的毒蛇是蝮蛇（见图5-35（b））。它常栖息在石缝、田埂、菜园、灌木丛里，以鼠、鸟、蜥蜴和各种节肢动物为食物。蛇体粗短，头呈三角形，口中有1对管型的毒牙，毒牙基部有毒腺，含有混合性蛇毒。尾骤然变细，极短。蝮蛇的生殖是卵胎生。

图5-33 海龟

图5-34 中华鳖

（a）黄颔蛇（黑眉锦蛇）

（b）蝮蛇

图5-35 蛇

扬子鳄 扬子鳄（见图5-36）是我国的特产动物，主要分布在安徽、浙江、江苏3省长江沿岸的局部地区。以鱼、田螺和河蚌等作为食物。每年10月钻进地下的洞穴中冬眠，第二年4～5月才出洞活动。

扬子鳄的头和躯干比较扁平，尾长而侧扁，最大的身长可达2米左右。皮肤上覆盖着大的角质鳞片。身体背面黑绿色，有黄斑，腹面灰色，尾部有灰黑色相间的环纹。前肢五指，指间无蹼；后肢四趾，趾间有蹼。前后肢适于爬行和游泳。

扬子鳄是珍稀的淡水鳄类之一，它是现在野生数量非常稀少的爬行动物。它被称为"活化石"，对于人们研究古代爬行动物的兴衰，以及研究古地质学和生物的进化，都有重要的科学研究价值。我国已经把它列为国家一级保护动物，并且建立了扬子鳄的自然保护区和人工养殖场。

图5-36 鳄鱼

（三）爬行纲的主要特征

体表覆盖着角质的鳞片或甲；用肺呼吸；心室里有不完全的隔膜；体内受精；卵表面有坚韧的卵壳；体温不恒定。

阅读材料

"变色龙"——避役

避役（见图5-37）会根据环境情况迅速改变自己身体颜色，以求得自身的安全，所以俗称"变色龙"。避役有3个绝招。

第一个绝招是会随环境很快变色。避役这种高超的伪装术，是因为体内有许多特殊的色素细胞。当外界颜色变化后，避役就迅速调整细胞中的色素分布，使身体的色彩和环境保持一致，从而逃避敌害，隐藏自己。

第二个绝招是它的眼睛可以"一目二视"，它的左右眼能独立活动，一旦发现昆虫，用一只眼紧盯着虫子，

另一只眼可同时向后盯着其他猎物。

第三个绝招是，当昆虫爬到距它还有二三十厘米时，它就全神贯注地注视着目标，待瞄准目标之后，突然闪电般地从口中吐出一条头端膨大、又细又长的舌头，准确无误地把虫子粘牢拉回到嘴里，然后舌头一卷，吞入肚里，其速度之快令人叹以为观止。

图 5-37　避役

四、鸟纲

鸟类由古代爬行动物进化而来。世界上现存有 9 000 多种，它们分布极广。除了少数种类，如鸵鸟、企鹅等不能飞行外，绝大多数都非常善于飞行，从而扩大了鸟的生存和活动空间，有利于鸟的生存和繁衍。

观察思考

观察家鸽的外部形态和内部结构，思考鸟类适应于飞翔生活的特点。谈一谈你所知道的家鸽的一些特点或趣事。

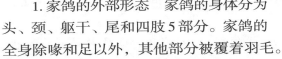

图 5-38　家鸽

（一）家鸽

家鸽（见图 5-38）善于飞翔，群居。家鸽有很强的归巢能力，有时离巢数十公里以至几百公里以外，也能够正确判别方位飞返原地。家鸽之所以善于飞翔，在于它的身体具有一系列适于飞翔的形态结构和生理特点。

1. 家鸽的外部形态　家鸽的身体分为头、颈、躯干、尾和四肢 5 部分。家鸽的全身除喙和足以外，其他部分被覆着羽毛。

家鸽的头部略呈球形。头部前端生有角质的喙，口中没有牙齿。上喙的基部有两个鼻孔，头部两侧有一对眼，两眼的后下方各有一个耳孔。家鸽的视觉和听觉很发达。

家鸽在外形上具有许多适于飞翔的特点。例如，身体呈流线型；前肢变成翼，翼和尾上生有大型的正羽（见图 5-39），等等。家鸽的内部结构和生理功能也有许多与飞翔生活相适应的特点。例如，大肠很短，没有膀胱，不能贮存粪便和尿液可减轻体重。

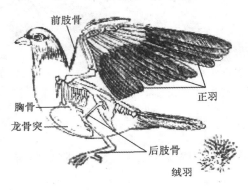

图 5-39　家鸽的外部形态

2. 家鸽的结构和生理

① 骨骼和肌肉系统：家鸽的骨骼轻而坚固（见图 5-40）。有愈合，如腰椎；有的中空并充满空气，如长骨。这样，既可以减轻身体的重量，又能加强坚固性。胸骨上有龙骨突，上面着生发达的胸肌，从而牵动两翼飞翔。

② 呼吸系统：家鸽在飞行中需要大量的氧气，与此相适应，家鸽呼

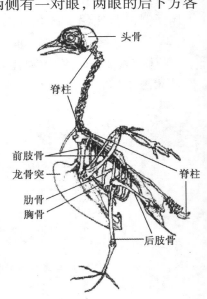

图 5-40　家鸽的骨骼

吸系统的结构和呼吸方式都具有独特的特点。家鸽的肺部连通一些气囊（见图5-41）。气囊伸展到内脏器官间或骨腔内，出入气囊的空气都要经过肺，因此，家鸽每呼吸一次，肺内可以进行两次气体交换，这种方式叫"双重呼吸"，使体内的器官能获得充足的氧气。使鸟在高空缺氧的情况下活动自如。此外，气囊还可以减少飞行时内脏器官之间的摩擦，并且能起到散热降温的作用。

$$空气 \underset{\text{呼气（翼下垂）（气体交换）}}{\overset{\text{吸气（翼上举）}}{\rightleftarrows}} 肺 \longrightarrow 气囊（贮气）$$

图 5-41　家鸽的双重呼吸过程

③ 循环系统：家鸽的心脏由4个腔组成：左心房、右心房、左心室和右心室。双循环，动脉血和静脉血完全分开，可有效提高输氧能力。使身体的各个器官都能获得充足的氧，满足飞行时需大量能量的需要。

④ 神经系统：家鸽有发达的大脑和小脑。小脑特别发达，可有效保持身体平衡。

家鸽的骨骼、肌肉、呼吸、循环、神经等各个系统的形态结构和生理功能都适于飞翔。因此，家鸽具有很强的飞翔能力。

（二）鸟类的繁殖

鸟类的繁殖活动，一般包括求偶、筑巢、孵卵和育雏等。

观察思考

观察当地常见鸟类的巢和卵，思考鸟类是怎样求偶、筑巢、孵卵和育雏的？

1. 求偶　鸟类的繁殖一般是在一定的季节进行的。在温带地区，鸟类的繁殖季节是在春季和夏初，也有延长到夏末的。

鸟类在繁殖期间，交配、筑巢和育雏大都有一定的活动区域，这个区域叫做巢区。雄鸟来到繁殖地点后，首先要占领巢区，然后开始求偶活动。雄鸟在求偶时，常常发出各种动听的鸣声，炫耀美丽的羽毛和特殊的动作，来吸引同种的雌鸟讨得雌鸟的欢心，从而结成配偶，如孔雀开屏（见图5-42）。

大多数鸣禽只在繁殖期间结成配偶,也有些鸟类的配偶关系可以长期保持，如鹤类、天鹅等。

2. 筑巢　鸟类在占领巢区、选好配偶之后，就开始筑巢。鸟类筑巢的地点、方式及选材是多种多样的，这跟不同鸟类的生活环境和生活习性有关。很多鸟类在地面上筑巢，如褐马鸡在林中地面上筑巢；有些鸟类在水面上筑巢，如天鹅在水深一米左右的蒲草和芦苇丛中筑巢;也有些鸟类利用天然的树洞或岩洞筑巢，如猫头鹰、啄木鸟和大山雀等。

图 5-42　孔雀开屏

图 5-44　孵卵

有些鸟巢，筑造得很巧妙，很精致，例如，缝叶莺能够用纤维把大的树叶沿着叶片边缘巧妙地缝合起来，做成袋状的巢，织布鸟能够用细枝和草茎编织成兜状的巢（见图5-43）。

图 5-43　织布鸟的巢

也有些鸟类自己不筑巢，如杜鹃、帝企鹅等。

3. 孵卵　鸟的孵卵（见图5-44）通常由雌鸟担任，雄鸟只在附近守卫。有不少鸟类，雌雄共同孵卵，如麻雀、鸿、鸽、啄木鸟、鸵鸟等；也有少数鸟类只由雄鸟孵卵，如企鹅等。鸟类孵卵的时间有长有短，小

图5-45　"晚成鸟"在育雏

型鸟类大约需要12～13天，鸡要用21天,某些大型猛禽的孵卵期长达两个月。

4.育雏　有些鸟的雏鸟，刚孵出来的时候，身上长满了绒羽，眼睛已经睁开，腿也硬挺，能够跟随亲鸟寻找食物，这样的鸟叫"早成鸟"，如鸡、鸭、野鸭、鸵鸟等。

也有些鸟的雏鸟，刚孵出来的时候，身上没有丰满的绒羽，甚至还光着身体，眼睛没有睁开，腿也软弱，不能行走，必须在巢内由亲鸟哺育一段时间，才能够独立觅食，这样的鸟叫"晚成鸟"（见图5-45），如家鸽、啄木鸟、黄鹂、家燕等。

（三）鸟纲的主要特征

有喙无齿；被覆羽毛；前肢变成翼；骨中空，内充空气；心脏分4腔；用肺呼吸，并且有气囊辅助呼吸；体温恒定；卵生。

（四）鸟类的迁徙

观察思考

自从人类开始注意鸟类的飞行后，就一直在探寻为什么有些鸟类秋天消失，而第二年春天又再度出现？请你思考并提出自己的观点。

许多鸟类有根据季节不同而变更栖居地区的习性，这就是鸟类的迁徙习性（见图5-46）。根据迁徙习性的有无，可以将鸟类分为留鸟和候鸟两大类。有些鸟一年四季都在它们的繁殖地域生活，不因季节不同而迁徙，这类鸟叫做"留鸟"，如乌鸦、麻雀、画眉、喜鹊等。有些鸟常常是在一个地方产卵和育雏，而到另一个地方去越冬，每年定时进行有规律的迁徙，这类鸟叫"候鸟"。候鸟又可以分为"夏候鸟"和"冬候鸟"。有些鸟春夏季飞来，在这个地区筑巢、孵卵和育雏，秋季飞往南方温暖地带越冬，这种鸟对这一地区来说，叫做夏候鸟，如夏季在我国境内繁殖的白鹭、家燕、黄鹂、杜鹃等。有些鸟每年秋冬从北方飞到这个地区越冬，这种鸟对这一地区来说，叫做冬候鸟，如在我国境内越冬的雁、鸭、

图5-46　鸟类的迁徙

鹤等。由于我国地域辽阔，南北气候相差悬殊，有些鸟类，如丹顶鹤、白骨顶、凤头麦鸡等，在我国北方是夏候鸟，在南方则是冬候鸟。候鸟的划分，随地区而有不同，并非固定不变。图5-47展示了我国主要候鸟及其迁徙路线。

鸟类迁徙的时间，通常是一年两度，一次在春季，一次在秋季。春季的迁徙是由越冬地区返回繁殖地区，大都从南向北；秋季的迁徙则正好相反。

鸟类在迁徙时大都聚集成群。大型的鸟类，如鹤和雁，常常排成"一"字形或"人"字形的队伍；中型鸟类，如灰椋鸟，在迁徙时结成比较紧密的鸟群；小型鸟，如家燕，则结成稀疏的鸟群。猛禽常常是一只一只地单独飞行，彼此保持一定的距离。绝大多数候鸟的迁徙都在夜间进行，尤其是小型的鸟类，它们在夜晚飞行，在白天休息和觅食，这样可以避免猛禽的袭击。也有一些鸟类的迁徙在白天进行，如鹤等。

候鸟迁徙的途径、远近和速度各有不同。有的种类则要飞行很远的路程，跨越高山，远渡重洋，才能到达目的地。例如，在我国东北繁殖的红脚隼，迁徙时，途经我国的辽宁、山东、江苏、福建各省，再往南飞越印度洋，直到非洲的东部或南部越冬。有些鸟类的迁徙距离较长，如北极燕鸥，要飞行16 000公里。鸟类迁徙的路程很长，但飞行路线固定不变，也不迷失方向。

中国主要候鸟的迁徙路线

斑头雁

每年2月底3月初由越冬地集群飞向北方，3月中下旬抵达青海湖，4月中旬开始产卵。9月底开始大群南迁，11月上旬迁徙完毕。越冬地位于云贵高原和西藏南部的湖泊沼泽等

棕头鸥

每年3月中下旬迁至青海湖，9至10月南迁，越冬地在云南、广东等，最远到达南海西沙群岛

鸬鹚

3月下旬迁至青海湖，越冬地在云南贵州两省湖河，南至中缅边境瑞丽江畔

鱼鸥

3月中旬迁至青海湖，4月营巢，5月上旬产卵，8月南迁，最远到达印度境内

青海湖是水禽鸟南来北往的中继站，近20种水鸟迁徙途经此地，数量达7万余只

青海

印度　孟加拉国　缅甸　云南　贵州　广州　西沙群岛　南海

图5-47　中国主要候鸟的迁徙路线

观察思考

鸟类为什么要迁徙，迁徙时为什么线路固定不变，这么长的距离，为什么不会迷路？每年往返的时间为什么基本一致？

许多学者认为，形成候鸟迁徙现象的主要原因有以下3种：一是冰川时期的影响：在冰川时期，地球北大陆多被冰川覆盖，大批昆虫、植物死亡，鸟类为了生存，多次被迫向南方迁飞，每次冰川融化后，又迁回它的出生地，久而久之，就形成了鸟类的本能而遗传下来了；二是繁殖地的选择：鸟类的繁殖地，需要具备丰富的食物和必要的安全条件，越冬地不适宜营巢繁殖，所以每到春天，它们又返回故乡；三是生理上的刺激，鸟类的迁徙，在很大程度上是取决于体内所产生的内分泌刺激的结果。

鸟类迁徙的本能，为什么每年只在春秋两季才起作用呢？这与生活条件的变化有密切的关系。栖息在北方的候鸟，一到冬季，因天气寒冷，冰雪遍地，昆虫与植物不再滋生，使它们不得不迁向温暖而食物丰富的南方去觅食，到来年春天，北方的植物和昆虫都繁盛起来，候鸟又飞回北方产卵和育雏。

大多数学者认为：鸟类迁徙归因于本能，而本能的形成是长期对生活条件适应的结果。

（五）鸟类的多样性

根据鸟类的生活习性和形态结构特点，可以把鸟类分为鸣禽类、猛禽类、攀禽类、涉禽类、游禽类、走禽类和鹑鸡类等生态类群。

1．鸣禽类　鸣禽是鸟类中数量最多的一类，这类鸟擅长鸣叫。

家燕　家燕（见图5-48（a））是人们常见的一种小鸟。它生有蓝黑发亮的背羽和剪刀似的叉尾，飞

翔时体态优美轻盈，鸣叫声清脆悦耳。家燕通常在人家的屋檐下筑巢、孵卵和育雏，在我国大部分地区是候鸟。

画眉　画眉（见图5-48（b））是著名的笼鸟。它的鸣声婉转动听，并且能模仿别的鸟类的鸣叫。它的身体腹面的羽毛大部分是黄色的，背羽是绿褐色的，眼睛周围有一个白色眼圈，并且向后延伸，看上去像是眉毛，画眉因此而得名。我国野生的画眉主要分布在长江以南地区，栖息在灌丛或树林中，捕食各种昆虫，对农林业有益。

黄鹂　黄鹂（见图5-48（c））也叫黄莺，体长约25厘米。雄鸟羽色金黄而有光泽，头部有一道黑纹，翼和尾羽中央为黑色；雌鸟羽色较淡，黄中带绿。它的足3趾向前，1趾向后，适于在树枝上停息和跳跃。主要以昆虫为食，也吃少量的果实，尤其在繁殖时期能捕食大量的害虫，对农林业有益。

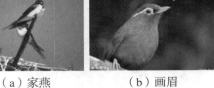

（a）家燕　　　　　（b）画眉　　　　　（c）黄鹂

图5-48　鸣禽类

鸣禽类的主要特征　足短而细，3趾向前，1趾向后；大多善于鸣啭；巧于筑巢。

2. 猛禽类　性情凶猛，善于捕食其他鸟类和鼠、兔、蛇等动物。

猫头鹰　猫头鹰（见图5-49（a））生活在树林里，昼伏夜出，主要以鼠类为食，也吃其他小型哺乳动物和小型鸟类，对农林业有益。猫头鹰的翅膀宽阔，羽毛柔软，飞翔时没有声音；眼和瞳孔都很大，在夜间也能看清远处的物体；两耳的耳孔很大，听觉非常灵敏；足强健有力，趾端有长而锐利的钩爪；喙坚硬，末端尖锐，向下钩曲。这些特点与猫头鹰的夜行生活和捕食相适应。

鸢　鸢（见图5-49（b））又叫老鹰。鸢翼大善飞，喙坚硬锐利，尖端带钩；足强壮有力，趾端生有利爪，这些特点都是与它的捕食生活相适应的。鸢主要捕食鼠等小型哺乳动物，偶尔也袭击家禽。鸢是昼行性鸟类，视力极强，在高空飞翔时就能发现地面上活动的小动物，并且能在快速俯冲过程中调节视觉，在掠过地面的一刹那，准确无误地将猎物捕获。鸢常常在大树上筑巢,在我国分布很广。

（a）猫头鹰　　　　（b）鸢

图5-49　猛禽类

猛禽类的主要特征　喙强大呈钩状；足强大有力；爪锐利而钩曲；翼大善飞；性情凶猛，捕食动物。

3. 攀禽类　善于在树上攀缘。

啄木鸟　啄木鸟（见图5-50（a））生活在树林里，常常在树上攀缘，啄木鸟的形态结构，适于攀树和啄食昆虫。它的足有4趾，2趾向前，2趾向后，趾端有尖锐的钩爪，适于抓住树皮，攀缘跳跃。尾羽的羽轴刚硬而有弹性，可以配合两足支持身体和攀登树木。喙直而坚硬，末端尖锐，适于啄破树皮，寻找潜藏在树皮下面的害虫。舌细长，尖端带钩，舌上有黏液，能够伸进啄破的树洞里取食害虫。有"森林医生"的美称。

鹦鹉　鹦鹉（见图5-50（b））是著名的观赏鸟类，全世界有300多种。我国常见的鹦鹉是绯胸鹦鹉，它的羽毛色彩华丽，身体上部羽毛为绿色，下部羽毛为红色。它的喙钩曲坚硬，适于啄食果实。它的足2趾向前，2趾向后，适于攀缘。野生的鹦鹉一般栖息在热带森林中，集群生活。鹦鹉经过训练，可以模仿人类的语言。

（a）啄木鸟　　　　（b）鹦鹉

图5-50　攀禽类

攀禽类的主要特征　足短而健壮，大多为2趾向前，2趾向后，善于攀缘树木。

4. 涉禽类　适于在浅水中涉行。

丹顶鹤　丹顶鹤（见图5-51（a））全身的大部分羽毛是白色的。头顶有一块皮肤裸露，成年鹤的这块皮肤呈朱红色，丹顶鹤的名称就是因此而得来的。腿细而长，适于在近水浅滩或沼泽地中行走。它的喙和颈都很长，适于捕食水中的鱼、虾和软体动物。丹顶鹤一般生活在湖泊和沼泽地区。在我国，丹顶鹤春天在东北地区繁殖，秋天飞往长江下游和江苏沿海等地越冬，是我国一级重点保护动物。

白鹭 白鹭（见图5-51（b））在我国主要分布在长江以南各地，栖息在湖滨或河边。白鹭体长约45厘米，全身羽毛雪白，在繁殖期间，它的头部后侧生有两根长翎，背部和上胸部有蓬松的蓑羽。白鹭的腿很长，足有4趾，3趾向前，1趾向后，趾间无蹼，适于在浅水中行走。白鹭的颈和喙都很长，适于在浅水中衔取食物。白鹭主要吃鱼、虾、蛙以及水生昆虫。

朱鹮 朱鹮（见图5-51（c））别名朱鹭，全长79厘米左右，体重约1.8千克。雌雄羽色相近，体羽白色，羽基微染粉红色。后枕部有长的柳叶形羽冠；额至面颊部皮肤裸露，呈鲜红色。初级飞羽基部粉红色较浓，嘴细长而未端下弯，黑褐色具红端。栖息于海

| （a）丹顶鹤 | （b）白鹭 | （c）朱鹮 |

图5-51 涉禽类

拔1 200～1 400米的疏林地带。在附近的溪流、沼泽及稻田内涉水，漫步觅食小鱼、蟹、蛙、螺等水生动物，兼食昆虫。在高大的树木上休息及夜宿。野生种分布在陕西省洋县秦岭南麓。朱鹮是稀世珍禽，由于环境恶化等因素导致种群数量急剧下降，至20世纪70年代野外已无踪影。我国鸟类学家经多年考察，于1981年5月在陕西省洋县重新发现朱鹮种群，也是目前世界上仅存的种群，属于国家一级保护动物。

涉禽类的主要特征 腿、喙、颈都很长，善于在浅水中行走和啄取食物。

5.游禽类 游禽类通常在水面上或近水处生活，善于游泳。

| （a）大雁 | （b）天鹅 | （c）鸬鹚 |

图5-52 游禽类

大雁 大雁（见图5-52（a））体型大而肥，头较大，颈细长，喙宽阔；腿位于身体的后方，前趾间有蹼，后趾小，不着地。肩背褐色，腹部大都白色。喙黑色，近先端处有一黄斑。栖息在麦地、河川和湖泊中，清晨与黄昏外出觅食。夏季在西伯利亚一带繁殖，秋冬季节向南方温暖地带迁徙，迁徙时，以老雁为首，数十或成百只结集成群，排列成整齐的"人"字或"一"字形，是人们最熟悉的冬候鸟。

天鹅 天鹅（见图5-52（b））是大型的鸟类。体长可达1.5米左右。全身洁白。喙大都黑色，喙基黄色，跗蹠部、趾及蹼是黑色。天鹅在陆地上行动笨拙，但在湖泊、池沼或其他水域中游泳自如。在水面漂浮时，颈呈"S"形，在空中飞行时，颈向前伸直，足引缩置于腹部后方。迁徙时常常排成斜线或"V"形结对飞行。天鹅数量稀少，已经列为国家二级保护动物。

鸬鹚 鸬鹚（见图5-52（c））又叫鱼鹰，有名的捕鱼能手。羽毛乌黑，带紫色的金属光泽；喙长而锐利，尖端呈钩状，适于捕食鱼类；双足具蹼，善于游泳。常栖息在河流、湖沼和海滨，在苇丛中或矮树、峭壁上筑巢。鸬鹚的育雏方式很独特，亲鸟先将捕到的鱼吞进食道，然后飞到雏鸟身边，张开嘴，让雏鸟将头伸进自己的咽部，啄食食道中的鱼肉。我国自古就有驯化鸬鹚用来捕鱼的做法。

游禽类的主要特征 喙大多宽而扁平；足短，趾间有蹼，善于游泳。

6.走禽类 走禽类是现存的体型最大善于行走而不善于飞行的类群。

鸵鸟 鸵鸟（见图5-53（a））也叫非洲鸵鸟，是现在世界上最大的鸟。鸵鸟的头很小、眼大；颈和腿都很长，足上只有2趾；

| （a）非洲鸵鸟 | （b）美洲鸵鸟 |

图5-53 走禽类

翼退化，胸骨上没有龙骨突。不能飞翔，但善于疾走，每小时能跑60多公里。鸵鸟成群生活，在繁殖期间，它们在沙地上掘坑做巢，在巢里产卵，然后雌雄亲鸟轮流孵卵，雏鸟出壳后就能行走和啄取食物。鸵鸟分布在非洲北部的沙漠和草原地带，我国曾发现过鸵鸟化石。

美洲鸵鸟　美洲鸵鸟（见图5-53（b））分布在南美洲的草原上，它的外形很像非洲鸵鸟，但比非洲鸵鸟小，足上有3个趾，没有尾羽。

美洲鸵鸟与非洲鸵鸟相似，不能飞，但是走得快。成鸟主要吃杂草和种子，幼鸟主要吃昆虫。美洲鸵鸟也是成群生活的，雄鸟常常有5只以上的雌鸟做配偶，这些雌鸟往往把卵产在一起，而孵卵和育雏的"任务"，则由雄鸟独自承担。

走禽类的主要特征　翼退化；胸骨上没有龙骨突；足趾减少。

7.鹑鸡类　适于在地面上行走，不善于飞翔。它们常用爪来拨土觅食。

鸡　鸡（见图5-54（a））是最常见的家禽，它是由野生的原鸡经过长期驯化而成的。是杂食性动物。

褐马鸡　褐马鸡（见图5-54（b））是我国特产的珍稀鸟类。生活在高山深林中，白天在林间觅食，夜晚飞到树上过夜。食物有松子、橡实、蚁卵和昆虫等。褐马鸡体表被有褐色的羽毛，头部两侧有两撮长长的白色耳羽，尾羽很长，基部向上翘起，然后披散下垂，与马尾相似。它的眼周和足都呈红色，双足强劲，善于疾走，但飞行能力较弱。褐马鸡通常是成群生活的，在繁殖季节则雌雄成对地生活在一起，完成筑巢、产卵、孵卵等活动。褐马鸡天性好斗，我国古代战将帽子上的"鹖羽"，就是用褐马鸡的尾羽制成的。褐马鸡为国家一级保护动物。

（a）鸡（雄）

（b）褐马鸡

绿孔雀　孔雀有绿孔雀和蓝孔雀等种类，在我国境内的野生孔雀只有绿孔雀（见图5-54（c））一种。绿孔雀分布在我国云南南部和孟加拉、缅甸、泰国等国家，常常在靠近河流的林中旷地活动。它的翼短而圆，不善飞行；足短而强健，善于奔走；喙很坚硬，上喙稍稍向下弯曲，适于啄食果实、种子、昆虫和蜥蜴等。绿孔雀的雌雄个体外形差别很大。雄鸟羽毛华丽，流光溢彩，尤其是它的尾羽，格外引人注目，尾上面覆盖着长过身体两倍的覆羽，羽旁分披着金绿色线状细枝，一部分覆羽末梢构成宝蓝色的眼斑，另一部分羽毛末端分叉呈鲜黄色。雌鸟没有长而美丽的尾羽，也没有宝蓝色的眼斑。春季是绿孔雀的繁殖季节，雄孔雀有着独特的求偶方式，这就是人们常说的"孔雀开屏"。绿孔雀属国家一级保护动物。

（c）绿孔雀

图5-54　鹑鸡类

鹑鸡类的主要特征　喙坚硬；后肢中型而强健，趾端有钩爪；翼短小；善走，不善飞，常以爪拔土觅食；多数雄鸟有显著的肉冠。

拓展练习

　　调查当地的常见鸟类，观察这些鸟类的形态结构特点，知道并熟悉它们的名称，按生态类群给它们分类。

五、哺乳纲

哺乳动物是全身被毛，体温恒定，胎生和哺乳的脊椎动物，是脊椎动物中最高等的一个类群。世界上有4 000多种哺乳类动物，分布于世界各地，有的在寒冷的北极，如北极熊；有的在干燥的沙漠，如骆驼；有的能在天上飞，如蝙蝠；有的能在海里游，如鲸。哺乳动物与人类关系非常密切。

观察思考

观察家兔的外部形态，结合家兔的结构和生理功能的知识，思考哺乳动物有哪些主要特征？

（一）家兔

家兔是草食性的小家畜，常以菜叶、野草和萝卜等作为食物。家兔在夜间十分活跃，白天常常闭目睡眠。家兔胆小，怕惊扰，汗腺不发达，不适应热和潮湿的环境。家兔是由野兔经过人们长期驯养而成的。

1. 外部形态　家兔的身体分为头、颈、躯干、四肢和尾5部分。体表被有光滑柔软的体毛，对家兔有保温作用。

家兔的嗅觉灵敏，听觉发达，长而大的耳廓能够转向声源的方向，准确地收集声波。前肢短小，后肢强大，善于跳跃。家兔有灵敏发达的感官，迅速跳跃、奔跑的运动能力，使它能够随时觉察外界环境的变化，有利于逃避敌害和摄取食物。

2. 结构和生理

① 体腔：家兔的体腔被肌肉质的膈分隔成胸腔和腹腔两部分。膈是哺乳动物特有的结构，在动物的呼吸中起重要作用。膈的升降和肋骨位置的变化，能使胸腔的容积扩大或缩小，从而迫使肺扩张或收缩，进而完成呼吸过程。

② 消化系统：家兔的消化系统发达（见图5-55），最显著的特点是牙齿有了分化，有适于切断食物的凿形门齿和适于研磨食物的方形臼齿（见图5-56）。牙齿的分化很大，既大大地提高了哺乳动物摄取食物的能力，又提高了对营养物质的吸收效率。

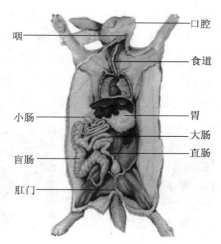

图 5-55　家兔的消化系统

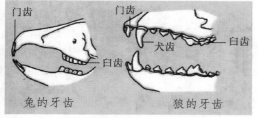

图 5-56　兔与狼牙齿的对比

③ 循环系统：家兔的心脏与家鸽的一样，也是由左心房、右心房、左心室和右心室组成的，有肺循环和体循环两条血液循环路线（见图5-57）。因此，家兔的动脉血和静脉血是完全分开的，循环系统输送氧气的能力强。

由于家兔循环系统输送氧气的能力强，体内产生的热量多，同时又有保温和调节体温的结构，如随着季节换毛、皮肤排汗等，因此，家兔的体温能够保持恒定，属于恒温动物。

④ 神经系统：家兔的大脑和小脑都很发达。由于大脑发达，形成了高级神经活动中枢，对外界的刺激能够做出准确而迅速的反应。

3. 生殖和发育　家兔的生殖发育特点是胎生和哺乳。胎生是指受精卵在母体子宫内发育成胚胎，胚胎通过胎盘从母体得到养料和氧气；同时，把新陈代谢所产生的废物和二氧化碳送进胎盘的血管里，由母体排出体外。胚胎逐渐发育（见图5-58）成胎儿，胎儿从母体中生出。哺乳是指出生后的幼体

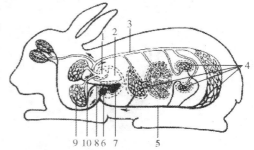

（图解所示的血管中，空白的表示动脉血，填黑的表示静脉血）

1.左心房　2.左心室　3.动脉　4.全身各部分的毛细血管　5.静脉　6.右心房　7.右心室　8.肺动脉　9.肺里的毛细血管　10.肺静脉

图 5-57　家兔的血液循环系统图解

（1～3是胚胎发育顺序中的几个阶段）

图 5-58　家兔的胚胎发育

依靠母体的乳汁而生活。胎生和哺乳为胚胎和幼体的发育提供了良好的条件，如充足的营养、恒温的环境、不容易受到伤害等，因而大大提高了后代的成活率。

（二）哺乳动物的多样性

现存的哺乳动物有4 000多种，我国哺乳动物共有400多种。根据哺乳动物的形态结构及生活习性特点，可以将哺乳纲进行分类（见附表二）。

1. 原兽亚纲　它们是唯一保持卵生方式的哺乳动物，体内有泄殖腔，身体后端仅有一个小孔——泄殖腔孔，母兽腹部有乳腺，无乳头。由于它们保持了许多爬行动物的特征，因此是最低等的哺乳动物，仅分布在澳洲。

单孔目

鸭嘴兽　鸭嘴兽生活在河边或湖边（见图5-59（a）），它全身长满暗褐色的毛，嘴扁平，母兽的腹部有乳腺，可以分泌乳汁，哺育幼兽。鸭嘴兽的生殖方式是卵生，有孵卵行为。体温不像其他哺乳动物那样恒定，在26～32℃间调节。穴居。

针鼹　针鼹的形态与刺猬相似，四肢生有利爪，适于掘土；吻长而逐渐尖细，像鸟的喙；舌长而有黏液，能穿入蚁穴粘捕白蚁等昆虫（见图5-59（b））。它的生殖方式也是卵生。在生殖时期，母兽腹部皮肤形成皱褶，也就是育儿袋，产卵以后，母兽就把卵放进育儿袋内孵化，孵出的幼兽在育儿袋内舔食乳汁，并且受到母兽的保护。穴居。

（a）鸭嘴兽　　　　　（b）针鼹

图5-59　单孔目

单孔目的主要特征　身体的后端只有一个孔——泄殖腔孔，生殖细胞、粪、尿都由这个孔排出体外；卵生；用乳汁哺育幼兽。

2. 后兽亚纲　较低等的哺乳动物，多为有袋类动物。如大袋鼠。生殖方式胎生，但无胎盘，幼仔发育不完全，产出后须在母兽的育儿袋中继续长大。主要分布在澳洲和中美洲。

有袋目

袋鼠　袋鼠是澳大利亚特有的动物（见图5-60（a））。袋鼠的生殖方式是胎生，但是，由于母兽体内没有胎盘，幼兽生出来时，发育很不完全，只有人的一个手指那么大。母兽腹部有一个育儿袋，幼兽一生下来就爬进育儿袋中，用口衔住乳头，吸取乳汁，这样要经过大约8个月，幼兽发育长大，才能跳出育儿袋，跟随母兽觅食。

树袋熊（见图5-60（b））、负鼠（见图5-60（c））等也是有袋类动物。

有袋目的主要特征　母兽有育儿袋；生殖方式是胎生，但是没有胎盘，初生的幼兽发育很不完全，须在育儿袋中哺育长大。

（a）袋鼠　　　　　　（b）树袋熊　　　　　　（c）负鼠

图5-60　有袋目

3. 真兽亚纲　高等的哺乳动物，其主要特征是有胎盘，胎儿发育完全后产出，哺乳。齿有分化，大脑发达。

① 鳞甲目

穿山甲 穿山甲（见图 5-61）身体背面披角质鳞片，鳞片间有稀疏的粗毛。头尖长，口内无齿，舌细长，善于伸缩，用以舔食蚁类。前肢较后肢长而有力，用以挖掘蚁窝。栖于山坡洞穴内，夜行性，为我国的二级保护动物。鳞片可作药用。

② 翼手目

蝙蝠 蝙蝠（见图 5-62）夜行性，以昆虫为食。有冬眠习性，蝙蝠的耳短而宽，听觉敏锐。眼睛小，视力极差。蝙蝠能在漆黑的夜空高速迂回飞行，并且能够准确地猎到飞虫，这是因为蝙蝠在飞行中能够从喉内发出高频率的超声波。超声波在空中

图 5-61　鳞甲目（穿山甲）

遇到障碍或昆虫时，能反射回来，然后传入听觉器官，经过大脑皮层分析，能迅速判别目的物。因此，蝙蝠在黑暗中飞行，能避过障碍物和捕食昆虫。蝙蝠这种回声定位的精密程度和抗干扰能力胜过雷达，对人们进一步改进雷达的性能有参考价值。在山洞内长年累积的大量蝙蝠粪，可作为上等肥料，也可供药用，中药中的"夜明砂"即为加工后的蝙蝠粪。

图 5-62　翼手目（蝙蝠）

翼手目的主要特征　前后肢和尾之间连以皮质膜，形成两翼，能够飞行；牙齿细小而尖锐。

③ 鲸目

鲸 鲸是当今世界上最大的动物。蓝鲸体长可达 30 米，体重近 200 吨。鲸的外形像鱼，头部和躯干部直接相连，没有明显的颈部；前肢和尾呈鳍状，后肢完全退化。鲸用肺呼吸；心脏分 4 腔；体腔内有膈；体温恒定；胎生，哺乳。

鲸有很多种，可以分为两大类。一类是没有牙齿的，口腔内悬垂着许多角质的须状物——鲸须，用来滤取水中的浮游生物，这一类鲸叫做须鲸，如蓝鲸（见图 5-63（a））、座头鲸等；另一类是有牙齿的，没有鲸须，比须鲸类凶猛，常常捕食大型水生动物，这一类鲸叫做齿鲸，如虎鲸、抹香鲸（见图 5-63（b））等。

白鳍豚 白鳍豚（见图 5-63（c））又叫白暨豚，是我国特有的动物，背面体色为蓝灰色，腹面为白色，鳍也是白色的，因而得名白鳍豚。白鳍豚口中有齿，以鱼为食。白鳍豚栖息在我国长江中下游一带，数量很少，是我国特产动物，被列为国家一级保护动物。

鲸目的主要特征　终生生活在水里；胎生，哺乳；皮肤无毛；前肢和尾都变为鳍状，后肢退化。

（a）蓝鲸

（b）抹香鲸

（c）白鳍豚

图 5-63　鲸目

④ 食虫目

刺猬 刺猬（见图 5-64（a））身体矮肥，身体背部及两侧披满硬刺，腹面生有淡黄色的绒毛。当遇敌害时能将身体蜷缩成球状，从而避免遭到攻击。刺猬的四肢短小，趾端生有锐利的爪，吻尖锐而突出，眼小、耳小、尾短。牙齿细小，门齿、犬齿和臼齿之间的区别不大，适于捕食昆虫及其幼虫。常栖息在山林或平原的草丛中，夜行性，有冬眠习性。

鼹鼠 鼹鼠（见图 5-64（b））身体表面密生着短毛，毛细而柔滑，不具毛向，这样有利于鼹鼠在狭窄的隧道里进退。四肢短小而有力，前肢的掌部宽阔并且翻向外侧，像一把铲子，指端生有利爪，适于

挖掘隧道。鼹鼠的嗅觉、触觉和听觉很灵敏，能够帮助鼹鼠在暗处探索食物。

食虫目的主要特征 吻尖锐突出；齿细小，门齿、犬齿和臼齿区别不大；主要的食物是昆虫。

（a）刺猬　　　　　　　　　　　　（b）鼹鼠

图 5-64　食虫目

⑤ 啮齿目

家鼠 家鼠广泛分布在农田和住宅内。家鼠视力很强，能够在夜间看清东西。耳廓不大，但听觉灵敏，嗅觉很发达，使家鼠能够循着气味找到食物。口旁有触须，触觉很灵敏。门齿能够不断地生长，常常啮物磨牙。指、趾末端有钩爪，能在垂直的绳索上爬行。家鼠的繁殖能力很强，每年通常生殖五六次，每次产幼鼠三四只到十几只。家鼠对农作物及粮仓、器皿、电缆等都可造成严重破坏，可把自然界流行的某些动物的传染病传染给人。要注意保护鼠类的天敌，如家猫、蛇、黄鼬、猫头鹰，预防鼠害。

松鼠 松鼠生活在树林里，是典型的树栖鼠类（见图 5-65）。它的后肢比前肢长，指、趾末端有锐利的爪，能在树枝上迅速奔跑或灵活跳跃，又能钩挂在树枝上。它的尾很长，尾毛蓬松，在跳跃时起着平衡的作用。

图 5-65　啮齿目（松鼠）

啮齿目的主要特征 门齿发达，呈凿状，适于切断植物性食物，能够终生生长，有的常常啮咬硬物以磨牙齿；没有犬齿；臼齿咀嚼面宽；主要吃植物性食物，生殖能力很强。

⑥ 食肉目

大熊猫 大熊猫（见图 5-66）又名大猫熊，中国的特有物种，仅分布于中国四川西部、陕西秦岭南坡以及甘肃文县等地。身体肥壮，尾短似熊，头骨宽短，颜面似猫。全身毛色大部分呈白色，唯眼圈、耳壳、肩部和四肢呈黑色。栖息于海拔 2 000～3 500 米的高山竹林中。独居，除产仔外，无固定巢穴，昼夜均有活动。听、视觉迟钝，嗅觉灵敏，善爬树、游泳。其生殖能力弱，初生幼仔生活能力弱，成活率低。它是我国一级保护动物，并被列入"濒危野生动植物种国际贸易公约"，在四川卧龙划定自然保护区，加以重点保护。

图 5-66　食肉目

虎 个体很大，头大而圆，耳短，四肢粗大有力，尾较长。体色淡黄或褐色，有黑色横纹，尾部有黑色环纹。前额有像"王"字形斑纹。虎栖息于山林、灌木与野草丛生的地方，独居，没有固定的巢穴。仅在交配期或哺乳期，雌、雄虎或母虎、小虎才生活在一起。会游泳，不善爬树。常以突然袭击的方式来捕取猎物，饱食一餐后可以数日不食。东北虎和华南虎均是我国的一级保护动物。

对付较大的动物，狮便成群出动，进行围攻。狮的捕食对象主要是羚羊、斑马、长颈鹿等。

另外，狮、雪豹、熊、狼、狐等也是食肉目动物。

食肉目的主要特征 门齿不发达，犬齿发达，臼齿的咀嚼面上有尖锐的突起，臼齿中有强大的裂齿；性凶猛，以其他动物为食。

⑦ 偶蹄目

梅花鹿 梅花鹿（见图 5-67（a））是一种珍贵而稀有的动物，它以产鹿茸而闻名世界。梅花鹿体毛色在夏季为栗红色，并有许多白斑，看上去像是梅花点缀其间，因而得名"梅花鹿"。梅花鹿的四肢都是只有2趾（指）发达，趾（指）端包有硬蹄，善于奔跑。雄鹿在成年以后长出分叉的双角，雌鹿不长角。每年春季，雄鹿的旧角脱落，长出新角。新角质地松脆，外面蒙着一层天鹅绒似的皮肤，在这层带绒毛的皮肤里密布着血管，这样的鹿角就是鹿茸，鹿茸有较高的药用价值。

（a）梅花鹿　　　　（b）麋鹿

图5-67　偶蹄目

麋鹿 麋鹿（见图5-67（b））俗称"四不象"，这是指它的头似马非马、身体似驴非驴、角似鹿非鹿、蹄似牛非牛。麋鹿为我国特产，但目前已无野生种存在。目前在北京的南海子清朝皇家猎苑旧址建立了麋鹿苑，成立了麋鹿生态研究中心。

偶蹄目的主要特征 每肢有两指（趾）发达，着地，其余各指（趾）退化，指（趾）末端有蹄。

⑧ 奇蹄目

斑马 斑马（见图5-68（a））是非洲的特产哺乳动物。有群居习性。斑马身上有黑褐色与白色相间的光滑条纹，在阳光下，色彩斑斑，格外美丽，因此得名。斑马身上的条纹是适应环境的保护色，在阳光照射下，由于反射光线的不同，起着模糊斑马体形轮廓的作用。斑马的鬃毛刚硬。尾巴较长，末端丛生长毛，尾巴可以驱赶身上的蚊、蝇，奔跑时尾巴高高竖起，起平衡身体的作用。

犀 犀又叫犀牛，身体粗大，皮肤厚而多褶，几乎没有毛，体色微黑，头部生有一个或两个角（见图5-68(b)、图5-68(c)）。犀的四肢粗壮，每肢有3指或3趾，指（趾）末端有蹄。犀分布在非洲和亚洲南部，它们栖息在草原上或森林里，以植物为食。

奇蹄目的主要特征 每肢有1指（趾）或3指（趾）特别发达，指（趾）末端有发达的蹄，其余各指（趾）都已经退化。

（a）斑马　　　　　　（b）亚洲犀　　　　　　（c）非洲犀

图5-68　奇蹄目

⑨ 长鼻目 长鼻目动物是现存最大的陆生动物，它们生活在热带丛林地区，以植物为食，群居。现存的长鼻目动物只有两种：亚洲象和非洲象。

亚洲象 亚洲象（见图5-69（a））也叫印度象，分布在印度、斯里兰卡、缅甸和我国云南等地。亚洲象体躯庞大，四肢粗大，长鼻可及地，并且能灵活地卷曲；雄象的上门齿很长，突出在口外；皮肤很厚，表面散生着稀疏的体毛。亚洲象的长鼻鼻端有一个指状突起，长鼻不仅用来呼吸，还能够捕卷食物、饮水。亚洲象性情温驯，容易驯化。

非洲象 非洲象（见图5-69（b））产于非洲，外形与亚洲象相似，但体躯更大，雌象和雄象都有象牙。非洲象的耳朵也比亚洲象的大，鼻端生有两个指状突起。非洲象性情较暴躁，不易驯化。

（a）亚洲象　　　　（b）非洲象

图5-69　长鼻目

长鼻目的主要特征 体躯庞大，鼻呈圆筒形而且特别长，皮厚毛稀，四肢粗大如柱。

⑩ 灵长目

猕猴 猕猴（见图5-70（a））体形较小，是生活在山林中的树栖动物。它的手和足都能握物，适于在树上攀缘和跳跃。它的牙齿的形状和数目都跟人的相似，只是犬齿比较强大，主要采食野果和野菜等，也吃鸟卵和昆虫。它的口腔两侧颊部各有一个囊，叫做颊囊，吃进口腔的食物，如果一时来不及细嚼，就暂时贮藏在颊囊里。群居生活，大多几十只为一群。

金丝猴　金丝猴（见图5-70（b））头圆、耳壳短，吻部肿胀而突出，鼻孔向上仰，故又名仰鼻猴。脸部蓝色，眼圈周围为白色。尾长于或等于体长。外形与猕猴相似，体毛大部分为金黄色，口腔两侧无颊囊。常年生活在3 000米左右的高山密林中，过着典型的树栖群居生活，白昼活动，很少下地。以植物的花、果、竹笋、树皮等为食。金丝猴是我国特产的珍贵稀有动物，仅产在四川、贵州、云南、湖北等少数山区，数量十分稀少，是我国的一级保护动物，也是世界上最珍贵的猴类。

黑猩猩　个体比猕猴大，没有尾，大脑发达，行为复杂，在分类地位上接近人类。黑猩猩(见图5-70（c）)产于非洲。体较小，毛色黑。身长1.2～1.4米，前肢长可过膝，耳和面部少毛，耳廓大，两眼生在前方，牙齿的形状和数目都与人相似。黑猩猩主要吃植物的果实、叶、幼芽和根，有时也吃昆虫和其他动物。

黑猩猩的行为很复杂。在过去很长一段时间里，人们对它们的行为了解得很少。直到1960年，英国女动物学家珍妮·古多尔冒着生命危险，只身进入非洲热带丛林中，对野生黑猩猩进行了长达十几年的观察和研究，黑猩猩行为的秘密才公诸于世。

（a）猕猴　　　　　　（b）金丝猴　　　　　　（c）黑猩猩

图5-70　灵长目

灵长目的主要特征　手和足都能握物；两眼生在前方；大脑发达；行为复杂。

(三) 哺乳纲的主要特征

体表被毛；牙齿有门齿、臼齿和犬齿的分化；体腔内有膈；用肺呼吸；心脏分为4腔；体温恒定；大脑发达；胎生，哺乳。

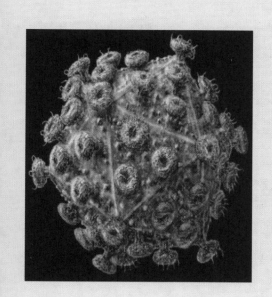

细菌　真菌　病毒

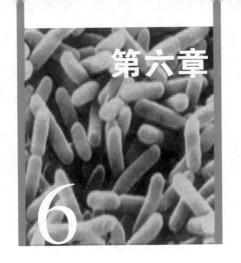

第六章

6

细菌 真菌 病毒

细菌、真菌和病毒的个体微小，结构简单，大都要借助光学显微镜或电子显微镜才能够看清楚，因此，有时人们将它们统称为"微生物"。微生物在自然界中分布很广泛，与人类的关系十分密切。

第一节 细 菌

细菌是一类微小的单细胞生物。细菌的分布很广，无论是高山上、深海里，还是土壤、大气、江河中，到处都可找到它们的踪影；而且它们还能生活在极端的环境中，科学家们曾在南极站地表向下近3 700米的冰层中发现了嗜冷菌，高温热水及2 000～3 000米的深水环境中发现了极端嗜热的古细菌，同样的在高碱、高盐、高压等极端环境下也有细菌的分布。

一、细菌的形态结构特点

细菌的个体十分微小，宽度一般只有1微米左右，大约10亿个细菌堆积起来，才有一颗小米粒那么大。因此，必须用高倍显微镜或电子显微镜，才能观察到它的形态（见图6-1）。

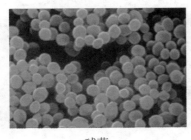
球菌

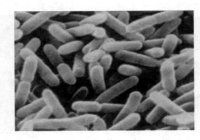
杆菌

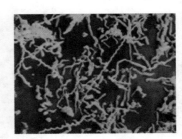
螺旋菌

图6-1 电镜下的几种细菌形态

细菌都是单细胞的。有些种类，虽然常常是许多个细胞连在一起，但是这些细胞彼此并没有关系，它们相互分开以后，各自都能够独立生活。根据外部形态的不同，细菌可以分为3类：球形的叫做球菌；杆形的叫做杆菌；有些弯曲或呈螺旋形的叫做螺旋菌。

观察思考

1. 观察细菌的形态和结构示意图，如图6-2所示。请比较细菌与动物细胞和植物细胞相比有什么异同。

2. 细菌的结构有什么特点？

3. 试根据细菌的结构推测细菌的营养方式？

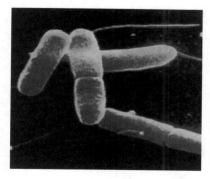
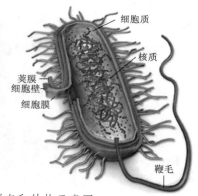

图6-2　细菌的形态和结构示意图

一个细菌就是一个细胞，因此它属于单细胞生物。它的外面包着细胞壁，里面有细胞膜和细胞质。与真核细胞一个显著的区别是，细菌的细胞里面没有成形的细胞核，只有核质集中的区域（核区）；而且细胞内的DNA分子上不含蛋白质成分，所以没有染色体的结构。我们称这类细胞为"原核细胞"。与植物细胞不同的是，绝大部分细菌没有叶绿体，须依靠现成的有机物来维持生活。有些细菌的细胞壁外有荚膜，有些细菌的体表有能够摆动的、纤细的鞭毛，这样细菌就可以在水里自由运动。

二、细菌的生命活动特点

细菌一般不含有叶绿体，因此，它们必须生活在有机物丰富的环境里。这种以摄取现成的有机物来供自身生长发育的营养方式，叫做"异养"。其中，有些细菌能够分解植物的枯枝、落叶和动物的尸体、粪便，并且从中吸取养料来生活，这种营养方式叫做"腐生"，营腐生生活的细菌叫做"腐生细菌"（或腐败细菌），如枯草杆菌（枯草杆菌可以引起食物腐败）；有些细菌生活在活的动植物身体内，从中吸取养料来生活，这种营养方式叫做"寄生"，营寄生生活的细菌叫做"寄生细菌"，如痢疾杆菌（痢疾杆菌可以使人患细菌性痢疾）。

阅读材料

难以杀灭的炭疽芽孢

炭疽芽孢杆菌，简称炭疽杆菌（见图6-3），是人类历史上第一个被发现的病原菌，1850年在死于炭疽的绵羊血液中找到，1877年德国学者郭霍获得纯培养。炭疽杆菌主要存在于食草动物如牛、马、羊、骡等身上，可在动物体内迅速生长繁殖，并产生一种外毒素，能引起组织坏死和全身中毒，甚至致命。当细菌离开动物体后，在动物尸体或污染的外界环境，如皮毛、骨粉、泥土等，细菌就形成芽孢。芽孢的抵抗力极强，可存活几年甚至几十年。当芽孢再次进入动物体内时，它又变为毒力极强的杆菌，引起疾病。人可通过摄食或接触被炭疽杆菌感染的动物及畜产品而被感染。被感染者出现全身中毒症状而死亡。炭疽杆菌感染死亡率极高。

图6-3　炭疽杆菌

1. 为什么炭疽杆菌成为了"难以杀灭"的细菌？

2. 为什么在天气温暖的时候，鱼、肉、饭菜放置不久就会腐败变质？

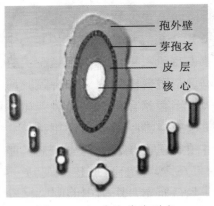

孢外壁
芽孢衣
皮层
核心

图6-4　细菌的芽孢形态

当环境条件变得恶劣的时候（例如，环境太干燥，温度过高、过低或缺乏养料），细菌的细胞质便收缩起来，外面形成一层坚厚的壁，形成芽孢（见图6-4），处于休眠状态。细菌以这种方式渡过不良的生活环境。当遇到适宜的环境条件时，芽孢可以萌发形成一个细菌。这样，休眠状态的细菌就恢复正常生活。

三、细菌与人类的关系

有些种类的细菌能够使动植物和人患病，人们称它们为"病原菌"。病原菌危害人体健康的方式主要有两种：一种是破坏人体的组织，如结核杆菌破坏人体的肺组织，引起肺结核；另一种是产生有毒的化学物质——毒素，毒素会影响人体组织的正常生理功能，如白喉杆菌产生的白喉毒素，对人体有毒害作用，使人患神经麻痹和心肌炎等疾病。常见的细菌性疾病有脑膜炎、破伤风、细菌性痢疾等。

大多数种类的细菌对人类是有益的。例如，我们在日常生活中吃的醋、酸牛奶、泡菜以及农村用的青贮饲料、甲烷（沼气）和根瘤菌肥料等，都是靠一些细菌的作用产生的。如今，许多有益的细菌常被应用在工业、农业、医药、冶金和环境保护等领域。例如，人们利用棒状杆菌生产味精，利用梭状芽孢杆菌生产丙酮、丁醇等有机溶剂等。

拓展练习

一、选择题

1. 细菌能使食物迅速腐败，食品在冰箱中能保存一定时间不腐败，主要原因是在冰箱这种环境中（　　）。

　　A. 细菌很少　　　　　B. 细菌繁殖很慢　　　　C. 没有细菌　　　　D. 细菌都冻死了

2. 与植物细胞相比，细菌细胞中没有（　　）。

　　A. 细胞壁　　　　　　B. 细胞膜　　　　　　　C. 细胞质　　　　　D. 成形的细胞核

3. 对人类有益的细菌是（　　）。

　　A. 肺炎双球菌　　　　B. 结核杆菌　　　　　　C. 大肠杆菌　　　　D. 软腐细菌

二、简答题

1. 细菌的哪些特点和它们的分布广泛有关？

2. 放在冰箱中冷藏的食物，第二天加热后再吃，有时会出现拉肚子，试解释这种现象。

3. 假设你手上此刻有100个细菌，细菌的繁殖速度按每30分钟繁殖一代计算，在你没有洗手的情况下，4小时后，你手上的细菌数目是多少？这对你搞好个人卫生有什么启示？

第二节　真　菌

自然界里的真菌至少有7万余种，其中，酵母菌、霉菌和蘑菇与人类生产和生活关系密切。

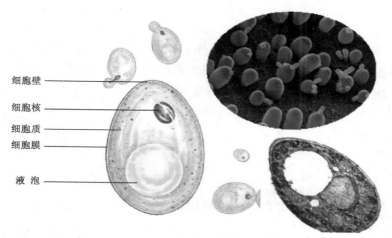

细胞壁
细胞核
细胞质
细胞膜

液　泡

图 6-5　酵母菌

一、酵母菌

酵母菌（见图6-5）是单细胞的真菌。酵母菌的细胞不仅具有细胞壁、细胞膜、细胞质和液泡，而且具有细胞核，是真核生物。

酵母菌的分布很广，尤其是在含葡萄糖多的物体上。在缺氧的情况下，酵母菌能够将葡萄糖分解成　木和酒精，人们利用酵母菌来酿酒。

观察思考

如图6-6所示，为什么面包上会有许多小孔隙？

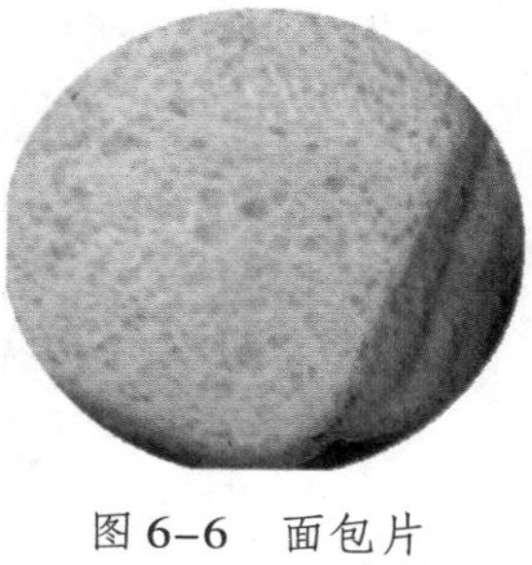

二、霉菌

图 6-6　面包片

霉菌是一类能够生出菌丝的真菌。在阴雨季节，食物和衣物上常常会长出各种颜色的"绒毛"。这些"绒毛"就是各种霉菌的菌丝。霉菌的种类很多，常见的有根霉（见图6-7）、曲霉（见图6-8）和青霉（见图6-9）等。它们大多生长在水果、食物、皮革、衣物和其他潮湿的有机物上。

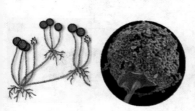

图 6-7　根霉

图 6-8　曲霉

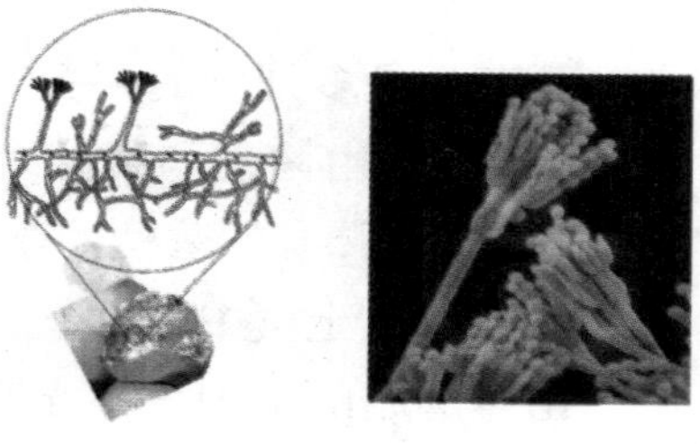

图 6-9　青霉

1. 在阴雨季节，为什么食物和衣物常常着霉？试推测霉菌的营养方式。

2. 根霉、曲霉和青霉在结构上有哪些共同点？

菌体由许多菌丝组成，霉菌的菌体又叫做菌丝体。霉菌的菌丝分为营养菌丝和气生菌丝两种。营养菌丝深入到有机物的内部，气生菌丝则向上直立生长。霉菌不含有叶绿素，依靠营养菌丝吸取现成的营养物质，营腐生或寄生生活。霉菌主要靠孢子进行繁殖。

阅读材料

青霉素的发现

图6-10　弗莱明

1928年，弗莱明（英国，1881～1955年）（见图6-10）在观察培养皿中的葡萄球菌时突然发现，在培养皿边沿生长了一堆霉菌，这一些霉菌周围的葡萄球菌不仅没有生长，而且离它较远的葡萄球菌也被它溶解，变成了一滴滴露水的样子。对这个奇特的现象弗莱明进行了仔细的研究，终于发现这些培养液中含有一种化合物，于是就紧紧抓住不放，最后从中分离出一种能抑制细菌生长的抗生素——青霉素。1929年，弗莱明把他的发现写成论文，发表在英国《实验病理学》季刊上。

弗莱明发现青霉素，是他长期细心观察的结果。令人遗憾的是，它没有能马上应用于临床，这是因为青霉素培养液中所含的青霉素太少了，很难从中直接提取足够的数量供医疗临床使用。

1940年，在英国剑桥大学和牛津大学主持病理研究工作的弗洛里（英国，1898～1968年）仔细阅读了弗莱明关于青霉素的论文，对这种能杀灭多种病菌的物质产生了浓厚的兴趣。他力邀了一些生物学家、化学家和病理学家，组成一个联合实验组，一起进行研制，其中生物化学家钱恩（德国，1906～1966年）是他最得力的助手。经过反复的研究实验终于生产了用于临床的青霉素。

青霉素的发现和应用，对多种疾病如肺炎、猩红热、白喉、脑膜炎等有神奇的疗效，挽救了无数的生命，创造了史无前例的成功，开辟了整个世界现代药物治疗的新时期。它与原子弹、雷达一起，被公认为第二次世界大战时期的三大发明。1945年，为了表彰青霉素的发明对人类的贡献，诺贝尔生理学及医学奖同时奖给了弗莱明、弗洛里和钱恩3个人，成为医学史上共同协作，取得辉煌成果的佳话。

三、蘑菇

蘑菇，是多细胞的真菌。蘑菇（见图6-11）的地上部分叫子实体，由菌盖和菌柄组成，属于繁殖器官。有的菌柄的上部有菌环，有的菌柄的基部有菌托。蘑菇的地下部分就是交错伸展在土壤中的菌丝，是营养器官。

由于蘑菇的细胞内不含叶绿素，所以，蘑菇不能进行光合作用，只能依靠地下的菌丝吸取现成的有机物，营腐生生活。蘑菇菌盖的腹面，具有很多放射状排列的菌褶。菌褶上生有很多孢子。孢子成熟后，如果落在适宜的地方，就会萌发并生出菌丝。当水分充足并且菌丝内积累了大量的营养

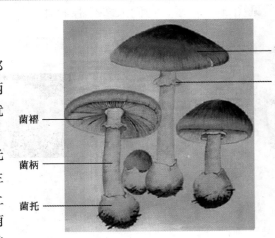

图6-11　蘑菇的结构

物质的时候，菌丝上就会长出子实体来。子实体散放出孢子以后，会枯萎死亡，但是地下的菌丝可以生活许多年。图6-12是蘑菇的生长过程示意图。

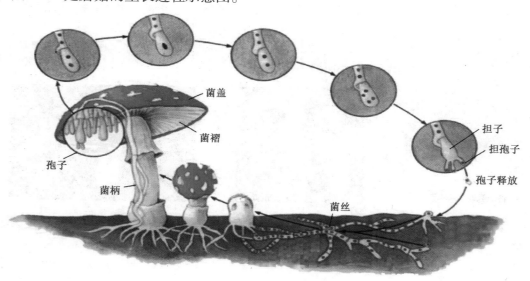

图6-12 蘑菇的生长过程

木耳（见图6-13）、银耳（见图6-14）、灵芝（见图6-15）、猴头菌（见图6-16）除了可以食用以外，有的还有很高的药用价值，有的则是名贵的滋养补品。

图6-13 木耳

图6-14 银耳

图6-15 灵芝

图6-16 猴头菌

四、真菌与人类的关系

真菌对人类有不利的一面。例如，甲癣（灰指甲）和足癣（脚湿气）都是由真菌引起的，有些真菌能使食品、纺织品等发霉变质。有些真菌还可引起一些农作物病害，给农业生产带来一定的损失。例如，小麦锈病就是由真菌引起的病害，会导致小麦严重减产。

许多真菌对人类是有益的。例如，工业上利用真菌发酵来生产柠檬酸等，这种方法与化学合成法相比大大降低了成本。又如，腐乳、豆豉、酱油的制作过程中采用的某些霉菌，可以将豆类中的蛋白质分解成人们容易消化吸收的氨基酸等，并且使食物独具风味。再如，治疗肺炎、气管炎等多种疾病的抗生素——青霉素，就是利用青霉生产出来的，利用真菌可生产一些生物杀虫剂，避免环境受到污染。随着科技发展和生物杀虫剂、生物肥料的广泛运用，不久的将来，人类可实现无公害农业生产，生产出更多的无公害农产品。

毒蘑菇的鉴别

我国已发现的毒蘑菇有80多种。鉴别采来的蘑菇是否有毒，目前还没有找到规律。虽然也有一些习惯的鉴别方法，但这些都不是绝对可靠的。人们通常认为毒蘑菇具有以下特征：（1）颜色鲜艳，如毒蝇伞（见图6-

17)、豹斑毒伞；(2) 具有恶臭，如臭黄菇（见图6-18）；(3) 菌体受伤以后流出乳汁，乳汁很快变色，如毛头乳菇（见图6-19）；(4) 具有苦、辣、酸和强烈的蒜味，如小毒红菇、绿褐裸伞，等等。此外，具有菌环的蘑菇大都是毒蘑菇。

人误食毒蘑菇以后表现出的症状一般是：恶心、呕吐、腹痛、腹泻、瞳孔放大、呼吸急促、昏迷、抽风等，中毒严重的很快就会死亡。误食蘑菇后，应及时到医院就诊。

图6-17　毒蝇伞　　　　　　图6-18　臭黄菇　　　　　　图6-19　毛头乳菇

拓展练习

一、填空题

1. 右图为蘑菇结构图，据图回答以下问题：

（1）图中1~5各部分名称分别是：

1 ＿＿＿＿＿＿＿＿，2 ＿＿＿＿＿＿＿＿，

3 ＿＿＿＿＿＿＿＿，4 ＿＿＿＿＿＿＿＿，

5 ＿＿＿＿＿＿＿＿。

（2）子实体由 ＿＿＿＿＿＿＿＿ 和 ＿＿＿＿＿＿＿＿ 组成。

（3）菌褶里有许多 ＿＿＿＿＿＿＿＿，成熟后散落在适宜的地方就萌发长

出 ＿＿＿＿＿＿＿＿。

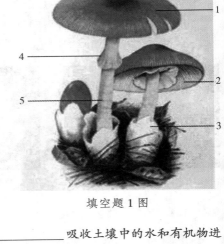

填空题1图

（4）由于蘑菇的细胞中不含有 ＿＿＿＿＿＿＿＿，它依靠地下部分的 ＿＿＿＿＿＿＿＿ 吸收土壤中的水和有机物进

行 ＿＿＿＿＿＿＿＿ 生活的。

2. 酵母菌是 ＿＿＿＿＿＿＿＿ 的真菌，由 ＿＿＿＿＿＿＿＿、＿＿＿＿＿＿＿＿、＿＿＿＿＿＿＿＿ 和 ＿＿＿＿＿＿＿＿

组成

3. 霉菌的菌体由许多 ＿＿＿＿＿＿＿＿ 组成，在营养物质表面向上生长的菌丝叫做菌丝，而蔓延到营养物质内部的

菌丝叫做 ＿＿＿＿＿＿＿＿ 菌丝。

二、选择题

1. 容易长出霉菌的地方是（　　）。

　　A. 腐烂的木桩上　　　　　B. 潮湿的草地上　　　　C. 受潮的粮食上　　　　D. 干燥的衣物上

2. 能使人、畜的肝脏致癌的是（　　）。

　　A. 霉菌　　　　　　　　　B. 曲霉　　　　　　　　C. 黄曲霉　　　　　　　D. 青霉

三、简答题

比较酵母菌、霉菌和蘑菇的结构形态和生理功能的异同。

实验 观察青霉和蘑菇的形态

目的要求 学会制作青霉的临时装片；认识青霉和蘑菇的形态特点。

材料用具 已培养好的青霉，新鲜的蘑菇，蘑菇菌褶的永久横切面，清水，解剖针，载玻片，盖玻片，吸水纸，显微镜，放大镜。

方法步骤

1. 观察青霉

取一块生有青霉的橘皮，垫上白纸，用放大镜观察，可以看到一条直立生长的白色绒毛，这就是青霉的气生菌丝，气生菌丝的顶端长有成串的青绿色的孢子。

在载玻片中央滴一滴清水。用解剖针挑取少许长有孢子的菌丝，将菌丝放入水滴中，轻轻地将菌丝分开，盖上盖玻片，制成临时装片。用低倍镜观察青霉的菌丝和孢子。注意观察菌丝有没有颜色，有没有横隔，气生菌丝的顶端有没有扫帚状的结构，以及孢子的着生状态和颜色。

须注意的是，当橘皮上出现绿色斑点时，应及时观察。因为当青霉全变成青绿色时，菌丝已破碎断裂，视野中只能看到孢子了。如果条件不具备，也可以观察青霉的永久装片。

2. 观察蘑菇

取新鲜的菌盖已经开始裂开的蘑菇，观察它的外形，包括菌盖、菌柄和菌盖下面菌褶的分布情况。将菌柄掰开，可以看到菌柄内充满了疏松交织的菌丝。

用低倍镜观察菌褶的永久横切片，可以看到菌褶是由菌丝构成的，菌褶最外一层的一些细胞，顶端生有 4 个突起，每个突起的顶端各生有一个孢子。

讨论

1. 青霉孢子的颜色和着生状态有什么特点？

2. 蘑菇孢子的着生状态有什么特点？

第三节 病 毒

病毒是一类个体极其微小的专活性细胞内容生物。自然界中的病毒有 1 000 多种，人们只有通过电子显微镜才能观察到它们。

一、病毒的形态结构和生命活动特点

病毒的形态有多种，如多面体（近似球形）（见图 6-20）、杆形（见图 6-21）和蝌蚪形（见图 6-22）等，其中以多面体和杆形最为常见。

图 6-20 SARS 病毒

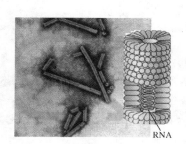

图 6-21 烟草花叶病毒

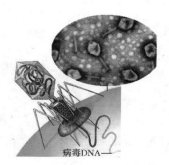

图 6-22 大肠杆菌噬菌体

观察思考

1. 病毒是否是生物？

2. 请说说病毒的结构特点，并推测其生活方式。

病毒的结构简单，一般由蛋白质组成的外壳和由核酸组成的核心构成，没有细胞结构。核酸在病毒的遗传上起着重要的作用，而蛋白质外壳对核酸起保护作用。病毒寄生在活细胞内，但其不能进行分裂生殖，只能通过病毒的核酸，并利用寄主细胞内的物质，复制出与病毒自身相同的核酸，进而形成许多新的病毒，新生成的病毒又可以感染其他活细胞。但病毒一旦离开寄主的活细胞，新陈代谢就停止了。

根据寄主的不同，病毒可以分为动物病毒、植物病毒和细菌病毒（噬菌体）3 类。有些病毒的寄主十分广泛。例如，烟草花叶病病毒，目前已经知道它能够侵染 36 个科的 236 种植物。

二、病毒与人类的关系

据统计，人和动物约 60% 的疾病是由病毒感染引起的。例如，口蹄疫病毒引起牛、羊、猪等动物患口蹄疫病，禽流感病毒引起禽流感，鸭瘟病毒使鸭患鸭瘟；稻矮缩病病毒能够使水稻患矮缩病；甲型肝炎病毒引起甲型病毒性肝炎，狂犬病病毒使人患狂犬病，流行性感冒病毒引起流行性感冒，非典型性肺炎由非典型性肺炎病毒引起，以及肆虐今日世界的艾滋病，也是由艾滋病病毒引起的，等等。

1. 艾滋病

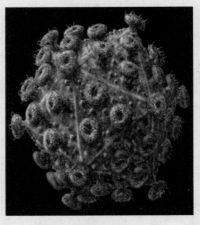

图 6-23　艾滋病病毒

艾滋病是英文"AIDS"中文名称，AIDS是"获得性免疫缺陷综合症"的英文缩写。它是由于感染了人类免疫缺陷病毒（简称HIV，见图 6-23）后引起的一种致死性传染病。HIV主要破坏人体的免疫系统，使机体逐渐丧失防卫能力而不能抵抗外界的各种病原体，因此极易感染一般健康人所不易患的感染性疾病和肿瘤，最终导致死亡。HIV存在于艾滋病患者和携带病毒者的血液、精液、唾液、泪液、乳汁和尿液中，主要通过静脉注射毒品、不安全性行为、母婴以及输入含艾滋病病毒的血或血浆制品等途径传播。

艾滋病起源于非洲，后由移民带入美国。1981 年 6 月 5 日美国亚特兰大疾病控制中心在《发病率与死亡率周刊》上简要介绍了 5 例艾滋病病人的病史，这是世界上第一次有关艾滋病的正式记载。1982 年，这种疾病被命名为"艾滋病"。不久以后，艾滋病迅速蔓延到各大洲。1985 年，一位到中国旅游的外籍青年患病入住北京协和医院后很快死亡，后被证实死于艾滋病，这是我国第一次发现艾滋病。这种病自 1981 年在美国被发现后，现已在全世界传播蔓延，严重威胁人类健康。

2. 非典型性肺炎

传染性非典型性肺炎，又称严重急性呼吸综合征（Severe Acute Respiratory Syndromes，简称SARS），是一种因感染SARS相关冠状病毒而导致的以发热、干咳、胸闷等为主要症状的疾病，严重者出现快速进展的呼吸系统衰竭，是一种新的呼吸道传染病，极强的传染性与病情的快速进展是此病的主要特点。

急性期患者为重要的传染源，此时患者呼吸道分泌物、血浆里病毒含量十分高，易播散病毒。主要通过近距离飞沫传播、接触患者的分泌物及密切接触传播，人群不具有免疫力，普遍易感。此病病死率约在 15% 左右，主要是冬春季发病。其发病机制与机体免疫系统受损有关，SARS 病毒可以直接损伤免疫系统特别是淋巴细胞。

随着科学研究的进展，人们一方面利用药物防治病毒性疾病，另一方面利用一些病毒为人类造福。

1. 利用病毒预防疾病　例如，流行性乙型脑炎（简称"乙脑"）是由流行性乙型脑炎病毒引起的一种急性传染病，蚊是这种疾病的传播媒介，患者以儿童居多，患者起病急，有高热、头痛（或头昏）、呕吐、昏迷等症状，严重时发生呼吸衰竭。预防流行性乙型脑炎，除了灭蚊、防蚊以外，还可以注射流行性乙型脑炎疫苗。流行性乙型脑炎疫苗是利用流行性乙型脑炎病毒制成的一种生物制品。人们注射了流行性乙型脑炎疫苗，可获得抗体，增强对这种疾病的免疫力，从而能够预防这种疾病的发生。

2. 利用噬菌体治疗疾病　噬菌体是专门寄生在细菌体内的一类细菌病毒。人们可以利用噬菌体来杀灭一些病原菌，从而治疗一些细菌性疾病。例如，绿脓杆菌是一种能够产生蓝绿色素，使脓液呈现蓝绿色的病原菌。烧伤病人很容易感染绿脓杆菌，而绿脓杆菌对许多种抗生素和化学药品的抵抗力很强，因而使病人容易继发败血症。人们根据绿脓杆菌噬菌体专门寄生在绿脓杆菌上而对人体细胞没有危害的特点，利用这种噬菌体来治疗烧伤病人的感染，效果很好。

3. 防治农作物害虫　有些动物病毒专门寄生在昆虫体内，这样的病毒叫做昆虫病毒。人们根据昆虫病毒专门寄生在昆虫体内而对人畜没有危害的特点，利用昆虫病毒来防治一些农作物害虫。例如，有的昆虫病毒能够杀灭松毛虫，有的能够杀灭棉铃虫，有的能够杀灭菜青虫。现在，很多国家都在积极研究如何将这些昆虫病毒制成制剂，以便广泛地应用到农业生产中。20 世纪 90 年代以来，我国研制成功的棉铃虫病毒杀虫剂，已经在一些地区的棉花生产中得到应用。

拓展练习

1. 病毒的形态结构和生命活动有哪些特点？
2. 请通过媒体收集有关病毒的资料，谈谈病毒与人类的关系。

探索实践

1. 艾滋病到底离我们每一个人有多远？请通过各种媒体收集有关艾滋病的资料，就这个话题与同学展开讨论。
2. 幼儿园里经常出现流感，请根据病毒的生命活动特点，设计预防方案和措施。
3. 在幼儿园里，经常看到小朋友将手指头放在嘴里吮吸，或常咬指甲，通常情况下一个人的指甲缝里大约有 5 万个细菌，而且这些细菌常导致孩子的肠道传染病，可是肉眼看不到手上的细菌，作为老师请你想个办法，设计一个教育方案让小朋友认识到手上有许多细菌，并教育他们一定要做到饭前便后洗手。

下

篇

第七章

7

细 胞

自然界绝大多数的生物体都是由细胞构成的，即使像病毒那样没有细胞结构的生物，也只能依赖活细胞才能生活。细胞不仅是生物体的结构单位，而且生物体的一切生命活动都是通过细胞进行的。因此，细胞是生物体的结构和功能的基本单位。近几十年来，由于电子显微技术，以及近代物理学和化学的新技术在细胞研究上的广泛应用，特别是近年来分子生物学概念与方法的引入，促使对于细胞的研究更加深入。关于细胞，我们主要学习细胞的化学组成、结构和功能、增殖等基础知识。

第一节　细胞的化学组成

在自然界中的生物与非生物都是由化学元素组成的。科学家们通过研究各种生物体细胞的生命物质，查明了组成生物体的化学元素的种类、数量和作用。

一、组成细胞的化学元素

组成细胞的化学元素常见的有20多种，其中含量较多的如C（碳）、H（氢）、O（氧）、N（氮）、P（磷）、S（硫）、K（钾）、Ca（钙）、Mg（镁）等，称大量元素；有些含量很少如Fe（铁）、Mn（锰）、Zn（锌）、Cu（铜）、Mo（钼）、B（硼）、Cl（氯）、I（碘）等，称微量元素。微量元素在细胞内含量虽然很少，可是它是维持正常生命活动不可缺少的。组成细胞的化学元素大多以化合物的形式存在。

观察思考

人体缺钙或铁时会出现什么症状？

二、组成细胞的化合物

细胞是由多种化合物组成的，这些化合物可分为两大类：无机物和有机物。

113

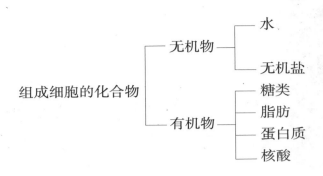

<table>
<tr><td>组成细胞的化合物</td><td>无机物</td><td>水
无机盐</td></tr>
<tr><td></td><td>有机物</td><td>糖类
脂肪
蛋白质
核酸</td></tr>
</table>

表7-1　细胞中各种化合物占细胞鲜重的比例

化　合　物	占百分比（%）
水	85~90
无机盐	1~1.5
蛋白质	7~10
脂　类	1~2
糖类和核酸	1~1.5

表7-1是细胞中各种化合物占细胞鲜重的比例，上述各种化合物，在细胞中的含量、存在形式不同，所具有的功能也都不相同。

1. 水　水在各种细胞中，含量都是最多的。地球上如果没有水，也就不会有细胞的产生，也就不会有生命。

水在细胞中以两种形式存在：一种是结合水，与细胞内的蛋白质结合，是细胞结构的重要组成成分，约占4%~5%，这种水叫结合水。细胞中绝大部分的水以游离的形式存在，可以自由流动，这种水叫自由水，约占细胞总水量的95%。自由水是细胞内的良好溶剂，许多种物质溶解在这部分水中。细胞内的生物化学反应必须有水参加。水在生物体内的流动，可以把营养物质运送到各个细胞，同时，也把各个细胞在新陈代谢中产生的废物，运送到排泄器官或者排出体外。各种生物的生命活动离不开水。

2. 无机盐　无机盐在大多数细胞中含量很少。大多数无机盐以离子状态存在于细胞中。细胞中含量较多的阳离子有Na^+、K^+、Ca^{2+}、Mg^{2+}、Fe^{2+}、Fe^{3+}等。阴离子有Cl^-、SO_4^{2-}、PO_4^{3-}、HCO_3^-等。细胞中无机盐的含量虽少，但是有多方面的重要作用。细胞内无机盐离子的浓度对调节细胞的渗透压和维持酸碱平衡有非常重要的作用。有些无机盐是细胞内某些复杂的化合物的重要组成部分，例如，Mg^{2+}是叶绿素分子必需的成分，Fe^{2+}是血红蛋白的主要成分，钙是动物和人体的骨和牙齿中的重要组成元素。有许多种无机盐的离子对于维持生物体的生命活动有重要作用。例如，哺乳动物的血液中必须含有一定量的钙盐，如果血液中钙盐的含量太低，这种动物就会出现抽搐。

观察思考

儿童机体缺钙、缺铁、铅中毒时，分别会出现什么症状？

3. 糖类　糖类由C、H、O三种化学元素组成，它是细胞的主要能源物质。

根据糖类水解后形成的物质，糖类大致可以分为单糖、双糖和多糖。单糖是不能水解的糖。其中的葡萄糖和果糖都是六碳糖，它们是在生物界分布最普遍的单糖。葡萄糖是绿色植物进行光合作用的产物，是细胞的重要能源物质。核糖是五碳糖，它是核糖核酸的组成成分，主要存在于细胞质内。脱氧核糖是五碳糖，比核糖少1个氧原子，它是脱氧核糖核酸的组成成分，主要存在于细胞核内。

双糖，是水解后能够生成2分子单糖的糖。在植物细胞中，最重要的双糖是蔗糖和麦芽糖。甘蔗和甜菜里含有大量的蔗糖。发芽的大麦粒里，含有大量的麦芽糖。在动物的细胞中，最重要的双糖是乳糖，乳汁里含有乳糖。

多糖，是水解后能够生成许多个分子单糖的糖，它是自然界中含量最多的糖类。在植物细胞中，最重要的多糖是淀粉和纤维素。谷类中含有丰富的淀粉，淀粉是植物细胞中重要的储存能量的物质。纤维素是自然界中分布最广，含量最丰富的多糖，是植物细胞壁的基本组成成分。

动物细胞和人体细胞中最重要的多糖是糖元，糖元也是细胞中重要的储存能量的物质。糖元存在细胞质中，肝脏和肌肉的细胞中含量较多，分别是肝糖元和肌糖元。淀粉和糖元经过酶的催化作用，最后水解成葡萄糖，葡萄糖氧化分解时释放大量的能量，可以供给细胞生命活动的需要。糖类是生物体进行生命活动的主要能源物质。

在临床上，医生给低血糖休克的病人静脉注射葡萄糖溶液，这样做起什么作用？为什么？

4. 脂类 脂类主要由 C、H、O 三种化学元素组成，许多脂类物质还含有 N 和 P 等元素。脂类包括脂肪、类脂和固醇等。

脂肪大量储存在植物和动物的脂肪细胞中，它主要是细胞内储存能量的物质。体内碳水化合物、蛋白质过剩时可转化为脂肪储存起来。其氧化时可比糖或蛋白质释放出高两倍的能量。营养缺乏时，就要动用脂肪提供能量。此外，高等动物和人体内的脂肪，还有减少身体热量散失，维持体温恒定，减少内部器官之间摩擦和缓冲外界压力的作用。

类脂中的磷脂是构成细胞膜的重要成分，也是构成多种细胞器的膜结构的重要组成成分。在动物的脑和卵中，大豆的种子中，磷脂的含量较多。

固醇类物质包括植物体内的豆固醇、动物和人体内的胆固醇、性激素和部分维生素 D 等，这些物质对于生物体维持正常的新陈代谢和生殖过程，起着积极的调节作用。胆固醇是人体必需的有机化合物，可以从食物中获得和在体内合成，在体内合成的比从食物中吸收的还多；如果体内胆固醇的代谢异常，就会引起一些疾病。

5. 蛋白质 蛋白质在细胞中的含量只比水少，大约占细胞干重的 50% 以上。在生命活动中，蛋白质是一类极为重要的大分子，几乎各种生命活动无不与蛋白质的存在有关。蛋白质不仅是细胞的主要结构成分，而且更重要的是，生物专有的催化剂——酶是蛋白质，因此细胞的绝大部分代谢活动离不开蛋白质。

蛋白质主要由 C、H、O、N 四种化学元素组成，很多重要蛋白质还含有 P、S 两种元素，有时也含微量的 Fe、Cu、Mn、I、Zn 等元素。

蛋白质的基本组成单位是氨基酸。组成蛋白质的氨基酸约有 20 种。组成蛋白质的氨基酸分子虽然有许多种，但是各种氨基酸分子在结构上却具有共同的特点，用氨基酸分子的结构通式表示如下：

$$\begin{array}{c} H \\ | \\ R—C—COOH \\ | \\ NH_2 \end{array}$$

氨基酸分子的结构通式表明，每种氨基酸分子至少都含有一个氨基(–NH$_2$)和一个羧基(–COOH)，并且都有一个氨基和一个羧基连接在同一个碳原子上。

不同的氨基酸分子，具有不同的 R 基。可以根据 R 基的不同，将氨基酸区别为不同的种类。例如，甘氨酸的 R 基是一个氢原子，而丙氨酸的 R 基是一个甲基(–CH$_3$)。

蛋白质是由这一个个氨基酸分子互相连接而成的。这些氨基酸中，有些氨基酸动物自身不能合成，必须从食物中补充，这些氨基酸称为"必需氨基酸"。不同动物的必需氨基酸的种类不同，人体有 8 种氨基酸是必需氨基酸，包括缬氨酸、色氨酸、苯丙氨酸、亮氨酸、异亮氨酸、苏氨酸、甲硫氨酸和赖氨酸。必需氨基酸是人和动物生命活动中所不可缺少的。

观察思考

我们每天所吃的肉、奶、蛋、豆类等中都含有蛋白质？如何判断每种食物中蛋白质的优劣呢？

氨基酸分子互相结合的方式是：一个氨基酸分子的羧基($-COOH$)和另一个氨基酸分子的氨基($-NH_2$)相连接，同时失去一分子的水，这种结合方式叫做"脱水缩合"。连接两个氨基酸分子的那个键($-NH-CO-$)叫做"肽键"。由两个氨基酸分子缩合而成的化合物，叫做"二肽"。表示氨基酸分子相互缩合和二肽形成的图解如下：

甘氨酸　　　　　丙氨酸　　　　　二肽（甘氨酰丙氨酸）

由多个氨基酸分子缩合而成的多个肽键的化合物，叫做"多肽"。多肽通常呈链状结构，叫做"肽链"。一个蛋白质分子可以含有一条或几条肽链，肽链通过一定的化学键互相连接在一起。这些肽链不呈直线，也不在同一个平面上，而是形成非常复杂的空间结构（见图7-1）。

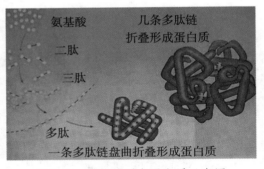

图7-1　氨基酸形成蛋白质示意图

由于组成每种蛋白质分子的氨基酸的种类不同，数目成百上千，排列次序变化多端，由氨基酸形成的肽键的空间结构千差万别，因此，蛋白质分子的结构是极其多样的，产生出许多不同种类的蛋白质。一个细胞中约含有10^4种蛋白质，分子的数量达10^{11}个。

蛋白质分子结构的多样性，决定了蛋白质分子功能的多样性。蛋白质在细胞的结构、催化生物体各种生化反应、物资运输、调节新陈代谢、生长发育和免疫保护等有重要的作用。总而言之，蛋白质是细胞中主要的有机化合物，它是一切生命活动的体现者，一切生物的生命活动都离不开蛋白质。

6. 核酸　核酸是生物遗传信息的载体，存在于每个细胞中。核酸是一切生物的遗传物质，对于生物体的遗传、变异和蛋白质的生物合成有极重要的作用。

核酸是由C、H、O、N、P等化学元素组成的高分子化合物。核酸的相对分子质量很大，大约是几十万至几百万。

核酸的基本组成单位是核苷酸。一个核苷酸是由一分子含氮的碱基、一分子五碳糖和一分子磷酸组成的。每个核酸分子是由几百个到几千个，乃至上亿个核苷酸互相连接而成的长链。

根据核酸中所含五碳糖的种类不同，可以将核酸分为"脱氧核糖核酸"和"核糖核酸"。脱氧核糖核酸，简称DNA，主要存在于细胞核内。它是染色体的主要组成成分，与蛋白质构成了染色体(染色质)，是细胞核中的遗传物质。此外，在线粒体和叶绿体中，也含有DNA。核糖核酸，简称RNA，主要存在于细胞质中。

上面讲述的组成细胞的每一种化合物，都有其重要的生理功能，但是，任何一种化合物都不能够单独地完成某一种生命活动，而只有按照一定的方式有机地组织起来，构成特定的结构，才能表现出生物体的生命现象，细胞就是这些物质最基本的结构形式。

拓展练习

一、填充题

1. 进行生命活动的主要能源物质是 _____。

2. 细胞中含量仅次于水的重要化合物是 _____，它约占细胞干重的 _____。

3. 生物遗传信息的载体是 _____。

4. 蛋白质的基本组成单位是 _____，核酸的基本组成单位是 _____。

5. 人体血红蛋白的一条肽链含有 145 个肽键，它是由 _____ 个氨基酸分子通过脱水缩合形成的，其过程生成 _____ 分子水。

6. 根据下面化学结构图解，请回答：

$$H-\underset{\underset{H}{|}}{\overset{\overset{H}{|}}{N}}-\underset{\underset{H}{|}}{\overset{\overset{H}{|}}{C}}-\underset{}{\overset{\overset{O}{\|}}{C}}-\underset{\underset{H}{|}}{\overset{\overset{H}{|}}{N}}-\underset{\underset{CH_3}{|}}{\overset{\overset{H}{|}}{C}}-\underset{}{\overset{\overset{O}{\|}}{C}}-\underset{\underset{H}{|}}{\overset{\overset{H}{|}}{N}}-\underset{\underset{CH_2OH}{|}}{\overset{\overset{H}{|}}{C}}-\underset{}{\overset{\overset{O}{\|}}{C}}-OH$$

（1）该化合物称为 _____。由 _____ 个氨基酸分子组成，它是通过 _____ 作用，由 _____ 个 _____ 键连接而成的。

（2）该化合物共脱去了 _____ 分子水。

（3）写出下列基团：氨基 _____，羧基 _____，肽键 _____。

二、选择题

1. 生命活动的基本结构和功能单位是（ 　 ）。

　　A. 核酸　　　　　　B. 细胞　　　　　　C. 蛋白质　　　　　　D. 生物个体

2. 在动物细胞和植物细胞中，以储能形式存在的糖类是（ 　 ）。

　　A. 葡萄糖和淀粉　　　　　　　　B. 糖原和淀粉

　　C. 脂肪和淀粉　　　　　　　　　D. 蛋白质和淀粉

3. DNA 完全水解后，得到的化学物质是（ 　 ）。

　　A. 脱氧核糖、核酸和磷酸　　　　B. 脱氧核糖、碱基和磷酸

　　C. 核糖、碱基和磷酸　　　　　　D. 氨基酸、碱基和磷酸

4. 蛋白质分子结构多样性决定了（ 　 ）多样性。

　　A. 肽键的多少　　　　　　　　　B. 氨基酸种类的排列顺序

　　C. 蛋白质的空间结构　　　　　　D. 蛋白质的功能

阅读材料

微量元素锌与人体健康

　　正常成人含锌 1.5～2.5 g，其中 60% 存在于肌肉中，30% 存在于骨骼中。身体中锌含量最多的器官是眼、毛发和睾丸。锌也是多种酶的成分，近年来发现有 90 多种酶与锌有关，体内任何一种蛋白质的合成都需要含锌的酶。锌可促进生长发育、性成熟，影响胎儿脑的发育。缺锌可使味觉减退、食欲不振或异食癖、免疫功能下降，伤口不易愈合。

　　临床证明，缺锌儿童味觉和食欲减退，还可出现味觉异常，即异食癖。喜食那些不是食物的东西，如煤渣、

石头、头发、泥土、生面、生米等。缺锌儿童还会出现生长发育停滞，性成熟产生障碍，伤口愈合能力差等症状。我国19省市对儿童的调查结果表明，60％的学龄前儿童，锌含量低于正常值，从而影响到发育。人的溃疡病、糖尿病都与缺锌有关。近期研究表明，缺锌与夜盲症有关。维生素A在体内的运转及其在血液中正常浓度的维持，都与锌有关。此外，缺锌时人的暗适应能力和辨色能力减弱。青春期男女脸上常长出粉刺，形成原因之一就是缺锌。

富含锌的食物有牡蛎、鱼等海产品，豆类及谷类也含有锌。蔬菜、水果中含量极低。

实验 生物组织中还原糖、脂肪、蛋白质的鉴定

实验原理

某些化学试剂能够使生物组织中的有关有机化合物，产生特定的颜色反应。可溶性糖中的还原糖(如葡萄糖、果糖)与斐林试剂发生作用，可以生成砖红色沉淀。脂肪可以被苏丹Ⅲ溶液染成橘红色。蛋白质与双缩脲试剂发生作用，可以产生紫色反应。因此，可以根据与某些化学试剂所产生的颜色反应，鉴定生物组织中糖、脂肪和蛋白质的存在。

目的要求

初步掌握如何鉴别生物组织中还原性糖、脂肪、蛋白质的基本方法。

实验准备

1. 材料：苹果汁、已浸泡3～4小时的花生种子和豆浆。

2. 仪器：试管，试管夹，烧杯，滴管，酒精灯，三角架，石棉网，火柴，载玻片，盖玻片，吸水纸，显微镜。

3. 试剂：斐林试剂（0.1克/毫升（g/mL）的氢氧化钠溶液和0.05克/毫升的硫酸铜溶液），苏丹Ⅲ染液，双缩脲试剂。

方法步骤

1. 可溶性糖的鉴定

向试管内注入2毫升苹果组织样液，再向试管内注入2毫升刚配制的斐林试剂。(注意：必须将斐林试剂的甲液和乙液混合均匀后使用，切勿分别加入生物组织样液中进行检测。)振荡试管，使溶液混合均匀，此时呈现蓝色。然后将这支试管放进盛有开水的大烧杯中，用酒精灯加热煮沸2分钟左右。在对试管加热煮沸的过程中，随时仔细观察试管中的溶液的颜色发生了什么变化。

2. 脂肪的鉴定

取一粒浸泡过的花生种子做徒手切片，将薄切片放在载玻片上，滴上一滴苏丹Ⅲ染液，染色2～3分钟，用50％酒精溶液洗去1号色后制成临时装片，在低倍镜仔细观察细胞中已着色的圆形小颗粒。

3. 蛋白质的鉴定

向试管内注入豆浆2毫升，加入2毫升双缩脲试剂A(0.1克/毫升的氢氧化钠溶液)，摇荡均匀。注意观察试管内溶液的颜色有什么变化，再向试管中加入3～4滴双缩脲试剂B(0.01克/毫升的硫酸铜溶液)，振荡均匀。注意观察溶液的颜色有什么变化。

讨论

设计一个表格，将你所观察到的现象及结论填写在表格中。

第二节 细胞的结构和功能

一、构成生物体的细胞

构成生物体的细胞很微小，绝大多数须借助显微镜才能看到。要观察细胞内部的精细结构，必须应用电子显微镜或其他更为精密的仪器。细胞的直径大多在10～100微米(μm)之间，也有少数细胞较大，如番茄、西瓜的果肉细胞直径可达1毫米；棉花纤维细胞长约1～5厘米；最大的细胞是鸟类的卵（蛋黄部分），如鸵鸟蛋卵黄细胞直径可达5厘米。

构成生物体的细胞可分为两大类：原核细胞和真核细胞。

支原体、细菌、蓝藻和放线菌等是由原核细胞构成的，叫做"原核生物"，均为单细胞生物。原核细胞（见图7-2）的主要特征是没有由核膜包围的细胞核，其遗传物质DNA集中在细胞内的一个区域叫做"核区"。原核细胞细胞质内没有高尔基体、线粒体、内质网和叶绿体等复杂的细胞器，但是有分散的核糖体。

绝大多数生物是由真核细胞构成的，叫做"真核生物"。真核细胞的主要特征是细胞含有由核膜围成的细胞核。真核细胞的结构比原核细胞复杂得多。

随着电子显微镜的运用，我们对细胞结构的认识更深入、更细致。人们将在电子显微镜下看到的结构，叫亚显微结构。在这里，我们重点学习真核细胞的亚显微结构（见图7-3）。

图7-2 原核细胞

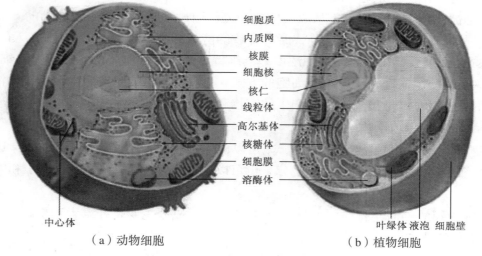

（a）动物细胞　　　　　　　　（b）植物细胞

图7-3 动植物真核细胞亚显微结构模式图

观察思考

动植物细胞的亚显微结构有何不同？

二、细胞的结构和功能

（一）细胞膜

生物体的生命活动主要是以细胞为基本单位进行的。细胞表面有细胞膜，它使每个细胞与周围环境

119

隔离开，维持着相对稳定的细胞内部环境，并且具有保护细胞的作用。同时，细胞与周围环境不断地交换与运输物质，主要依靠细胞膜进行。此外，活细胞中的各种代谢活动，都与细胞膜的结构和功能有密切关系。

1. 细胞膜的分子结构

电子显微镜下可看到细胞膜主要是由脂类和蛋白质组成。其结构似"夹心饼干"，中间由磷脂双分子层构成细胞膜的基本支架，蛋白质以不同深度镶嵌其中(见图7-4)。构成细胞膜的磷脂分子和蛋白质分子大都是可以流动的，而不是静止的。细胞膜的这种结构特点，对于完成各种生理功能有重要作用。

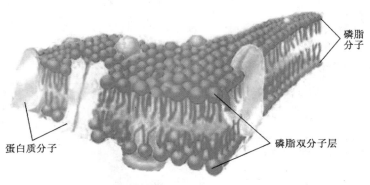

磷脂分子

磷脂双分子层

蛋白质分子

图7-4　细胞膜的分子结构示意图

2. 细胞膜的主要功能

细胞膜不仅是细胞把其内部与周围环境隔开的边界，更重要的是，它是细胞与周围环境和细胞与细胞之间进行物质交换的重要通道。小分子物质进出细胞主要通过自由扩散和主动运输等方式，而大分子和颗粒性物质进出细胞主要通过细胞的内吞和外排作用。

小分子物质如水、氧气、二氧化碳、甘油、乙醇、苯等，可以从浓度高的一侧扩散到浓度低的一侧，不必消耗细胞代谢释放的能量，也没有载体协助，只依靠膜两侧的浓度差。这种物质出入细胞的方式叫做"自由扩散"（见图7-5（a））。一些小分子物质如葡萄糖进入红细胞时，也是从浓度高的一侧到浓度低的一侧运输，不需要细胞提供能量，但必须有特殊的蛋白质即载体蛋白质来协助完成。这种物质出入细胞的方式叫做"协助扩散"（见图7-5（b））。自由扩散和协助扩散统称"被动运输"。

"主动运输"是被选择吸收的物质是从浓度低的一侧，通过细胞膜运输到浓度高的一侧，必须有载体蛋白质的协助，同时需要消耗细胞内新陈代谢所释放的能量（见图7-5（c））。例如，人的红细胞中K⁺的浓度比血浆中K⁺的浓度要高出30倍，这种浓度差的维持就是靠红细胞膜的主动运输将细胞外的K⁺逆浓度运输到细胞内。主动运输这种物质出入细胞的方式，能够保证活细胞按照生命活动的需要，主动地选择吸收所需要的营养物质，排出新陈代谢产生的废物和对细胞有害的物质。可见，主动运输对于活细胞完成各项生命活动有重要作用。

上面讲述的物质通过细胞膜出入细胞的方式，可以说明细胞膜是一种选择透过性膜。这种膜可以让水分子自由通过，细胞要选择吸收的离子和小分子也可以通过，而其他的离子、小分子和大分子则不能通过。

植物细胞在细胞膜的外面还有一层"细胞壁"，它的化学成分主要是纤维素和果胶。细胞壁对于植物细胞有支持和保护作用。

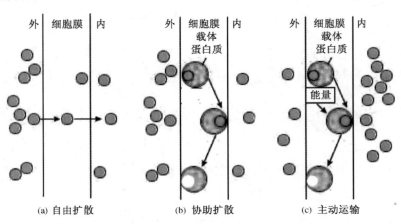

(a) 自由扩散　　　(b) 协助扩散　　　(c) 主动运输

图7-5　物质穿膜运输示意图

细胞的内吞作用和外排作用

　　细胞的膜泡运输包括内吞和外排，大分子和颗粒性物质主要通过内吞进入细胞。这些物质附着在细胞膜上，通过细胞膜内陷，形成小囊，从细胞膜上分离进入细胞内部，这种现象叫做"内吞"。

　　与内吞相反，有些物质在细胞膜内被一层膜所包围，形成小泡，小泡逐渐移到细胞表面与细胞膜融合，然后向细胞外张开，使内含物质排出细胞外，这种现象叫做"外排"。

（二）细胞质

　　细胞质是指在细胞膜以内、细胞核以外的成分。用光学显微镜观察活细胞，可以看到细胞质是均匀透明的胶状物质。活细胞中的细胞质处于不断流动的状态。细胞质主要包括细胞质基质和细胞器。

　　1. 细胞质基质　细胞质基质是活细胞进行新陈代谢的主要场所，细胞质基质为新陈代谢的进行，提供所需要的物质和一定的环境条件。例如，提供 ATP、核苷酸、氨基酸等。

　　2. 细胞器　在细胞质基质中，悬浮着多种细胞器，主要有线粒体和叶绿体，此外还有内质网、核糖体、高尔基体、溶酶体、中心体和液泡等。每一种细胞器都有特定的形态结构，完成各自特有的功能。

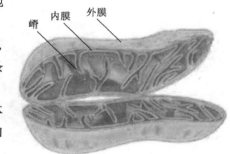

图 7-6　线粒体结构示意图

　　线粒体　线粒体普遍存在于植物细胞和动物细胞中，它是活细胞进行有氧呼吸的主要场所。细胞生命活动所必需的能量，大约 95% 来自线粒体，因此，有人把线粒体叫做细胞内供应能量的"动力工厂"。

　　在光学显微镜下观察，线粒体大多数呈椭球形；在电子显微镜下观察，线粒体是由内外两层膜构成的。外膜使线粒体与周围的细胞质基质分开。内膜的某些部位向线粒体的内腔折叠，形成"嵴"(见图 7-6)。嵴的周围充满液态的基质。在内膜和基质中，有许多种与有氧呼吸有关的酶和少量的 DNA。线粒体一般是均匀地分布在细胞质基质中，但是它在活细胞中能自由地移动，往往在细胞内新陈代谢旺盛的部位比较集中。

观察思考

线粒体在人体的心肌细胞中分布多还是在腹肌细胞中分布的多？为什么？

　　叶绿体　叶绿体是植物细胞特有的细胞器，植物进行光合作用的场所。因此，有人把它比喻为"绿色加工厂"和"能量转换站"。

　　在光学显微镜下观察高等植物的叶绿体，可以看到它一般呈扁平的椭球形或球形，在电子显微镜下，可以看到叶绿体的外面有双层膜，使叶绿体内部与外界隔开。叶绿体的内部含有几个到几十个基粒(见图 7-7)。每一个基粒由一个个囊状的结构堆叠而成，在囊状结构的薄膜上，有进行光合作用的色素，这些色素可吸收、传递和转化光能；基粒与基粒之间充满基质。在叶绿体的基粒上和基质中，含有许多进行光合作用所必需的酶。

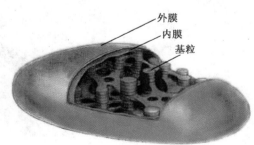

图 7-7　叶绿体结构示意图

核糖体 核糖体几乎存在于一切细胞中。核糖体是一种无膜包被的颗粒状结构，直径为 25 纳米（nm），主要成分是蛋白质和 RNA。有些附着在内质网上，有些游离在细胞基质之中。主要功能是将氨基酸合成蛋白质，因此有人把它比喻为蛋白质的"装配机器"。

内质网 内质网是由膜结构连接而成的网状结构，广泛存在于细胞质基质中，可增大细胞内的膜面积，便于多种酶的附着，为细胞内的各种化学反应正常进行提供了有利条件。有两种：光面内质网和上面附着许多小颗粒（核糖体）的粗面内质网。内质网与细胞内蛋白质、脂类、糖类的合成有关,是有机物加工的"车间"，也是蛋白质等的运输通道。

高尔基体 高尔基体（见图7-8）本身没有合成蛋白质的功能，但可以对来自内质网的蛋白质和脂类进行加工和转运。植物细胞分裂时，高尔基体与细胞壁的形成有关。

蛋白质的合成主要是在核糖体、内质网与高尔基体三者之内进行（见图7-9）。此外，细胞质中还有溶酶体、中心体、液泡等细胞器。

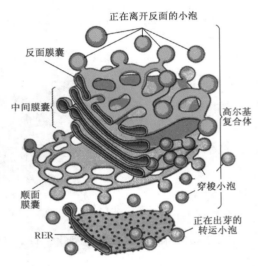

图7-8　高尔基体

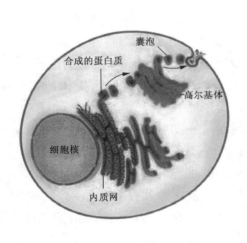

图7-9　蛋白质的合成及其分泌示意图

（三）细胞核

细胞核是真核细胞内最大、最重要的结构。是细胞进行遗传和代谢的控制中心。细胞通常只有一个细胞核，而有的细胞有 2 个以上的细胞核。但是，有极少数种类的细胞，却没有细胞核，如哺乳动物成熟的红细胞。细胞核的形状，最常见的是球形和卵圆形。细胞核的直径一般在 5～10 微米。

细胞核的主要结构有核膜、核仁、核液和染色质等。

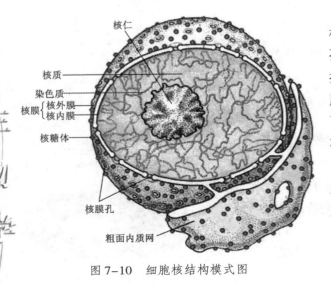

图7-10　细胞核结构模式图

1. 核膜　核膜包围在细胞核的外面，由内外两层膜构成，把细胞质与核内的物质分开。在核膜上有许多小孔，称"核孔"。核孔是细胞核和细胞质之间进行物质交换的孔道。核内大分子物质可以自由通过核孔而进入细胞质内，如细胞核内的信使RNA。离子和比较小的分子，可以通透核膜，进入核内，如氨基酸和葡萄糖。在核膜上有大量的多种的酶，这有利于各种化学反应的顺利进行。

2. 核仁　核仁通常是匀质的球形小体。是核糖体合成的场所，控制蛋白质的合成。其在细胞分裂过程中，有周期性的变化。

3. 染色质　染色质是细胞核内容易被碱性染料染成深色的物质。染色质主要由DNA和蛋白质组成。在分裂间期，染色质呈细长的丝状，并且交织成网状。当细胞进入分裂期时，每条染色质细丝高度螺旋化，缩短变粗，成为一条圆柱状或杆状的染色体。因此，染色质和染色体是同一种物质在不同时期细胞中的两种形态。

细胞核是遗传物质储存和复制的场所，是细胞遗传性和细胞代谢活动的控制中心，因此，它是细胞结构中最重要的部分。

细胞的各个部分不是彼此孤立的，而是互相紧密联系、协调一致的，实际上一个细胞就是一个有机的统一整体。细胞只有保持完整性，才能够正常地完成各项生命活动。

拓展练习

一、填充题

1. _____ 构成了细胞膜的基本框架，_____ 以不同的 _____ 镶嵌在 _____，它们都不是静止的，而是可以作侧向 _____。

2. 细胞的动力工厂是 _____，有机物加工厂是 _____，蛋白质装配机器是 _____。

3. 真核细胞进行遗传和代谢的控制中心是 _____。

二、选择题

1. 细胞膜的主要化学成分是（ ）。

    A. 蛋白质和糖类   B. 蛋白质和核酸

    C. 蛋白质和脂类   D. 脂类和糖类

2. 钾（K^+）、氧气、葡萄糖进入红细胞的方式分别是（ ）。

    A. 自由扩散、协助扩散、主动运输

    B. 协助扩散、主动运输、自由扩散

    C. 主动运输、自由扩散、协助扩散

    D. 主动运输、协助扩散、自由扩散

3. 主动运输与协助扩散的共同特点是（ ）。

    A. 都需要载体协助   B. 都必须消耗能量

    C. 都遵循渗透原理   D. 物质都是从低浓度到高浓度一边

4. 原核细胞和真核细胞最明显的区别是（ ）。

    A. 有无核物质   B. 有无细胞质   C. 有无核膜   D. 有无细胞膜

5. 下列有关染色体和染色质的叙述中，不正确的是（ ）。

    A. 染色质是细胞分裂间期的存在形式

    B. 染色质或染色体的主要成分是 DNA 和蛋白质

    C. 染色体是染色质高度螺旋化，缩短变粗形成的

    D. 两者的形态结构、化学成分完全相同

阅读材料

干 细 胞

干细胞指具有无限分裂能力，可分化成特定组织细胞，在细胞生物发育阶段属于较原始时期阶段的细胞。干细胞按照其分化潜能的大小，可分为"全能性干细胞"和"多能性干细胞"。

全能性干细胞具有形成完整个体的潜能。如一个受精卵分裂成为两个完全相同的细胞，2 个细胞分裂成为

4个细胞、8个细胞，在此时期，8个细胞中任何一个细胞单独放入成熟的雌子宫中均可发育成为单独且完整的个体，这些细胞就是全能性干细胞也叫"胚胎干细胞"。事实上，所谓同卵双胞胎、三胞胎、四胞胎，即为受精卵分裂成2个或4个全能性干细胞后，每个细胞单独分开发育。多能性干细胞虽然有分化为多种细胞的潜能，但却失去了发育成为完整个体的能力。如骨髓移植中的骨髓多能性造血干细胞，它可以分化出至少12种血细胞，但不能分化出造血系统以外的其他细胞。目前外科手术使用的骨髓移植，就是将骨髓造血干细胞，从健康人身上移植至患者身上，恢复患者的造血和免疫功能。

干细胞可来自骨髓、外周血、脐血和胚胎，从新生婴儿的脐带血中干细胞的含量最丰富，最容易获得，而且排异反应小，再生能力强，再生速度快，从中可提取出多能性干细胞。干细胞的用途非常广泛，涉及医学的多个领域。目前，科学家已经能够在体外鉴别、分离、纯化、扩增和培养人体胚胎干细胞，并以这样的干细胞为"种子"，培育出一些人的组织器官。干细胞及其衍生组织器官的广泛临床应用，将产生一种全新的医疗技术，也就是再造人体正常的甚至年轻的组织器官，从而使人能够用上自己的或他人的干细胞或由干细胞所衍生出的新的组织器官，来替换自身病变的或衰老的组织器官。美国《科学》（Science）杂志将干细胞研究列为1999年世界十大科学成就之首，排在人类基因组测序和克隆技术之前。

第三节　细胞增殖

生长和繁殖是一切生物的基本特征，而生物体的生长和繁殖，必须通过细胞的分裂。单细胞生物以细胞分裂的方式产生新的个体；多细胞生物以细胞分裂的方式产生新的细胞，用来补充体内衰老和死亡的细胞，同时，多细胞生物可以由一个受精卵，经过细胞的分裂和分化，最终发育成一个新的多细胞个体。细胞增殖是生物体生长、发育、繁殖和遗传的基础。细胞的分裂方式有3种：无丝分裂，有丝分裂，减数分裂。

一、无丝分裂

细胞无丝分裂的过程比较简单，一般是细胞核先拉长成哑铃状，中央部分变细，断裂成为两个细胞核。接着，整个细胞从中部缢裂成两部分，形成两个子细胞。因为在分裂过程中没有出现纺锤丝和染色体的变化，所以叫做"无丝分裂"。

二、有丝分裂

有丝分裂是真核生物进行细胞分裂的主要方式。多细胞生物体以有丝分裂的方式增加体细胞的数量。体细胞进行有丝分裂是有周期性的。

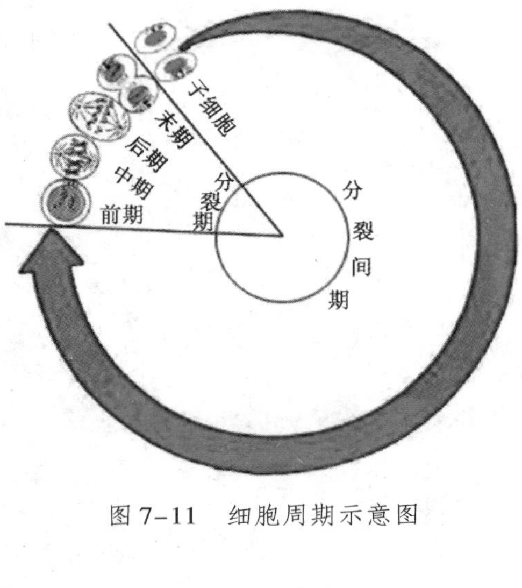

图7-11　细胞周期示意图

细胞无论以何种方式进行分裂，都具周期性。细胞周期是指处于连续分裂的细胞，从前一次分裂结束到下一次分裂结束所经历的全过程，称为一个细胞周期。对连续分裂的细胞来说，这一过程周而复始。细胞周期包括两个阶段：分裂间期和细胞分裂期(见图7-11)。一个细胞周期内，这两个阶段所占的时间相差较大，分裂间期约占细胞周期的90%～95%；分裂期大约占细胞周期的5%～10%。种类不同，细胞周期的时间也不相同。

1. 细胞分裂间期　细胞从一次分裂结束到下一次分裂开始之间的一段时期是分裂间期。这一时期非常重要，它为分裂期作了充分的准备，占细胞周期的大部分时间。间期细胞的最大特点是完成DNA分子的复制和有关蛋白质的合成。因此，间期是整个细胞周期中极为关键的准备阶段。间期细胞的染色质呈细长的丝状，分散在核液中。

2. 细胞分裂期 在细胞分裂期，细胞核中的染色体有规律地发生连续的变化。人们为了研究方便，把分裂期分为4个时期：前期、中期、后期和末期。分裂期的各时期的变化是连续的，并无严格的时期界限。下面以高等植物体细胞为例，学习有丝分裂的过程 (见图 7-12)。

前期 分裂间期复制的染色体，由于螺旋缠绕在一起，逐渐缩短变粗，形态越来越清楚。在光学显微镜下观察这个时期的细胞，可以看到每一条染色体实际上包括两条并列的姐妹染色单体，这两条并列的姐妹染色单体之间由一个共同的着丝点连接着。在前期，核仁逐渐解体，核膜逐渐消失。同时，从细胞的两极发出许多纺锤丝，形成一个梭形的纺锤体，细胞内的染色体散乱地分布在纺锤体的中央。

中期 有丝分裂的中期，纺锤体清晰可见。每条染色体的着丝点的两侧，都有纺锤丝附着在上面，纺锤丝牵引着染色体运动，使每条染色体的着丝点排列在细胞中央的赤道板上。分裂中期的细胞，染色体的形态比较固定，数目比较清晰，便于观察。

后期 有丝分裂的后期，每个着丝点分裂成两个，原来连接在同一个着丝点上的两条姐妹染色单体也随之分离，成为两条子染色体。染色体在纺锤丝的牵引下分别向细胞的两极移动。这时细胞核内的全部染色体平均分配到细胞的两极，使细胞的两极各有一套染色体。这两套染色体的形态和数目完全相同，每一套染色体都与分裂以前的亲代细胞中的染色体的形态和数目相同。

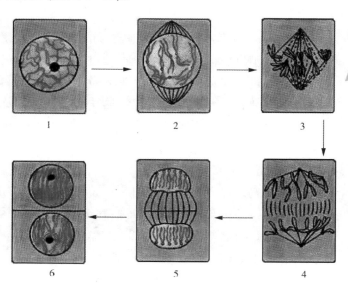

1.间期 2.前期 3.中期 4.后期 5、6.末期

图 7-12 植物细胞的有丝分裂

生物的种类不同，细胞中染色体的数目也不同。例如，果蝇有4对共8条染色体，人有23对共46条染色体，洋葱的细胞内有8对共16条染色体，水稻有12对共24条染色体。

末期 当这两套染色体分别到达细胞的两极以后，每条染色体又逐渐变成细长而盘曲的丝呈染色质状。同时，纺锤丝逐渐消失，出现新的核膜和核仁。核膜把染色体包围起来，形成了两个新的细胞核。这时候，在赤道板的位置出现了一个细胞板，细胞板由细胞的中央向四周扩展，逐渐形成了新的细胞壁。最后，一个细胞分裂成为两个子细胞。大多数子细胞进入下一个细胞周期的分裂间期状态。

细胞有丝分裂形成的两个子细胞，不仅从亲代细胞获得了相同的成套的染色体，而且从亲代细胞获得了各种细胞器，如子细胞中线粒体和叶绿体都只能通过原有的细胞器分裂增生，而不能在细胞质中新产生。各种细胞器的增生都是细胞分裂间期进行的。

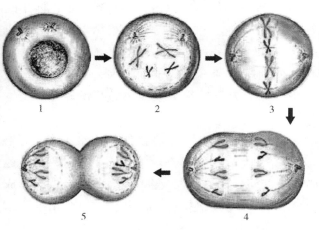

1.间期 2.前期 3.中期 4.后期 5.末期

图 7-13 动物细胞的有丝分裂

动物细胞有丝分裂的过程，与植物细胞的基本相同。两者不相同之处是：第一，动物细胞有中心体，在细胞分裂的前期，细胞在两组中心粒的周围，发出无数条放射状的星射线，形成了纺锤体。第二，动物细胞分裂的末期，细胞的中部不形成细胞板，而是细胞膜从细胞的中部向内凹陷，最后把细胞缢裂成两部分，每部分都含有一个细胞核。这样，一个细胞就分裂成了两个子细胞(见图 7-13)。

实验证明，在动物细胞有丝分裂的末期，赤道板部位出现许多由肌动蛋白组成的微细纤维，在这些纤维的作用下，细胞中部收缩，从而将一个细胞分裂为两个子细胞。

细胞有丝分裂的重要意义，就是将亲代细胞的染色体经过复制以后，精确地平均分配到两个子细胞中去。由于染色体上有遗传物质，因而在生物的亲代和子代之间保持了遗传性状的稳定性。可见，细胞的有丝分裂对于生物的遗传有重要意义。

三、减数分裂

只存在于高等生物生殖细胞的形成过程中。在原始的生殖细胞(如动物的精原细胞或卵原细胞)发展为成熟的生殖细胞(精子或卵细胞)的过程中，都要进行"减数分裂"。其与有丝分裂的最大区别是：在整个减数分裂过程中，染色体只复制一次，而细胞连续分裂两次。减数分裂的结果是，新产生的生殖细胞中的染色体数目，比原始的生殖细胞中的 染色体减少了一半。例如，人的精原细胞和卵原细胞中各有46条染色体而经过减数分裂形成的精子和卵细胞中，只含有23条染色体。下面结合哺乳动物精子和卵细胞的形成，讲述减数分裂的过程。

（一）精子的形成过程

哺乳动物的精子是在精巢中形成的。精巢中含有大量的原始生殖细胞，叫做"精原细胞"。每个精原细胞中的染色体数目都与体细胞的相同。当雄性动物性成熟以后，精巢里的一部分精原细胞就开始进行减数分裂，经过两次连续的细胞分裂——减数第一次分裂和减数第二次分裂，就形成了成熟的生殖细胞——精子(见图7-14)。

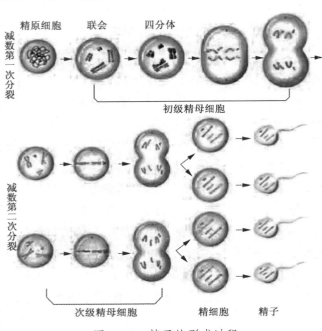

图7-14　精子的形成过程

在减数第一次分裂的分裂间期，精原细胞的体积略微增大，染色体进行复制，成为初级精母细胞。复制后的每条染色体都含有两条姐妹染色单体，这两条姐妹染色单体并列在一起，由同一个着丝点连接着。

分裂期开始后不久，在初级精母细胞中原来分散存在的染色体进行配对。配对的两条染色体，形状和大小一般都相同，一条来自父方，一条来自母方，叫做"同源染色体"。同源染色体两两配对的现象叫"联会"。这时，由于每一条染色体都含有两条姐妹染色单体，因此，联会后的每对同源染色体就含有 4 条染色单体，叫做"四分体"。随后，各对同源染色体排列在细胞的赤道板上，每条染色体的着丝点都附着在纺锤丝上。不久，在纺锤丝牵引下，配对的同源染色体彼此分离，分别向细胞的两极移动，成为新的两组染色体。结果，细胞的每一极只得到各对同源染色体中的一条。在两组染色体分别到达细胞两极的同时，细胞分裂为两个子细胞，这时，一个初级精母细胞分裂成了两个次级精母细胞。

在减数第一次分裂过程中，由于同源染色体相互分离，分别进入到不同的子细胞中去，使得每个次级精母细胞只得到初级精母细胞中染色体总数的一半。因此，减数分裂过程中染色体数目的减半，发生在减数第一次分裂。

减数第一次分裂结束后，紧接着进入到减数第二次分裂的分裂期。这时候，在次级精母细胞中，每条染色体的着丝点分开，两条姐妹染色单体也随着分开，成为两条染色体。在纺锤丝的牵引下，这两条染色体分别向细胞的两极移动，并且随着细胞的分裂，进入到两个子细胞中。这样，在减数第一次分裂中形成的两个次级精母细胞，经过减数第二次分裂，就形成了 4 个精细胞。与初级精母细胞相比，每个精细胞都含有数目减半的染色体。最后，精细胞再经过一系列复杂的形态变化，形成精子。

（二）卵细胞的形成过程

哺乳动物的卵细胞是在卵巢中形成的。卵细胞的形成过程与精子的基本相同。卵细胞与精子形成

126

过程的主要区别是：初级卵母细胞经过减数第一次分裂，形成1个大的细胞和1个小的细胞。大的细胞叫做"次级卵母细胞"，小的细胞叫做"极体"。接着，次级卵母细胞进行减数第二次分裂，形成1个卵细胞和一个极体。与此同时，第一次分裂过程中形成的极体也分裂成为2个极体。这样，一个初级卵母细胞经过减数分裂后，就形成1个卵细胞和3个极体(如图7-15)。卵细胞和极体中都含有数目减半的染色体。不久，3个极体都退化消失了，结果是1个卵原细胞经过减数分裂，最终只形成1个卵细胞。

观察思考

在动物精子和卵细胞中存在同源染色体吗？为什么？

综上所述，减数分裂的过程可用下图来概括如图7-16所示。

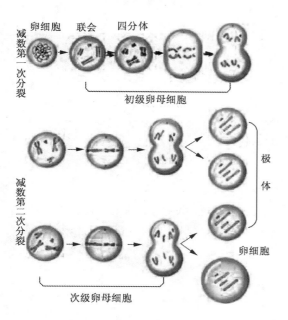

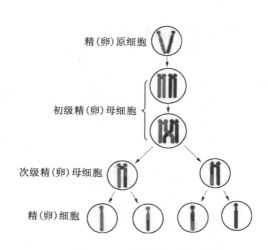

图7-15　卵细胞的形成过程　　　　　　　图7-16　减数分裂过程

（三）受精作用

生物体的有性生殖过程中，精子和卵细胞通过结合，形成受精卵，这个过程，叫受精作用。受精卵中的染色体数目又恢复到体细胞中的数目，其中一半的染色体来自父方的精子，另一半来自母方的卵细胞。

由此可见，对于进行有性生殖的生物来说，减数分裂和受精作用对于维持每种生物前后代体细胞中染色体数目的恒定，对于生物的遗传和变异，都是十分重要的。

拓展练习

一、填充题

1.染色体出现在有丝分裂的_____期，观察染色体的最佳时期是_____期，染色体平均分成两组移向两极发生在_____期。

2.有丝分裂是高等生物_____细胞形成时进行分裂的方式，而高等生物的_____细胞形成时进行的是减数分裂。

3. 据右图回答问题：

（1）该图表示 _____ 细胞进行 _____ 分裂的 _____ 期。

（2）此细胞中有 _____ 条染色体，_____ 个DNA分子。

（3）此细胞的前一个时期是 _____，其中有 _____ 对染色体，_____ 个DNA分子。

（4）在其刚产生的子细胞中含有 _____ 对染色体，_____ 个DNA分子。

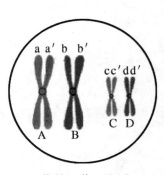

填充题第3题图

二、选择题

1. 一个细胞周期是指（　　）。

　A. 从一次分裂完成时开始，到下一次分裂开始

　B. 从一次分裂开始，到分裂结束为止

　C. 从一次分裂开始，到下一次分裂开始

　D. 从一次分裂完成时开始，到下一次分裂结束为止

2. 连续进行有丝分裂的细胞，其间期的特点是（　　）。

　A. 细胞没有变化

　B. 核膜解体，核仁逐渐消失

　C. 染色体隐约可见

　D. 细胞内进行着DNA复制和蛋白质合成

3. 细胞有丝分裂过程中，着丝点分裂发生在分裂期的（　　）。

　A. 间期　　　　　　　　B. 前期　　　　　　　　C. 中期　　　　　　　　D. 后期

4. 细胞有丝分裂过程中，DNA数目增加发生在分裂期的（　　）。

　A. 间期　　　　　　　　B. 前期　　　　　　　　C. 中期　　　　　　　　D. 后期

5. 果蝇细胞内有8个染色体，在有丝分裂的中期，染色体、染色单体和DNA分子的数目依次是（　　）。

　A. 8　8　8　　　　　B. 8　16　32　　　　　C. 8　16　16　　　　　D. 8　8　32

6. 动物和植物细胞有丝分裂过程的不同点是（　　）。

　A. 间期都有染色体的复制

　B. 后期都有着丝点的分裂

　C. 末期染色体平均分配到两个子细胞中

　D. 分裂末期在细胞中部不形成细胞板

7. 在下列细胞中，没有同源染色体的是（　　）。

　A. 受精卵　　　　　　　B. 体细胞　　　　　　　C. 精子　　　　　　　D. 精原细胞

8. 果蝇的精子内有4条染色体，那么，它的初级精母细胞内的染色体数目是（　　）。

　A. 2条　　　　　　　　B. 4条　　　　　　　　C. 8条　　　　　　　　D. 16条

三、简答题

1. 图中的细胞正在进行减数分裂，请根据此图回答下列问题：

(1) 这是减数分裂过程中的哪一次分裂？

(2) 细胞中有几条染色体？几条染色单体？

(3) 细胞中有几对同源染色体？它们是哪几对？

(4) 细胞中的哪些染色体是姐妹染色单体？

(5) 这个细胞在全部分裂完成以后，子细胞中有几条染色体？

2. 列表比较有丝分裂与减数分裂的主要相同点和不同点。

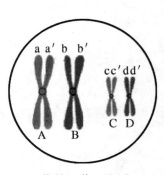

简答题第1题图

128

细胞的癌变

在个体发育过程中，有的细胞由于受到致癌因子的作用，不能正常地完成细胞分化，而变成了不受有机体控制的、连续进行分裂的恶性增殖细胞，这种细胞就是癌细胞。

与正常细胞相比，癌细胞有一些显著的特征：(1) 快速不断繁殖。在人的一生中，体细胞能够分裂50～60次，而癌细胞却不受限制，可以长期增殖下去，且分裂速度特别快，形成肿瘤。(2) 迁移性。许多癌细胞具有变形运动能力，并且能产生酶类，使血管基底层和结缔组织穿孔，使它向其他的组织迁移，导致癌细胞在机体内转移和扩散。(3) 接触抑制丧失。正常细胞分裂生长到一定时候，其运动和分裂活动都要停顿下来。癌细胞则不同，其分裂和增殖并不因细胞相互接触而终止，在体外培养时细胞即使堆积成群，仍继续生长。(4) 形态结构发生变化，正常细胞转变为癌细胞后，其形态结构也发生较大变化，如培养中正常的成纤维细胞呈扁平梭形，癌变后成为球形。

引起细胞癌变的致癌因子，主要有三大类。一类是物理致癌因子，主要是辐射致癌。长期接触放射性物质，使身体受到辐射损伤，可以引起癌变，如电离辐射、X射线、紫外线都可以致癌。另一类是化学致癌因子，如砷、苯、煤焦油等。再有一类是病毒致癌因子，能引起细胞癌变的病毒，叫做肿瘤病毒或致癌病毒，现在已经发现有150多种病毒可以引起动物或植物产生肿瘤。

人和动物细胞的染色体上普遍存在着原癌基因和抑癌基因。在正常情况下，染色体上的遗传物质随着细胞分裂，一代一代传下去，原癌基因处于抑制状态。如果由于某种原因，使原癌基因发生改变就可能使原癌基因从抑制状态转变成激活状态变为癌基因，这个细胞则会转化成为癌细胞。癌基因使细胞产生过多的生长因子，细胞就会疯狂地分裂和生长。细胞中还有抑癌基因，能够抑制细胞的分裂和生长，如果癌基因占上风，则细胞就会产生癌变。如果两者处于平衡癌就不易发生了。为防止正常细胞发生癌变，我们应尽量避免接触各种致癌因子。

实验　观察植物细胞的有丝分裂

目的要求

1. 观察植物细胞有丝分裂的过程，识别有丝分裂的不同时期。

2. 学会制作洋葱根尖有丝分裂装片技术。

3. 学会使用高倍显微镜和绘制生物学图的方法。

材料用具

显微镜，洋葱，载玻片，盖玻片，玻璃皿，剪刀，镊子，滴管。15％的盐酸，95％的酒精，0.01克/毫升（g/mL）龙胆紫溶液。

方法步骤

1. 洋葱根尖的培养　实验课之前3～4天，取洋葱一个，放在广口瓶上。瓶内装满清水，让洋葱的底部接触到瓶内的水面。放在温暖的地方，注意经常换水，使洋葱的底部总是接触到水。待根长5厘米时，可取生长健壮的根尖进行观察。

2. 解离　下午2时是洋葱有丝分裂的高峰期，可在此时剪取洋葱的根尖2～3毫米，立即放入盛有15％的盐酸和95％的酒精的混合液(1：1)的玻璃皿中，在室温下解离3～5分钟后取出根尖。

3. 漂洗　待根尖酥软后，用镊子取出，放入盛有清水的玻璃皿中漂洗约10分钟。

4. 染色　把洋葱根尖放入盛有龙胆紫溶液的玻璃皿中，染色3～5分钟。

5. 制片　用镊子将这段洋葱根尖取出，放在载玻片上，加一滴清水，用镊子尖把洋葱根尖弄碎，盖上盖玻片，在盖玻片上再加一片载玻片。然后，用拇指轻轻地压盖玻片，使细胞分散开来，便于观察。

6. 观察　把制成的洋葱根尖装片先放在低倍镜下观察，找到分生区细胞后，转到高倍镜，仔细观察，注意观察各个时期细胞内染色体的变化。

7. 绘图　在观察清楚有丝分裂各个时期的细胞以后，绘出洋葱根尖细胞有丝分裂前、中、后期图(含4个染色体)。

讨论

1. 洋葱根尖细胞有丝分裂过程中各时期的染色体变化有什么特点？

2. 制作好洋葱根尖有丝分裂装片的关键是什么？

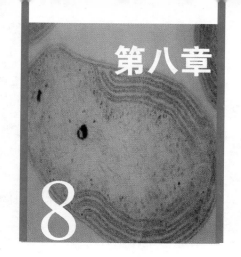

第八章

8

生物的新陈代谢

生物体内时时刻刻都进行着新陈代谢。在新陈代谢的基础上，生物体表现出生长、发育、遗传和变异等基本特征。新陈代谢一旦停止，生命也就结束了。因此，新陈代谢是生物最基本的特征，是生物与非生物最本质的区别。

第一节　新陈代谢与酶、ATP

新陈代谢，是生物体内全部有序的化学变化的总称，生物体内所有的化学反应都需要在酶的催化作用下才能进行。

一、新陈代谢与酶

森林里的熊熊大火，让人惊心动魄。其实燃烧的实质是空气中的氧气（O_2）把组成树木的纤维素等有机物氧化了。生物体每天都在氧化食物中的糖类等物质，为什么生物体内糖的氧化能在温和条件（如人的体温为37℃左右）下进行，而体外的氧化却要在剧烈的条件下才能发生呢？这是因为生物体内的化学反应都是在酶（enzyme）的作用下进行的。

1.酶是生物催化剂

酶在生物体内是如何促进反应进行的呢？

观察思考

我们在初中化学中，已学习过催化剂，请思考，催化剂有什么特点？

催化剂具有促使反应物发生化学变化，本身却不发生化学变化的特点，酶也具有这样的特点。受酶催化而发生化学反应的分子叫"底物"。酶之所以能在室温下催化底物分子发生反应，是因为酶分子的空间结构，恰好能和底物分子结合，形成"酶—底物复合物"，以促使身体内的化学反应能在常温下进行。

酶作为生物催化剂，其催化生物化学反应的效率如何呢？

2. 酶的催化效率　过氧化氢是细胞中某些化学反应的副产物，具有较强的氧化性，如果不及时除去或分解，就会杀死细胞，而细胞中的过氧化氢酶可以催化过氧化氢的分解，即

$$2H_2O_2 \xrightarrow{\text{过氧化氢酶}} 2H_2O+O_2$$

演示实验

(1) 取两个试管，编号后（1号、2号）各加入2%的过氧化氢溶液3毫升。

(2) 1号试管中加入鸡肝匀浆或马铃薯匀浆少许，将试管口塞上橡胶塞。（注意：试管口不要对着人）

(3) 2号试管中加入二氧化锰少许，将试管口塞上橡胶塞。

(4) 观察两个试管中发生的变化。

(5) 打开两个试管的橡胶塞，用点燃后无明火的卫生香放在试管口处，观察现象。

讨论

(1) 通过比较两个试管中发生的变化，你对酶的催化效率有何认识？

(2) 这个实验为什么要用新鲜的肝脏或生的马铃薯块茎？

(3) 如果本实验中鸡肝或马铃薯块茎没有被制成匀浆，你认为实验结果是否与本实验相同，为什么？

上述实验证明，酶的催化活性极高。

由于酶是与底物分子的结合使化学反应极易进行，所以反应效率极高。以过氧化氢酶为例，每个酶分子能在1秒之内将10^5个过氧化氢分子分解。这种速率是没有酶存在下反应速率的1 000万倍！酶除了高效性的特点，还有其他特点吗？

实验　探究酶的专一性

目的要求

比较唾液淀粉酶和蔗糖酶对淀粉和蔗糖的作用。

材料用具

稀释200倍的新鲜唾液，质量分数为2%的蔗糖溶液，溶于质量分数为0.3%氯化钠溶液中的淀粉溶液（其中淀粉含量为1%），本尼迪特试剂，蔗糖酶溶液，试管，试管架。

实验步骤

在仔细阅读实验步骤，并设计出实验结果的记录表格后再进行实验操作。

1. 取2个试管，分别编为1号、2号。

2. 向1号试管中加入本尼迪特试剂2毫升，再加入1%的淀粉溶液3毫升；2号试管中加入本尼迪特试剂2毫升，再加入2%蔗糖溶液3毫升。

3. 将两个试管内的溶液充分混匀后，放在沸水浴中煮2~3分钟。观察并记录实验结果（淀粉、蔗糖不产生红黄色沉淀）。

4. 再取4个试管，分别编为3号、4号、5号、6号。

5. 在3号、4号试管中各加入稀释了200倍的新鲜唾液1毫升；然后在3号试管中加入质量分数为

1%的淀粉溶液3毫升，在4号试管中加入质量分数为2%的蔗糖溶液3毫升。充分混匀后，放在37℃恒温水浴中保温，15分钟后取出。两管各加本尼迪特试剂2毫升，摇匀，放在沸水浴中煮2～3分钟。观察并记录实验结果。

6.5号、6号试管中各加入蔗糖酶溶液1毫升，然后在5号试管中加入质量分数为1%的淀粉溶液3毫升，在6号试管中加入质量分数为2%的蔗糖溶液3毫升。充分混匀后，放在37℃恒温水浴中保温，15分钟后取出。两管各加本尼迪特试剂2毫升，摇匀，放在沸水浴中煮2～3分钟。

观察并记录实验结果。

实验记录表

试管	1	2	3	4	5	6
本尼迪特试剂	2 mL	2 mL	2 mL	2 mL	2 mL	2 mL
1%淀粉溶液	3 mL	—	3 mL	—	3 mL	—
2%蔗糖溶液	—	3 mL	—	3 mL	—	3 mL
新鲜唾液	—	—	1 mL	1 mL	—	—
蔗糖酶溶液	—	—	—	—	1 mL	1 mL
实验结果						

讨论

1. 你能解释步骤1～3在本实验中的作用吗？

2. 为什么在37℃恒温水浴中保温？

3. 根据实验结果，你如何理解酶的专一性？

4. 如果5号试管内呈现轻度阳性反应，你认为该怎样解释？你能设计一个实验来检验自己的假设吗？

3. 酶的专一性

由于酶分子的形状只适于与一种或是少部分分子结合，所以一种酶只能催化一种底物或少数几种相似底物的反应，这就是酶的专一性。例如，虽然蔗糖和麦芽糖都是二糖，但蔗糖酶只能催化蔗糖的水解，不能催化麦芽糖的水解。

4. 酶的作用受许多因素的影响

影响酶作用的因素很多，大量科学实验证实pH值、温度和各种化合物等等都能影响酶的作用。酶通常在一定pH值范围内才起作用，而且在某一pH值下作用最强。酶促反应都有一个最适温度，在此温度以上或以下酶活性均要下降。一般酶的活性在0～40℃的范围内。

酶是一种生物的催化剂，其具有高效性、专一性和多样性的特点，酶的活性需要适宜的条件。

阅读材料

酶 的 应 用

酶工程的应用已超越传统食品工业范围，正被广泛应用于轻工业、医药工业和临床诊断等方面。例如新型的青霉素，即羟氨苄青霉素（商品名为阿莫西林）的生产，就是利用青霉素酰化酶使青霉素分子的结构发生变化，新型的青霉素可以克服病原菌对原有青霉素的抗药性。

尿糖试纸是酶应用在临床诊断上的一个例子。葡萄糖在葡萄糖氧化酶的催化作用下变成葡萄糖酸和过氧化氢，过氧化氢在过氧化氢酶的催化作用下产生水和氧，而氧可以将某种无色的化合物氧化成有色的化合物。根据这个原理，将上述两种酶和无色的化合物固定在纸条上，制成测试尿糖含量的试纸。使用时只需要将尿液滴在这种试纸上，试纸就会依尿液中葡萄糖含量的多少呈现出浅蓝、浅绿、棕至深棕的颜色反应，从而快速测定尿中是否有葡萄糖，使用简便快捷。

二、新陈代谢与ATP

生物的各种生理活动，如肌肉收缩、腺体分泌、细胞分裂等，不仅需要酶，而且都需要消耗能量。能量是推动生物体各种生命活动的动力。生物体内的能源物质是糖类，脂肪是生物体内储存能量的物质。生物体内的这些有机物中的能量都不能直接被生物体利用，它们只有在细胞中通过氧化分解而释放出来，并且储存在ATP（三磷酸腺苷）中才能被生物体利用。

1. ATP的生理功能

科学研究发现，向刚刚失去收缩功能的离体肌肉上滴葡萄糖溶液，肌肉不收缩；向同一条肌肉上滴ATP溶液，肌肉很快就能发生明显的收缩。由此说明，葡萄糖虽然是能源物质，但是不能被肌肉直接利用。从有机物中释放出来的能量只有转化为一种有活跃化学能的分子以后才能被生命活动所利用，这种有活跃化学能的分子就是三磷酸腺苷（adenosine triphosphate,ATP）。新陈代谢所需要的能量是由细胞内的ATP直接提供的，ATP是生物体的直接能源物质。

2. ATP的分子简式

ATP普遍存在各种生物活细胞内，是生物体内直接的能源物质，这与它独特的分子结构有着密切关系（见图8-1）。从分子组成来看，ATP是由1个腺苷和3个磷酸基团组成的化合物，腺苷由腺嘌呤和核糖组成。ATP的结构式可以简写成A–P～P～P，简式中的A代表腺苷；P代表磷酸基团；～代表磷酸基团之间的高能磷酸键。1个ATP分子含有2个高能磷酸键。高能磷酸键是一种特殊的化学键，它所储存的能量是普通磷酸键的两倍以上，ATP分子中大量的化学能就储存在高能磷酸键中。在酶作用下，远离腺苷的那个高能磷酸键很容易断裂，释放出其中所储存的能量。

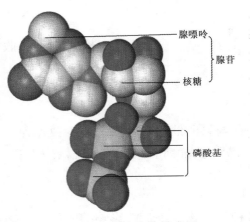

图8-1 ATP的结构模式图

腺嘌呤

腺苷

核糖

磷酸基

3. ATP的储能和放能过程

ATP中能量的储存和释放，主要是通过远离腺苷的那个高能磷酸键的形成和断裂，即通过ATP与ADP（二磷酸腺苷）的相互转化来实现的（见图8-2）。

许多研究表明，ATP在一定条件下很容易水解，释放能量，也很容易重新形成，将体内多余的能量储存。在有关酶的催化作用下，ATP分子中远离腺苷的那个高能磷酸键很容易断裂，脱离下来的磷酸基团形成磷酸（Pi），同时，储存在这个高能磷酸键中的能量被释放出来，三磷酸腺苷（ATP）也转化成为二磷酸腺苷（ADP）。在另一种酶的催化作用下，ADP也可以接受能量，同时与一个磷酸分子（Pi）结合，重新形成ATP，将能量储存在ATP中。生物体内ADP转化成ATP时所需要的能量，主要是来自线粒体内细胞呼吸分解有机物释放出来的能量。另外，绿色植物还可以通过叶绿体的光合作用将光能转化成化学能，储存在ATP中。在ATP与ADP相互转化的过程中，ATP水解后释放出来的Pi可以再次被利用，在一

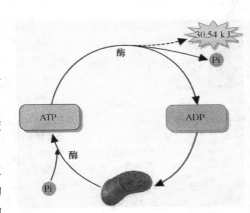

图8-2 ATP与ADP的相互转化

30.54 kJ

酶

ATP

ADP

酶

Pi

Pi

定条件下和ADP结合，重新形成ATP。但是，ATP水解所释放的能量被各种生命活动所消耗，不能再储存在新产生的ATP中，即这些能量是不可逆转的。

在细胞能量代谢过程中，糖类、脂肪、蛋白质等有机物氧化分解释放出来的能量，除了一部分以热能的形式散失外，剩余的能量首先要转移到ATP中，然后再通过ATP水解，释放出来供给各种生命活动，如有机物的合成、肌肉收缩、细胞分泌和兴奋传导等。ATP是生物生命活动所需能量的直接来源（见图8-3）。

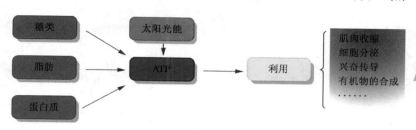

图8-3　ATP是能量代谢中的核心物质

ATP是一种不稳定的高能化合物，在细胞内的含量很少。但细胞内部ATP与ADP的相互转化是非常迅速的。同时，在这个过程中也伴随着能量的储存和释放。这样生物体内ATP的含量总是处于动态平衡中。这对生物的生命活动有着重要意义，可有效保证生物生命活动的顺利进行。

拓展练习

一、选择题

1. 淀粉酶能使淀粉在很短时间内水解成麦芽糖，而对麦芽糖的水解却不起作用，这种现象说明酶具有（　　）。

　　A. 高效性和多样性　　　　　　　　　　B. 高效性和专一性

　　C. 专一性和多样性　　　　　　　　　　D. 稳定性和高效性

2. 生命活动的直接能源是（　　）。

　　A. 糖类　　　　　　　　B. 脂肪　　　　　　　C. 葡萄糖　　　　　　　D. ATP

3. 关于人体细胞内的ATP的描述，正确的是（　　）。

　　A. ATP只能在线粒体中生成

　　B. ATP中含有一定条件下很容易水解和重新形成的高能磷酸键

　　C. 细胞内储存有大量的ATP，以备生命活动需要

　　D. ATP转化为ADP的反应是不可逆的

二、思考题

持续高烧可能会危及生命，学习了有关酶的知识后，请你从这个方面分析其原因。

第二节　光合作用和细胞呼吸作用

一、光合作用

光合作用，是指绿色植物通过叶绿体，利用光能，把二氧化碳和水转化成储存能量的有机物，并且释放出氧气的过程。

光合作用的过程，可以用下面的总反应式来概括：

$$nCO_2 + nH_2O \xrightarrow[\text{叶绿体}]{\text{光　能}} (CH_2O)_n + nO_2$$

注：$(CH_2O)_n$代表糖类

135

认真分析下述的现象，想一想，为什么会出现这样的结果？从中你能得出什么结论？

某科学家在同一植株上选择了两个生长状况和大小相近的叶片，在保证其他因素相同的情况下，分别给予不同的处理。给叶片A和叶片B经一段时间的持续光照后，立即检测叶片A中的有机物含量；叶片B经短暂时间的黑暗处理后，再检测其中的有机物含量。检测结果显示，叶片B所含的有机物总量要大于叶片A中的有机物总量。

上述实验说明，在绿色植物停止光照后的短暂时间里，合成有机物的反应并没有随着光照停止而停止。从中我们可以推测，光合作用需要光，但并不是光合作用的任何过程都需要光。根据是否需要光，光合作用的过程可以分为两个阶段：光反应阶段和暗反应阶段。

（一）光反应阶段

光反应阶段是光合作用的第一个阶段，必须有光才能进行。其主要作用就是吸收太阳光能，并将太阳光能转化为活跃的化学能，光反应进行的场所主要是叶绿体内的囊状结构薄膜。

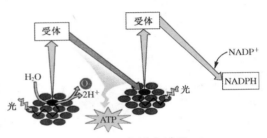

图8-4　光反应过程

叶绿体中的色素吸收太阳光能，一方面将水分解成氧（O）和氢（H），氧直接以分子形式从气孔中逸出，进入空气，而氢（H）则传递到叶绿体基质中，作为活泼的还原剂参与暗反应。另一方面，在有关酶的催化作用下，促进ADP与Pi发生化学反应，生成ATP。在这里，光能转变成化学能并储存在ATP中，它将为暗反应提供能量（见图8-4）。

（二）暗反应阶段

暗反应阶段是光合作用的第二个阶段。暗反应过程中的化学反应可以在黑暗中进行，主要是将CO_2转化成糖类，这个过程在叶绿体内的基质中进行。

植物通过叶片的气孔从外界吸收来的CO_2，首先与植物体内的一种五碳化合物（用C_5表示）结合，这个过程叫做"二氧化碳的固定"。1个二氧化碳分子与1个五碳化合物分子结合以后，很快形成2个三碳化合物（用C_3表示）。在有关酶的作用下，三碳化合物接受ATP释放出来的能量并且被氢还原，经过一系列复杂的变化形成糖类，并在这个过程中，重新生成五碳化合物，用以固定CO_2，从而使暗反应阶段的化学反应循环往复地进行下去（见图8-5），同时将光反应阶段捕获的光能转化成稳定的化学能储存在有机物中。

光反应和暗反应阶段是一个整体，在光合作用中，两者密不可分，缺一不可。

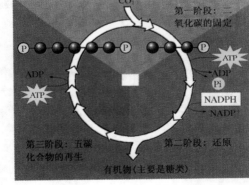

图8-5　暗反应过程

（三）光合作用的意义

绿色植物通过光合作用把太阳能转变成化学能储存在复杂的有机物分子中，这种化学能以后就被植物利用，或是被以植物为食的生物利用。因此，对于地球上几乎所有的生物来说，光合作用是生命活动的直接或间接的能源。

光合作用对于生物的进化具有重要作用。在进行光合作用的生物出现以前，地球的大气中并没有氧气。只有在光合作用生物出现以后，大气中才逐渐含有氧气，从而使地球上其他进行有氧呼吸的生物得以发生和发展。大气中的一部分氧气转化成臭氧，在大气上层形成臭氧层，有效地滤去太阳辐射中对生物具有强烈破坏作用的紫外线中的大部分，使水生生物向陆生生物的进化成为可能。

我们的生活、生产过程以及生物的呼吸消耗大量的氧气、产生大量的二氧化碳，正是由于光合作用消耗二氧化碳、释放氧气，才使大气中氧气和二氧化碳的含量保持相对稳定。

实验 探究环境因素对光合作用的影响

光合作用受到诸多环境因素的影响。那么，影响光合作用的环境因素有哪些？这些因素又是如何影响光合作用的呢？下面，我们来探究这个问题。

提示

1. 根据同学们已有的生物知识和人们的生产、生活经验，以小组为单位，列举出影响光合作用的环境因素。

影响光合作用的环境因素有 _____。

2. 在大家列出的影响光合作用的环境因素中，选择其中的一种因素，分析这种因素是如何影响光合作用的。

根据同学们已有的生物学知识和人们的生产、生活经验，在小组范围内讨论，对这个问题提出本组的假设。

本组的假设是 _____。

3. 根据本组的假设，设计单因子对照实验方案。

（1）实验时可选用的材料用具：黑藻或金鱼藻，水，冰块，碳酸氢钠，精密 pH 试纸，100 W 聚光灯，温度计，大烧杯，不同颜色的玻璃纸。

（2）本组的实验中，可变因素是什么？

（3）实验中，可变因素是如何变化的？

（4）实验中，通过什么方法控制可变因素的变化？

（5）实验中，通过什么方法测量光合作用速率？

（6）本组的实验设计是 _____。

4. 根据本组设计的实验方案，设计实验数据记录表。

5. 本组的实验结果是 _____。

6. 根据本组的实验设计方案进行实验。

讨论

1. 实验结果支持本组的假设吗？请在全班作具体说明。

2. 听了其他组的实验设计后，请总结本组实验设计上的优点和不足。

3. 汇总全班各实验组的实验结果，归纳出下列问题的答案：

（1）哪些环境因素会影响光合作用？

（2）这些环境因素是如何影响光合作用的？

二、细胞呼吸

生物的生命活动需要消耗能量，这些能量来自生物体内糖类、脂质、蛋白质等有机物的氧化分解。生物体内的有机物在细胞内经过一系列的氧化分解，最终生成二氧化碳或其他产物，并且释放出能量的总过程，叫做"呼吸"。

实验 探究酵母菌的呼吸方式

活动目标

1. 比较酵母菌在不同条件下细胞呼吸方式的不同。
2. 尝试微生物实验的基本方法。

材料用具

鲜酵母，质量分数为 10% 的无菌葡萄糖溶液，灭菌过的锥形瓶，玻璃棒，胶塞和棉塞。

方法步骤

1. 取 2 个锥形瓶，分别放入市售的适量鲜酵母，倒入少量质量分数为 10% 的无菌葡萄糖溶液，用玻璃棒将之搅拌均匀。

2. 向锥形瓶中加入葡萄糖溶液至容积的 1/3 处。

3. 将其中一个锥形瓶用胶塞密封后，静置不动；另一个锥形瓶用棉塞塞上瓶口，振荡溶液。

4. 每隔一段时间，观察比较两个锥形瓶中气泡产生的情况。2 天后，打开胶塞和棉塞，闻一闻锥形瓶中溶液的气味。

总结与讨论

酵母菌在有氧条件和无氧条件下，葡萄糖的分解产物有何不同？

（答：科学研究证明，酵母菌在无氧和有氧条件下都能分解葡萄糖，但分解产物不同。在无氧条件下，酵母菌可将葡萄糖分解成二氧化碳和酒精（C_2H_5OH);在有氧条件下，酵母菌可将葡萄糖分解成二氧化碳和水。）

（一）呼吸方式

细胞呼吸，是所有的生物都具有的一种重要的生理活动。细胞呼吸的方式有两种类型：无氧呼吸和有氧呼吸。

1. 有氧呼吸

生物细胞在有氧条件下，通过酶的催化作用，把糖类等有机物彻底分解成水（H_2O）和二氧化碳（CO_2），同时释放出大量能量的过程叫做有氧呼吸。细胞呼吸的主要方式是有氧呼吸。高等动植物细胞进行有氧呼吸的主要场所是线粒体。

一般情况下，葡萄糖($C_6H_{12}O_6$)是进行细胞呼吸时最常利用的物质。有氧呼吸的过程可以表示为：

$$C_6H_{12}O_6 + 6H_2O + 6O_2 \xrightarrow{\text{酶}} 6CO_2 + 12H_2O + \text{能量}$$

有氧呼吸的全过程，可以分为 3 个阶段，每个阶段由许多不同的酶来催化。

第一个阶段，1 分子的葡萄糖分解成 2 分子的丙酮酸，在分解的过程中产生少量的氢，同时释放出少量能量。这个阶段在细胞质基质中进行。

第二个阶段，丙酮酸进入线粒体后，经过一系列的脱羧反应，释放出二氧化碳和氢，同时释放出少量能量。这个阶段在线粒体中进行。

第三个阶段，前两个阶段产生的氢，经过一系列复杂的反应，与氧（O_2）结合形成水（H_2O），同时释放出大量能量。这个阶段也在线粒体内进行。

在生物体内，1 摩尔（mol）葡萄糖彻底氧化分解后，释放出约 2 870 千焦的能量，其中有 1 161 千焦左右的能量储存在 ATP 中，其余能量都以热能形式散失了。在这个过程中，可生成 36 个 ATP。

细胞呼吸的主要形式是有氧呼吸，那么，细胞在没有氧的环境中能不能进行呼吸呢？

2. 无氧呼吸

科学研究发现，生物体内的细胞在无氧条件下可进行无氧呼吸。无氧呼吸一般是指细胞在无氧条件下，通过酶的催化作用，把葡萄糖等有机物在细胞质基质中分解成不彻底的氧化产物，同时释放少量能量的过程。这一过程，对高等植物和动物而言，称为"无氧呼吸"；对微生物而言，亦称为"厌氧发酵"。

酵母菌无氧呼吸的产物之一是酒精（C_2H_5OH），因此，这种无氧呼吸又称为"酒精发酵"。它的过程可以用下列方程式表示：

$$C_6H_{12}O_6 \xrightarrow{\text{酶母菌}} 2C_2H_5OH + 2CO_2 + 能量$$

当苹果等水果在纸箱中储存过久时，可以闻到很浓的酒味，这就是因为苹果在无氧条件下进行无氧呼吸产生酒精的结果。在水淹等情况下，某些高等植物也可以进行短时间的无氧呼吸，将葡萄糖分解成 C_2H_5OH 和 CO_2，并且释放少量能量，以适应缺氧的环境条件。

乳酸菌与酵母菌不同，它无氧呼吸的产物是乳酸（$C_3H_6O_3$）。因此，这种无氧呼吸称为"乳酸发酵"，其过程可以用下列方程式表示：

$$C_6H_{12}O_6 \xrightarrow{\text{乳酸菌}} 2C_3H_6O_3 + 能量$$

动物无氧呼吸的产物多为乳酸。人体在剧烈运动后，上肢和下肢的骨骼肌往往会产生酸胀的感觉，这是因为人体在剧烈运动时，尽管呼吸运动和血液循环都大大加强了，但是仍不能够满足骨骼肌对氧气的需要，这时骨骼肌内就会进行无氧呼吸，产生乳酸。

在无氧呼吸中，由于产物(酒精、乳酸)中还储存着许多能量，所以葡萄糖氧化分解所释放的能量，比有氧呼吸少得多。1摩尔葡萄糖在生物体内分解成乳酸后共放出196.65千焦的能量，其中有61.08千焦的能量储存在ATP中，仅能生成2个ATP，其余的能量以热能的形式散失了。

（二）细胞呼吸的意义

细胞呼吸对生物体具有非常重要的生理意义。一方面，细胞呼吸提供了生物体生命活动所需要的大部分能量。细胞呼吸释放能量的速度较慢，而且逐步释放，适合细胞利用。另一方面，细胞呼吸可以为其他化合物合成提供原料。呼吸过程中产生的一系列中间产物是合成生物体内其他各种重要化合物的原料，因此细胞呼吸在生物体内有机物转化方面起着枢纽作用，如葡萄糖分解时的中间产物丙酮酸是合成氨基酸的原料。

细胞呼吸与果蔬贮藏

果蔬贮藏可以采用降低氧浓度或降低温度的方法。苹果、梨、柑橘等果实在0～1℃条件下贮藏几个月都不会腐烂变质。把番茄装箱后用塑料罩容封，抽去空气，补充氮气（N_2），把氧气（O_2）浓度调节至3%～6%，番茄可贮藏1个月甚至3个月以上。"自体保藏法"是一种简便的果蔬贮藏法。由于果实蔬菜本身不断地进行细胞呼吸，产生二氧化碳，在密闭环境里二氧化碳浓度逐渐增大，抑制细胞呼吸(但容器中二氧化碳浓度不能过高)，可以延长贮藏时间。如果同时配以低温保存，则贮藏时间更长。这种方法现已被许多果农广泛应用。

三、人和动物体内三大营养物质的代谢

人和动物在物质代谢过程中，不能像绿色物质那样，直接把从外界环境中摄取的无机物，制造成自身的有机物，而是直接或间接地以绿色植物为食物，来获取现成的有机物。那么，人和动物通过食物所获取的糖类、脂肪和蛋白质这三大营养物质，经过消化、吸收并进入体内细胞后，会发生怎样的变化？它们是怎样被机体利用的？三大营养物质的代谢之间具有什么关系呢？人体内这三大营养物质的代谢与自身的健康又有什么关系呢？

（一）糖类代谢

食物中的糖类绝大部分是淀粉，此外还有少量的蔗糖、乳糖等。食物中的淀粉经消化分解成葡萄糖，葡萄糖被小肠上皮细胞吸收后，有以下 3 种变化：

第一，一部分葡萄糖随血液循环运往全身各处，在细胞中氧化分解，最终生成二氧化碳和水，同时释放出能量，供生命活动的需要。

第二，血液中的葡萄糖——血糖除了供细胞利用外，多余的部分可以被肝脏和肌肉等组织合成糖元而储存起来。当血糖含量由于消耗而逐渐降低时，肝脏中的肝糖元可以分解成葡萄糖，并且陆续释放到血液中，以便维持血糖含量的相对稳定。肌肉中的肌糖元则是作为能源物质，供给肌肉活动所需的能量。

第三，除了上述变化外，如果还有多余的葡萄糖，这部分葡萄糖可以转变成脂肪和某些氨基酸等。给家畜，家禽提供富含糖类的饲料，使它们肥育，就是因为糖类在它们的体内转变成了脂肪。用填喂的方法使北京鸭在较短的时间内肥育，就是一个典型的例子。

葡萄糖在人和动物体内的变化情况，可以归纳如下：

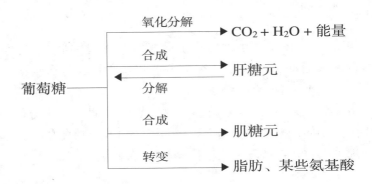

（二）脂类代谢

食物中的脂类物质主要是脂肪（甘油三酯），同时还有少量的磷脂（主要是卵磷脂和脑磷脂）和胆固醇。

食物中的脂肪在人和动物体内经过消化，以甘油和脂肪酸的形式被吸收以后，大部分再度合成为脂肪，随着血液运输到全身各组织器官中。在各组织器官中发生以下两种变化：

第一，在皮下结缔组织、腹腔大网膜和肠系膜等处储存起来，常以脂肪组织的形式存在。

第二，在肝脏和肌肉等处再度分解成为甘油和脂肪酸等，然后直接氧化分解，生成二氧化碳和水，释放出大量的能量；或者转变为糖元等。

脂肪在人和动物体内的变化情况，可以归纳如下：

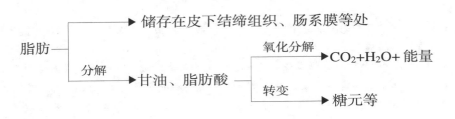

（三）蛋白质代谢

食物中的蛋白质，既有来自谷类、豆类等作物的植物性蛋白质，又有来自肉、蛋、奶的动物性蛋白质。蛋白质在人和动物的消化道内被分解成各种氨基酸。氨基酸被吸收以后，有以下4种变化：

第一，直接被用来合成各种组织蛋白质，例如红细胞中的血红蛋白，肌肉细胞中的肌球蛋白和肌动蛋白等。有些组织蛋白质的合成速度是非常快的，如人的肝脏蛋白质和血浆蛋白质，大约10天就更新一半。

第二，有些细胞除了能合成组织蛋白质以外，还能合成一些具有一定生理功能的特殊蛋白质。例如，肝细胞能够合成血浆蛋白中的纤维蛋白原和凝血酶原等；消化腺上皮细胞能够合成消化酶；某些内分泌细胞能够合成蛋白质类激素等。

第三，通过氨基转换作用，把氨基转移给其他化合物，可以形成新的氨基酸。

第四，通过脱氨基作用，氨基酸分解成为含氮部分（也就是氨基）和不含氮部分，其中氨基可以转变成为尿素而排出体外；不含氮部分可以氧化分解成二氧化碳和水，同时释放能量，也可以合成为糖类和脂肪。

氨基酸在体内的变化情况，可以归纳如下：

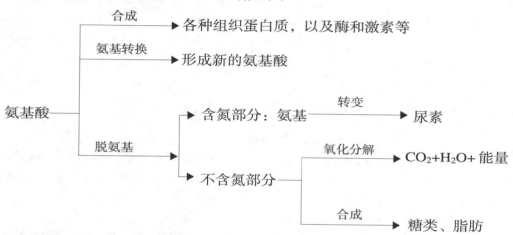

（四）三大营养物质代谢的关系

在同一细胞内，这3类物质的代谢是同时进行的。它们之间既相互联系，又相互制约，共同形成一个协调统一的过程。

糖类、脂类和蛋白质之间是可以转化的。例如，糖类可以转化成脂肪和某些氨基酸，脂肪可以转化成糖类，蛋白质可以转化成糖类和脂肪。但是，它们之间的转化是有条件的，例如，只有在糖类供应充足的情况下，糖类才有可能大量转化成脂肪。不仅如此，各种代谢物之间的转化程度也是有明显差异的，如糖类可以大量转化成脂肪，而脂肪却不能大量转化成糖类。

喜欢吃糖和淀粉类食物的人容易长胖，为什么？长胖后为什么不容易瘦下来？

糖类、脂类和蛋白质之间除了能相互转化外，还相互制约着。在正常情况下，人和动物体所需要的能量主要是由糖类氧化分解供给的，只有当糖类代谢发生障碍，引起供能不足时，才由脂肪和蛋白质氧化分解供给能量，保证机体的能量需要。当糖类和脂肪的摄入都不足时，体内蛋白质的分解就会增加。而当大量摄入糖类和脂肪时，体内蛋白质的分解就会减少。

由此可以看出，上述3种物质代谢之间既是相互联系的，又是相互制约的。在生物体内，物质代谢每时每刻都在进行着，它使细胞内的成分不断地更新。

三大营养物质代谢与健康

正常情况下，人的血糖含量是保持相对稳定，正常人维持在80~120毫克/100毫升范围内。图8-6是人体内血糖的来源和去路示意图。

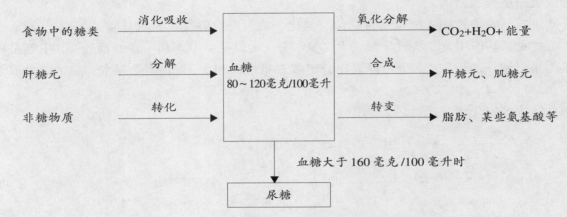

图8-6　人体内血糖的来源和去路示意图

当血糖浓度低于80~120毫克/100毫升时，人体就会有饥饿感，此时肝糖元分解为葡萄糖，使血糖浓度升高，恢复正常。当血糖浓度降低到50~60毫克/100毫升而得不到食物补充时，会出现头昏、心慌、出冷汗、面色苍白、四肢无力等低血糖早期症状。此时，若及时补充一些含糖多的食物或喝一杯糖水，可恢复正常。若得不到及时补充，会出现惊厥和昏迷。当血糖低至45毫克/100毫升时，脑细胞会因得不到足够的能量而发生功能性障碍。此时，须给病人静脉输入葡萄糖。

当血糖浓度高于160毫克/100毫升时，大量糖会随尿液排出。当人体内脂肪过多时，肝脏会把多余的脂肪合成脂蛋白，从肝脏运出去。人体肝脏功能不好，或磷脂的合成减少时，脂蛋白的合成受阻，脂肪不能顺利地从肝脏中运出来，因而造成脂肪在肝脏中堆积形成脂肪肝，继续发展会造成肝硬化。平时生活中，应注意营养平衡，以及休息和运动，多吃含卵磷脂的食物，可有效预防脂肪肝。

蛋白质对生物生命活动有重要作用，人每天应补充足够的优质蛋白质。每天食物应注意营养搭配。

人体健康与物质新陈代谢关系密切，我们要合理选择和搭配食物，养成良好的饮食习惯，满足人体对营养物质和能量的需要，才能维持人体健康，保证生物体各项生命活动的进行。

拓展练习

一、选择题

1. 在光合作用过程中，能正确反映能量流动途径的是（　　）。

　　A. 光能→ATP→葡萄糖　　　　　　　　　　B. 光能→叶绿素→葡萄糖

　　C. 光能→五碳化合物→葡萄糖　　　　　　　D. 光能→CO_2→葡萄糖

2. 呼吸作用的是实质是（　　）。

　　A. 分解有机物，贮藏能量　　　　　　　　　B. 合成有机物，贮藏能量

　　C. 分解有机物，释放能量　　　　　　　　　D. 合成有机物，释放能量

3. 水稻被水淹时进行无氧呼吸的产物是（　　）。

    A. 二氧化碳和乳酸   B. 酒精和二氧化碳

    C. 乳酸和酒精   D. 二氧化碳和水

二、简答题

1. 不吃早餐或早餐吃得不好的学生，往往在上午第二节课后，就出现头昏、心慌、四肢无力等现象。试说明出现这些现象的原因。

2. 你吃下的肉类蛋白质，通过什么途径转化成为你自身的蛋白质？

3. 人体在安静状态与剧烈运动时，肌细胞对葡萄糖的利用有何不同？

第三节　新陈代谢的概念和基本类型

新陈代谢是生物体最基本的特征，通过代谢使生物体不断进行自我更新。在此基础上，生物体才能进行生长、发育、运动、繁殖等生命活动，它是一切生命活动的基础。

一、新陈代谢的概念

新陈代谢，是生物体内全部有序的化学变化的总称。通过新陈代谢，生物体与外界环境之间进行物质和能量的交换，不断更新自己。它包括物质代谢和能量代谢两个方面。物质代谢是指生物体与外界环境之间物质的交换和生物体内物质的转变过程。能量代谢是指生物体与外界环境之间能量的交换和生物体内能量的转变过程。

在新陈代谢过程中，既有同化作用，又有异化作用。同化作用（又叫合成代谢）是指生物体把从外界环境中获取的营养物质转变成自身的组成物质，并且储存能量的变化过程，如植物的光合作用。异化作用（又叫分解代谢）是指生物体能够把自身的一部分组成物质加以分解，释放出其中的能量，并且把分解的终产物排出体外的变化过程，如细胞的呼吸作用。

新陈代谢中的同化作用、异化作用、物质代谢和能量代谢之间的关系，可以用下面的图表来概括：

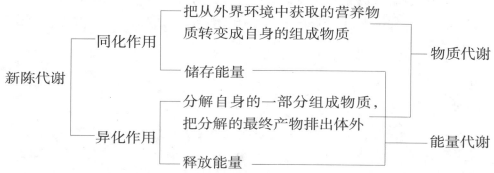

新陈代谢是一切生物体所共有的基本特征，是生物生命活动的基础。但是，不同的生命形式与环境之间物质和能量的交换方式有着各自的特点。使每一个生物体的每一个细胞都能源源不断地得到营养物质，并将细胞代谢废物排到环境中。其中奥妙在哪呢？

在长期自然选择过程中，生物形成了各种复杂的结构系统，使生物的新陈代谢得以顺利进行。如绿色植物通过根从土壤环境中吸收水分和矿质元素，通过遍及全身的导管将水分和矿物质运输到全身各个细胞。再如高等动物通过消化系统将大分子有机物分解成小分子、可通过细胞膜的营养物质（如葡萄糖、氨基酸等），并通过呼吸系统获得大气中的氧气。氧气和营养成分进入循环系统，被运输到细胞生存的内环境，高等动物的每一个细胞是通过内环境间接地与外界环境发生物质交换的。

二、新陈代谢的基本类型

我们知道，玉米能利用光能将无机物二氧化碳（CO_2）与水合成有机物葡萄糖，并储存能量，以维持自身生命活动的进行，因此我们可以说玉米可以自己养活自己。人只能依靠摄取外界环境中现成的有机物来维持自身的生命活动。人们根据生物体在同化作用过程中能不能利用无机物制造有机物，将新陈代谢分为"自养型"和"异养型"，同时又根据生物体在异化作用过程中对氧的需求情况，将新陈代谢分为"需氧型"和"厌氧型"两种。

（一）同化作用的两种类型

1. 自养型　在同化作用的过程中，能够把从外界环境中摄取的无机物转变成自身的组成物质，并且储存能量，这样的新陈代谢类型属于自养型。例如，绿色植物，硝化细菌（见图8-7）。

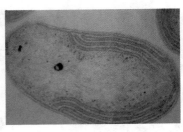

图8-7　硝化细菌（透射电子显微照片）

自养型生物在同化作用过程中，能够以光能或周围环境中无机物氧化所释放的能量作为能源，以环境中的二氧化碳为碳的来源，来合成自身的组成物质，并且储存能量。

2. 异养型　在同化作用过程中，不能将外界环境中的无机物转化为有机物，只能利用外界环境中现成的有机物养活自己，这样的新陈代谢类型，属于异养型。例如，人和动物、营腐生或寄生生活的真菌，以及大多数种类的细菌。

异养型生物在同化作用的过程中，以环境中现成的有机物作为能量和碳的来源，将这些有机物转变为自身组成物质，并且贮存能量。

（二）异化作用的两种类型

1. 需氧型(有氧呼吸型)　必须不断地从外界环境中摄取氧来分解体内的有机物，释放能量以维持自身各项生命活动的进行，如绝大多数的动物和植物。

2. 厌氧型(无氧呼吸型)　在无氧条件下，才能将体内的有机物氧化，从中获得能量以维持自身各项生命活动的进行，如乳酸菌和寄生在动物体内的寄生虫。

须说明的是，对于某些生物来说，需氧型和厌氧型的划分并不是绝对的。例如，酵母菌在缺氧的条件下进行无氧呼吸，将葡萄糖分解成酒精和二氧化碳；在有氧的条件下进行有氧呼吸，将葡萄糖分解成二氧化碳和水。因此，在生产上利用酵母菌酿酒时，须采取排除氧的措施，而当需要酵母菌细胞大量繁殖时，又应当进行通气培养。

阅读材料

光合细菌

　　光合细菌是能进行光合作用的一类细菌。它是地球上最早出现的具有原始光能合成体系的原核生物。广泛分布于自然界的土壤、水田、沼泽、湖泊、江海等处，在不同的自然环境下，表现出不同的生理生化功能，如固氮、固碳、脱氮、硫化物氧化等。这使得光合细菌在自然界的碳、氮、硫循环中发挥着重要作用。光合细菌的光合作用与绿色植物光合作用机制有所不同。光合细菌的光合作用过程基本上是一种厌氧过程，不发生水的光解，也不释放分子氧。光合细菌由于其碳、氮代谢途径和光合作用机制的独特性而受到人们的关注。研究表明，光合细菌在农业、环保、医药等方面均有较高的应用价值。

拓展练习

一、选择题

1. 下列各项中，属于自养型的生物是（　　）。

　　A. 紫鸭跖草　　　　　　　B. 青霉　　　　　　C. 蝗虫　　　　　　D. 酵母菌

2. 自养生物与异养生物在同化作用方面的根本区别是（　　）。

　　A. 同化作用是否需要水

　　B. 同化作用是否需要光

　　C. 同化作用是否需要二氧化碳

　　D. 是否直接利用无机物制造有机物

3. 蓝藻、紫菜的同化作用类型依次是（　　）。

　　A. 异养、异养　　　　　　　　　　B. 自养、自养

　　C. 自养、异养　　　　　　　　　　D. 异养、自养

4. 处于青春期的少年（　　）。

　　A. 同化作用大于异化作用　　　　　B. 分解代谢大于合成代谢

　　C. 物质代谢与能量代谢交替进行　　D. 只有合成代谢没有分解代谢

5. 水稻的新陈代谢类型是（　　）。

　　A. 自养—需氧型　　　　　　　　　B. 自养—厌氧型

　　C. 异养—需氧型　　　　　　　　　D. 异养—厌氧型

6. 下列新陈代谢类型为异养—厌氧型的生物是（　　）。

　　A. 蛔虫、草履虫　　　　　　　　　B. 水仙、水稻

　　C. 酵母菌、乳酸菌　　　　　　　　D. 人、狗

二、简答题

1. 你能说出下面所列出的生物的新陈代谢类型吗？为什么？

绿色植物、人、灵芝、乳酸菌、酵母菌、蘑菇。

2. 有人说"在生物的生活过程中，总是同化作用大于异化作用"，这种说法对吗？为什么？

3. 近年来，控制体重和科学减肥已成为人们的热门话题。现代医学研究表明，肥胖会增加糖尿病、心脏病、脑溢血等疾病的发病率。

（1）从新陈代谢的角度看，身体长胖的原因是 _____。

（2）在减肥及预防肥胖的方法中，正确的是

_____。

（3）体育锻炼中，消耗的能量主要来自 _____。

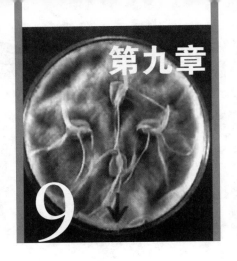

第九章

9

生物的应激性

应激性，是生物体对外界刺激发生的反应，它是生物体共有的基本特征之一。例如，植物的根向地生长，而茎则背地生长，这是植物对重力发生的反应；昆虫中的蝶类在白天活动，蛾类在夜晚活动，这是昆虫对日光所发生的反应。应激性帮助生物趋向有利刺激，避开有害刺激。正由于生物具有应激性，所以能够适应周围的生活环境。

第一节　植物的运动

向日葵幼嫩的花盘为什么会跟着太阳转？室内栽培的植物幼苗为什么会朝着光源的方向生长？通过以下的学习，我们将会得到答案。

一、向性运动

观察思考

观察图9-1，想一想植物为什么会向光源方向生长？

向性运动，是指植物器官对环境因素的单方向刺激所做的定向运动。根据刺激因素的不同可将其分为向光性、向重性、向触性、向化性和向水性等。凡运动朝向刺激来源的为正向性，离开刺激来源的为负向性。所有向性运动都是生长运动，都是由于生长器官不均等生长所引起的。因此，当器官停止生长或者除去生长部位时，向性运动随即消失。

（一）向光性

植物生长器官受单方向光照射而引起生长弯曲的现象，称为向光性。对高等植物而言，向光性主要指植物地上部分茎叶的正向光性，它使叶子尽量处于吸收光能的最适位置（见图9-1），有利于接受充足的阳光进行光合作用。

图9-1　植物的向光性生长

![阅读材料]

生长素的发现

　　植物为什么会表现出向光性运动呢？科学家们研究发现，这与植物体内一种特殊的化学物质——生长素的调节有关。1880年，达尔文在研究光照对金丝雀鹏草胚芽鞘生长的影响时，发现胚芽鞘在受到单侧光照射时，弯向光源生长；如果切去胚芽鞘的尖端，胚芽鞘就不生长，也不弯曲；如果将胚芽鞘的尖端用一个锡箔小帽罩起来，胚芽鞘则直立生长；如果单侧光只照射胚芽鞘的尖端，胚芽鞘仍然弯向光源生长（见图9-2）。根据上述事实，达尔文推想，胚芽鞘的尖端可能会产生某种物质，这种物质在单侧光的照射下，对胚芽鞘下面的部分会产生某种影响。

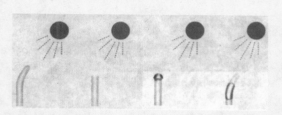

图9-2　达尔文向光性实验示意图

　　那么，胚芽鞘的尖端到底产生了什么物质呢？为解开此秘密，在达尔文之后，科学家们进行了一系列的探索研究。

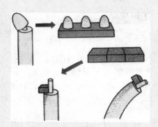

图9-3　温特实验示意图

　　1928年，荷兰科学家温特在实验中，把切下的胚芽鞘尖端放在琼脂块上，几小时后，移去胚芽鞘尖端，并将这块琼脂切成小块，放在切去尖端的胚芽鞘切面的一侧，结果发现这个胚芽鞘会向放琼脂的对侧弯曲生长（见图9-3）。

　　如果把没有接触过胚芽鞘尖端的琼脂小块，放在切去尖端的胚芽鞘切面的一侧，结果发现这个胚芽鞘既不生长，也不弯曲。由此说明，胚芽鞘的尖端确实产生了某种物质，这种物质从尖端转运到下部，并且能够促使胚芽鞘下面某些部分的生长。

　　1934年，荷兰科学家郭葛等人从一些植物中分离出了这种物质，经过鉴定，是吲哚乙酸。由于吲哚乙酸具有促进植物生长的功能，因此给它取名为"生长素"。之后，科学家们又陆续发现赤霉素、细胞分裂素等对植物生命活动的调节起重要作用的物质，像这样一些在植物体内合成，从产生部位运转到作用部分，并且对植物体的生命活动产生显著的调节作用的微量物质，统称为"植物激素"。

　　经过科学家们的深入研究发现，植物向光性产生的机理是由于生长素分布不均匀引起的，即在单侧光的作用下，背光侧的生长素浓度高于向光侧，使背光侧生长较快而导致茎叶向光弯曲。生长素对植物生长的作用，往往具有双重性。一般来说，低浓度的生长素可促进植物生长，而高浓度的生长素则抑制植物生长，甚至杀死植物。

（二）向重性

　　向重性是植物在重力影响下，保持一定方向生长的特性。

　　横放的根，由于向地一侧生长素浓度过高而抑制根的下侧生长，以致根向地弯曲，表现出正向重性。根中感受重力最敏感的部位是根冠，去除根冠，横放的根就失去向重性反应。

　　禾谷类作物的茎横放或植株倒伏时，下侧生长素较多，生长快，从而使茎向上弯曲，表现出负向重性（见图9-4）。这是一种非常有益的生物学特性，可以降低因倒伏而引起的减产。

　　根和茎横放时，都是下侧生长素较多，但为什么根表现出正向重性而茎表现出负向重性呢？这是因为根对生长素比茎敏感得多。根的正向重性有利于根向土壤中生长，以固定植株并摄取水分和矿物质；茎的负向重性则有利于叶片伸展，以获得充足的空气和阳光。

图9-4　小麦茎的负向重性

（三）向触性

向触性是指接触刺激所引起的植物的弯曲生长运动。许多攀缘植物，如豌豆、黄瓜、丝瓜、葡萄等，当它们的卷须末梢接触到粗糙物体时，由于其接触物体的一侧生长较慢，另一侧生长较快，使卷须发生弯曲而将物体缠绕起来。

此外，植物的向性运动还有向化性和向水性。向化性是指化学物质分布不均匀引起的生长反应，如根在土壤中总是朝着肥料多的地方生长。深层施肥的目的之一，就是为了使作物的根向土壤深层生长，以吸收更多的养料。向水性是指土壤中水分分布不均匀时，根总是趋向较湿的地方生长的特性。干旱土壤中根系能向深处伸展，其原因是土壤深处的含水量较表土高。

二、感性运动

感性运动是无一定方向的外界刺激均匀作用于植株或某些器官所引起的运动。感性运动由细胞内压力变化引起，其方向由植物的结构所决定。常见的感性运动有感夜性、感震性和感温性。

（一）感夜性

一些豆科植物，如大豆、花生、合欢等的小叶，白天叶片张开，夜间合拢或下垂，其原因是小叶叶柄基部的细胞发生周期性的膨压变化所致。白天叶柄基部上侧细胞吸水，膨压增大，小叶展开；而晚上，上侧细胞失水，膨压降低，小叶合拢。

此外，三叶草、酢浆草的花以及许多菊科植物的花序昼开夜闭，甘薯、烟草等花的昼闭夜开，也是由光引起的感夜性运动。

（二）感震性

轻轻触动含羞草的小叶，叶片便会合拢，叶柄下垂，而且可以依次传递到邻近的小叶，以至整株的小叶合拢、叶柄下垂，好像是"害羞"一样，故称为含羞草（见图9-5）。由于含羞草的这种运动是由震动引起的，所以叫感震性运动。

（a）没有受震动的植　　（b）受震动的植株

图9-5　含羞草的感震运动示意图

阅读材料

含羞草为什么"害羞"？

含羞草害羞的原因是什么呢？原来这种植物的复叶叶柄的基部生有叶枕，叶枕上部的细胞壁较厚而下部的较薄，下部组织的细胞间隙也比上部的大。当接受外界刺激的时候，叶枕下部细胞的原生质的透性很快增加，水分由液泡中透出，进入到细胞间隙，因此，下部组织细胞的膨压下降，组织变软，而上半部组织这时候仍保持紧张状态，复叶的叶柄就由叶枕处弯曲下来，从而叶柄下垂。小叶叶枕的上半部和下半部组织中细胞的结构正好相反，所以，当遇到刺激时，小叶会成对地合起来。含羞草是一种原产热带的植物，在那里，经常有暴雨，当雨点落在它的叶片上时，它整个植株的叶柄便下垂、小叶合拢。这样，虽然暴雨如注，却对它毫无损伤。它的"害羞"姿态是在长期进化过程中形成的一种适应性。

（三）感温性

郁金香的花通常在温度升高时开放，温度降低时闭合，这种由温度变化引起的运动称为感温性运动。

植物的向性运动和感性运动都是植物对外界环境的适应性，可有利于植物的生存。

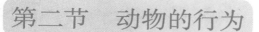

第二节　动物的行为

　　蝴蝶飞舞，蜜蜂采蜜，虫鸣鸟唱，大雁南飞，雄鹰捕兔，羚羊争斗，亲鸟育雏，等等，这些都是动物行为的表现。动物通过运动对环境发生适应性的反应，称为动物的行为。无论哪一种动物行为，都是一个运动、变化的动态过程，并且包括动物身体内部的生理活动变化。动物的行为同生活环境有密切关系，对于个体的生存和种族的延续有重要作用，没有行为就没有动物的生存，没有行为就没有动物的进化。

一、有趣的动物行为

　　动物在其生活中，表现出各种各样的行为。动物行为方式的多样性，是长期适应环境的结果。

（一）攻击行为

　　在日常生活中，我们常可以看到两只狗为争夺食物在打架，两只公鸡为争夺一只母鸡在争斗。同样，在野生动物中，同种动物之间也常发生攻击和战斗。在北极的海滩上，常常是一只雄海象占据一片海滩，这是它的"领域"。不允许其他雄海象侵入这片海滩，但允许雌海象进入这个领域，从而组成一雄多雌的群体。由于雄海象占领的这个领域并没有明显的标志和界限，在开始阶段总有别的雄海象入侵，于是雄海象之间就会发生冲突（见图9-6）。同种动物个体之间由于争夺食物、配偶、领域或巢区而相互攻击或战斗，这种行为叫做攻击行为。

图9-6　两只雄海象在战斗

（二）捕食行为

　　捕食行为，是动物维持生存所必须具备的最基本行为。草履虫依靠纤毛的摆动造成漩涡，将浮游动物集中并送入口沟；水螅会伸长触手，去捕食猎物；蜘蛛的捕食行为比较复杂，它会编制很精致的网，等待猎物自投罗网。

　　脊椎动物捕食猎物的行为就更为复杂，它们有完善的感觉器官在捕食中发挥作用。猫依靠嗅觉寻找鼠窝，依靠视觉和强健的指爪捕捉猎物；蝙蝠、海豚则具有回声定位的本领，它们能发出超声波来探查猎物。

　　还有些动物具有集体打猎的行为。当一只蚂蚁发现一只大的死昆虫，它难以独自拖回，会回巢搬兵，沿途释放外激素，形成一条道路，其他蚂蚁沿这条道路赶来，集体将动物搬回巢穴。狼、猎狗等都有集体打猎的习性。

（三）防御行为

　　在动物的生存环境中，充满了危险，随时有被攻击和捕食的可能。动物在生存斗争中发展形成了多种多样的保护自己的行为。

　　逃避，是最好的防御行为，对于昆虫来说跳跃和飞行是最有效的逃避行为；而羚羊、梅花鹿依靠灵敏的感觉和快速奔跑的能力，逃避大型食肉动物掠食。

　　隐蔽，也是动物逃避敌害的常用方式，许多动物具有与栖息环境相似的体色（保护色）和体态（拟态），具有保护色和拟态的动物不容易被掠食者发现，因而躲避了敌害生存下来。

　　防御性结构也是许多动物的保护措施。刺猬身上长满了刺，危险时卷曲成刺球，使敌害无法下口。舞毒蛾幼虫身体长满毛和刺，刺入侵犯者皮肤使其难受无比，再也不敢靠近。

图9-7　乌贼释放墨汁

　　化学御敌也是许多动物采用的保护方式。蜂、蝎都有毒腺蜇针，是对敌的武器。黄鼬在危急时会释放出难嗅的臭气，使天敌放弃捕食；乌贼遇到鲨鱼等凶猛动物的威胁的时候，就会将身体内墨囊中的墨汁释放出来，墨汁能将乌贼周围的海水染黑，而使敌害看不清乌贼，它就可以乘机逃走（见图9-7）。

（四）领地行为

很多动物常占领一块土地、一棵树木或一块空间，作为个体或集体生活及繁殖的场所。它们占领的土地或空间，称为"领地"。领地主人用鸣声、气味划定领地范围，保护领地。例如，蟋蟀用鸣声和撕咬对待进入领地的同类雄虫；苍鹰、猕猴则占据一片山林作为家园并驱逐入侵者。领地一般是由雄性动物建立的，领地不但为它提供了捕食的空间和充足的食物，而且是求偶的资本，因为交配、产仔、育幼都在领地内进行。

（五）集群行为

许多动物有群居生活的习性，如蜂、蚂蚁等昆虫，以及多数的鸟类和兽类。因为群居生活对动物有利，可以有效地猎食，也可以有效地防御捕食者的攻击。例如，一只鸟很容易被苍鹰捕食，但一群鸟的狂飞骚乱、高声鸣叫，会使苍鹰顾此失彼不能得手；集群进食的鹿群，总是强者在外围，担当"警卫"，遇到敌害时立即发出警报，通知同伴逃离；蜜蜂群体中有明确的分工，有专门负责警卫的工蜂，警惕地守护着蜂巢，一旦有敌害出现，它们立即冲上去螫刺敌人，同时放出报警的外激素。

集群行为还使动物有更多的交配、生殖机会，为后代提供了更好的保护，并且在长期的接触中互相学习获得经验，因此群居性的社会动物的进化发展较快。

（六）互助利他行为

在动物集群中，特别是鸟、兽等集群中，友好互助的行为很多。例如，猕猴互相照顾梳理毛发，捕捉身上的寄生虫。遇到敌害时，雄性个体联合起来保护雌猴和幼猴逃离。当群居动物遇到敌害时，一些守卫者发出警报，使集群的其他个体做好防御准备，但守卫者本身却暴露了目标，容易被掠食者捕获，这种少数个体付出的代价却使群体得到安全。

（七）等级优势行为

在动物集群中常常存在复杂的等级差别。例如，猕猴群体中，总有一个身躯庞大、力大凶猛的雄性个体位于优势等级，地位最高，具有统领群集体的作用，它一切优先，优先择食，优先交配；而位于第二等级的猴仅次于它；下面还分为三、四等级。等级是通过多次的搏斗厮杀与较量产生的，优势等级一经确定，就不再战斗，地位低的还努力靠近等级高的，从而得到保护。这种等级行为，不但能保证集群的稳定和集群的安全，而且还保证了优势遗传基因的传递。

（八）通讯行为

不论独居或群居，动物个体彼此之间都能够通过信号来传达信息，互相联系，具有通讯的本领和行为。例如，雄性萤火虫利用尾部发出的光信号，招引雌性萤火虫与之交尾，这是动物的视觉通讯；多数昆虫、鸟类、兽类能利用鸣声、吼声，发出炫耀、求爱或报警的信息，这是听觉通讯；还有一些动物运用化学物质传递信息，如雌蛾释放的性引诱素借风传播，能够引诱雄蛾与之交配。蚂蚁外出时释放外激素作为路途的标记，返回时不会迷路；一些兽类如狼、犬等排除的尿液带有特殊气味，可警告其他动物不要进入它的领地；还有些动物会同时发出多种信息，如鸟、兽求偶时会发出声音或气味并伴有动作，用来达到交配的目的。

（九）节律行为

每日有昼夜之分，每年有四季之分，海洋有涨潮退潮的变化。动物生活在这样的自然环境中，随着地球、日、月的周期性变化，逐渐形成了许多周期性的、有节律的行为，这种行为叫做"节律行为"。

各种动物在一天中的活动是有节律的，在夜间活动的，属于夜行性动物，如大部分两栖动物和爬行动物、一部分哺乳动物、昆虫和少数鸟类。在白天活动的，属于昼行性动物，如大多数鸟类、一部分哺乳动物、昆虫以及少数两栖动物和爬行动物。

某些动物的活动，随季节的改变而发生周期性的变化，如鸟类随季节不同而迁徙的习性最为典型。除鸟类以外，其他许多动物也有"季节节律行为"。例如，温带和寒带地区的蛙、蛇、蝙蝠、刺猬和土拨鼠等，每年冬季要进行冬眠。

很多海洋动物的活动与潮水的涨退的变化相适应，这种节律行为叫做"潮汐节律行为"。例如，生活在海滩上的一种小蟹，落潮时它在海滩上寻找食物，而在海水再次涌来还差10分钟时，它就准时地藏进了洞穴。因为潮汐现象有个规律，每天总要比前一天晚来50分钟，而小蟹钻出洞穴觅食和躲进洞穴栖息的时间，每天也恰好向后推迟50分钟。以年为周期的生物节律，十分普遍，如植物的开花结实，动物的繁殖、换毛、换羽等。

为什么动物的许多活动和生理变化，在时间上与自然环境中的昼夜交替、四季变更、潮汐涨落是相呼应的？这是因为动物体内存在着类似时钟的节律性，动物通过它能感受外界环境的周期性变化，并且调节本身生理活动的节律。生物生命活动的内在节律性，就叫做"生物钟"。前面所讲的昼夜节律、季节节律和潮汐节律等行为，都是生物钟在起着调节作用，这是动物长期对自然环境适应的结果。

（十）洄游和迁徙

很多动物有长距离迁徙和洄游的习性。例如，鲑鱼在淡水河床上产卵，幼鱼在淡水中生活，稍长大后就顺江迁入海洋。成熟后它们又长途洄游回到海岸，寻找"故乡"的河口，然后逆流而上，长途跋涉一直游到它们出生的小支流中产卵，随后死去。通过艰难的洄游，它们为卵的孵化和幼鱼的发育找到了最适宜的环境，保证了种群的兴旺。

大雁、天鹅在每年的冬季来临时，从遥远的北方飞到江南越冬，因为北方冰雪覆盖、食物缺乏难以生存，而江南有丰盛的鱼、虾、贝类，为它们提供了充足的食物来源，长途的迁徙换来了优越的生存条件。第二年初春，北方还是天寒地冻的时节，大雁就早早地返回北方的故乡，忙于筑巢、产卵和孵化，它们赶在春暖花开、食物丰盛的季节哺育雏鸟，使雏鸟迅速生长，等到秋冬降临再一次迁徙时，雏鸟已长大不至于掉队。

不论是鸟的迁徙还是鱼的洄游，它们都有定向的能力，能利用太阳的位置来确定飞行方向，并有随时间的推移而调整方向的能力。

（十一）繁殖行为

性选择，是自然选择的一个类型，在生物进化中具有重要的意义。性选择一方面表现在雄性个体为争夺异性的竞争，另一方面也表现在雌性对雄性的选择。两种作用的结果，使雄性受到雌性喜爱的性状和行为，如鲜艳的羽毛、美丽的装饰，以及虫鸣、鸟啼、虎啸、狮吼等，得到选择而保留下来。

争夺异性是多数雄性动物的行为，身体强壮者总是优先与雌性交配，而弱小者则往往失去机会。自然选择使健壮者的基因得到了更多的遗传机会。

抚育幼崽是多数高等动物都具有的行为，如雌性帝企鹅在冰上产卵后，雄企鹅立即将卵用足托起，并用腹部羽毛盖住保温，就这样不吃不动几十天，用体温使卵孵化。大部分鸟类有筑巢、孵卵、育雏的习性和行为。哺乳动物中多数由雌兽承担哺育的任务，雄兽则承担捕获猎物为雌兽和幼仔提供食物的工作。

（十二）反常行为

在动物身上，有时会突然出现一些反常行为。每当动物出现反常现象，往往预示着一种灾难的发生，如地震前，会出现鸡犬不宁、猫儿离家、牛羊乱窜、蛇蛙等冬眠动物数九寒天爬出洞外、鱼儿漂浮、鸟类惊飞群迁等等现象。

1902年2月，加勒比海附近的马提尼克岛上，人们发现一种奇怪的自然现象，家里的银质器皿，表面全变黑了。到了4月，人们发现动植物也出现了反常现象：牧草突然枯死，牲畜显得焦躁不安，牛在夜里嚎叫、野兽从山上迁走、蛇弃洞而跑、鸟儿飞离森林，甚至还有马儿倒地而死。这些先兆给人们带来了惊愕，却没有引起人们的重视。5月8日，火山突然爆发，人们措手不及，遭到了巨大的损失。灾难过后，人们从废墟焦土中发现了上万人的尸体，而死去的动物仅有一只猫。

2004年12月26日的印度洋大海啸，以地动山摇之势，瞬间夺去近20万人的生命。可是一个难以置信的事实是——这场突如其来的灾难，却"仁慈"地饶过了绝大多数野生动物的性命。

动物的反常行为是在长期的进化过程中，获得了某些比人类还要灵敏的且奇异的感觉本领，使得它们能够从自己特定的生活环境中，获得必需的生活信息。例如，有的鱼类不仅有灵敏的听觉和嗅觉，还有特殊的电感受器，不仅能觉察到外围电场的微小变化，同时还能觉察到地磁场的变化；有些动物的听觉本领优胜于人耳，能很好地听到人耳听不到的超声和次声；有些动物的嗅觉远比人的鼻子灵，为超微量化学分析仪所不及；有些动物的光感受器能很好地看到人眼所看不到的红外光和紫外光；有不少的动物对气象的变化极为敏感，是很好的气象"预报员"……总之，这些动物也许正是凭借着自己的这些"奇异的本领"，觉察到了人所觉察不出来的大的灾害来临前的某些地球物理、地球化学因素的异常变化，并作出相应的行为反应，提前逃离灾难将要造成的险境。

二、动物的行为方式

如果你养过小狗，一定有这样的体会：它们不用你教，就会吃东西、睡觉，但你要想让它们学会到规定的地方去大小便，那可要经过一段时间的训练。你知道这是为什么吗？

动物的行为形形色色，有捕食行为、防御行为等，但总的来说从行为获得的途径来看，大致可分为两类：先天性行为和后天性行为。

（一）先天性行为

先天性行为，是动物生来就有的、由遗传物质所决定的行为，如动物的本能属先天性行为。动物的本能，是在进化过程中形成而由遗传固定下来的、对个体和种族生存有重要意义的行为。复杂的本能是一系列非条件反射按一定顺序连锁发生构成的，大多数本能行为比非条件反射要复杂得多。本能的特点是外部刺激是行为的起因，但本能的产生不完全取决于外界的刺激，同时还与动物体内的生理状况有密切关系。例如，高等动物的交配行为，一方面外界要有配偶存在；另一方面动物体内必须有性激素，动物的交配行为与其体内性激素的水平有重要关系。此外，如蜜蜂酿蜜，蚂蚁做窝，蜘蛛结网，鸟类筑巢、孵卵、育雏及迁徙，哺乳动物哺育后代等都是动物的本能。

（二）后天性行为

后天性行为，是动物在成长的过程中，在遗传因素基础上，通过与环境的作用，由生活体验和学习逐渐建立起来的新的行为活动。这种行为与遗传无关，因此，同种个体之间的表现往往是不同的。动物通过多种方式建立后天性行为。

1. 模仿　模仿，是动物在幼年时期建立后天性行为的一种主要方式。例如，小鸡模仿母鸡用爪扒土索食；年幼的黑猩猩模仿成年的黑猩猩用沾过水的小树枝从洞穴中取出白蚁作为食物。人类的幼儿期，也是通过模仿来学习走路和说话的。

2. 条件反射　动物出生后在生活中逐渐形成的后天性反射，叫做"条件反射"，是建立后天性行为的主要方式。

条件反射是在非条件反射的基础上，借助于一定的条件（自然的或人为的），经过一定的过程形成的。条件反射需长时间强化和训练，其大大地提高了动物适应复杂环境变化的能力。

在日常生活中，我们可看到牛、马在饲养员调教下，能耕田、拉车；马戏团的动物通过训练可学会表演节目等，都是动物通过条件反射的方式而形成的后天性行为。

从以上学习，我们可以看出，无论是先天性的本能行为，还是后天性的模仿和条件反射，实质上都是以反射活动作为基础，同时受到神经系统和激素的调控。

？观察思考

利用条件反射原理，如何训练你所饲养的宠物小狗在指定的地方进食和大小便？

三、研究动物行为的意义

研究动物行为的目的，是为了更好地保护、利用和控制动物。早在原始社会，人类已经在生存斗争中观察到各种动物的生活习性、繁殖规律和行为，并将其应用于野生动物的驯化、饲养及防治有害动物等方面。随着现代科学技术的发展，对动物行为的研究更加深入，并在人们生活的各个方面得到广泛运用。例如，模拟天敌的通讯方式，驱赶机场鸟群，预防"鸟撞"事件发生；模拟生物传感系统制作机器人；雷达、电子扫描、红外线定位系统等都是在对动物的迁徙、定位等行为进行深入研究的基础上发明和改进的。

1. 向日葵茎秆顶端随太阳转动，故名向日葵。这是一种什么形式的运动？你能说明其中的原因吗？

2. 一朵盛开的睡莲花，随着太阳落下，花朵会逐渐闭合，仿佛晚上也要睡觉，睡莲也因此而得名。这是一种什么形式的运动？

3. 刚出生的婴儿会吃奶，并会抓握物体。这属于那种行为？对他的生存有什么意义？

4. 同样是肉食动物，虎是单独生活的，狼却往往集结成群捕食猎物。这两种方式各有什么优势和不足？

5. 你听说过"狼孩"吗？若不知道，请查阅收集相关资料。从"狼孩"的故事中，你对人类的学习行为有什么新的认识？这对你树立良好的学习态度有什么启示？

探索实践

将一个马铃薯下端朝下（与植株连接的一端，芽眼多的一端为上端）放入大小适宜的茶杯中，注入水，使马铃薯的下端1/3浸泡在水中，然后放到向阳处，并注意经常向茶杯中加水。不久，就会发出许多芽来。注意观察生长的芽的朝向，并思考为什么。

第十章 10

生物的遗传和变异

人类早已认识到生物都具有遗传和变异的现象。那么遗传和变异究竟是怎样发生的？在生物体内什么物质对遗传和变异起决定作用？生物的遗传和变异有哪些共同的基本规律？近100多年来，科学家们对这些问题进行了深入的科学研究，并且不断获得突破性的进展。

第一节　遗传的物质基础

我们知道，生物体的性状之所以能够传给后代，是由于生物体内具有对遗传起决定作用的物质——遗传物质。究竟什么是遗传物质呢？遗传物质具有怎样的结构和功能特点呢？在生物的遗传过程中，遗传物质是怎样发挥作用的呢？下面，我们将对此作一一解答。

一、DNA是主要的遗传物质

20世纪中叶，生物学家认识到染色体在生物的遗传中具有重要的作用，而染色体（见图10-1）主要是由蛋白质和DNA组成的。那么，在这两种物质中，究竟哪一种才是遗传物质呢？

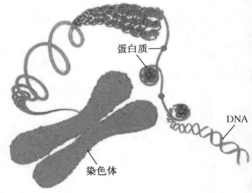

图10-1　染色体的组成模式图

你认为作为遗传物质应该具有怎样的特点？

肺炎双球菌的转化实验　1928年，英国科学家格里菲思用肺炎双球菌在小鼠身上进行转化实验。他分别用两种不同类型的肺炎双球菌：一种叫R型细菌，它的菌落粗糙，菌体无多糖类的荚膜，是无毒性菌；另一种叫S型细菌，它的菌落光滑，菌体有多糖类的荚膜，是有毒性菌，可以引起人患肺炎和使小鼠患败血症。肺炎双球菌转化实验的实验过程如图10-2所示。

格里菲思从第（4）组实验的小鼠尸体上分离出了有毒性的S型活细菌，这表明无毒性的R型活细菌在与被加热杀死的S型细菌混合后，转化为有毒性的S型活细菌。接着，格里菲思又发现，这些转化成的S型细菌的后代也是有毒性的S型细菌，可见这种转化是可以遗传的。

为什么无毒性的R型活细菌能够转化成有毒性的S型活细菌呢？格里菲思的结论是：在第（4）组

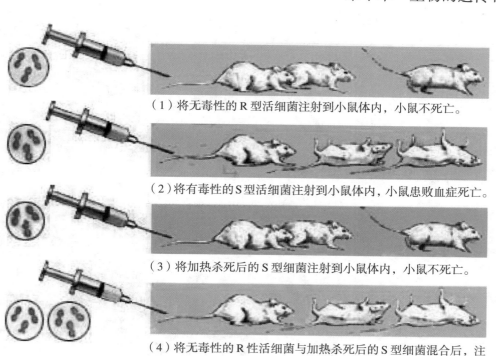

（1）将无毒性的 R 型活细菌注射到小鼠体内，小鼠不死亡。

（2）将有毒性的 S 型活细菌注射到小鼠体内，小鼠患败血症死亡。

（3）将加热杀死后的 S 型细菌注射到小鼠体内，小鼠不死亡。

（4）将无毒性的 R 性活细菌与加热杀死后的 S 型细菌混合后，注射到小鼠体内，小鼠患败血症死亡。

图 10-2　肺炎双球菌的转化实验

实验中，已经被加热杀死的 S 型有毒菌中，必然含有某种促成这一转化的活性物质——"转化因子"，但当时格里菲思并不知道转化因子是什么物质。后人经过大量实验证明，这种使 R 型细菌转化并产生稳定的遗传变化的物质是 DNA，终于弄清了 DNA 是遗传物质，现代科学研究发现，绝大多数生物的遗传物质是 DNA，但是有些病毒没有 DNA，其遗传物质是 RNA。

遗传物质 DNA 的发现与证实

1. 1944 年，美国科学家艾弗里和他的同事，在格里菲思实验的基础上，深入进行研究，从 S 型活细菌中提取出了 DNA、蛋白质和多糖等物质，然后将它们分别加入培养 R 型细菌的培养基中，结果发现只有加入 DNA，R 型细菌才能够转化为 S 型细菌，DNA 的纯度越高，转化就越有效。艾弗里还发现，如果用 DNA 酶处理 DNA，就会使 DNA 分解，S 型死细菌就不能使 R 型细菌发生转化。由此可见，转化因子就是 DNA。艾弗里等人的实验证实：DNA 是使 R 型细菌产生稳定遗传的物质，DNA 是遗传物质。

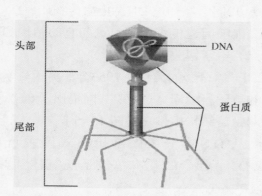

图 10-3　T₂ 噬菌体模式图

2. 噬菌体侵染细菌的实验　1952 年，赫尔希和蔡斯用大肠杆菌 T₂ 噬菌体作实验材料，更进一步证实了遗传的主要物质是 DNA。T₂ 噬菌体是一种专门寄生在细菌体内的病毒，T₂ 噬菌体侵染细菌后，就会在自身遗传物质的作用下，利用细菌体内的物质来合成自身的组成成分，从而进行大量增殖。如图 10-3 所示，噬菌体头部和尾部的外壳是由蛋白质构成的，在它的头部内含有一个 DNA 分子。那么，T₂ 噬菌体的遗传物质究竟是蛋白质还是 DNA 呢？

两位科学家用放射性同位素 ³⁵S 标记了一部分噬菌体的蛋白质，并用放射性同位素 ³²P 标记了另一部分噬菌体的DNA。然后，用被标记的T₂噬菌体分别去侵染细菌（见图10-4）。当噬菌体在细菌体内大量增殖时，生物学家们对被标记物质进行测试。测试的结果表明，噬菌体的蛋白质并没有进入细菌内部，而是留在细菌的外部，噬菌体的DNA却进入了细菌体内。可见，噬菌体在细菌内的增殖是在噬菌体DNA的作用下完成的。实验进一步证明，遗传的主要物质是DNA。

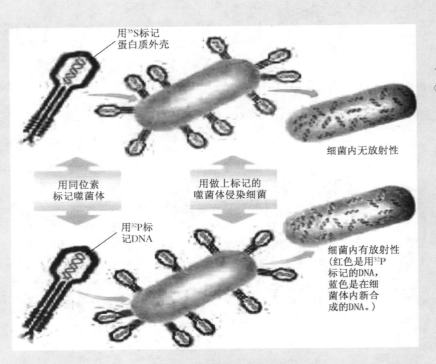

图10-4　T₂噬菌体侵染细菌的实验

观察思考

为什么选择 ^{35}S 和 ^{32}P 这两个元素分别对蛋白质和DNA作标记？用 ^{14}C 和 ^{18}O 等元素标记可行吗？你还知道哪些实验也运用了同位素标记的方法？

二、DNA分子的结构和复制

我们已经知道DNA是遗传物质，DNA为什么能够起遗传作用呢？这与它的结构和功能特点有着密切关系。

DNA分子的结构　1953年，美国科学家沃森和英国科学家克里克，共同提出了DNA分子的双螺旋结构模型（见图10-5）。

从DNA分子的结构模式图中可以看出，DNA分子的基本单位是脱氧核苷酸（见图10-6）。

由于组成脱氧核苷酸的碱基只有4种：腺嘌呤（A）、鸟嘌呤（G）、胞嘧啶（C）和胸腺嘧啶（T），因此，脱氧核苷酸也有4种，即腺嘌呤脱氧核苷酸、鸟嘌呤脱氧核苷酸、胞嘧啶脱氧核苷酸和胸腺嘧啶脱氧核苷酸。DNA分子就是由许多个脱氧核苷酸聚合而成的长链分子。

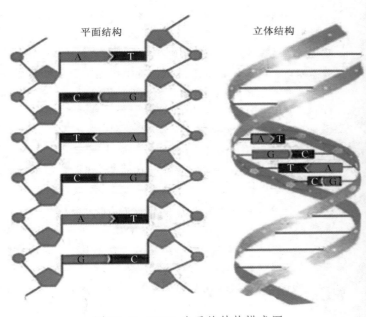

图10-5　DNA分子的结构模式图

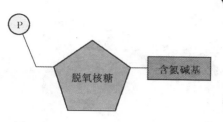

沃森和克里克认为，DNA分子的立体结构是规则的双螺旋结构。这种结构的主要特点是：

（1）DNA分子是由两条链组成的，这两条链按反向平行方式盘旋成双螺旋结构；（2）DNA分子中的脱氧核糖和磷酸交替连接，排列在外侧，构成基本骨架，碱基排列在内侧；（3）DNA分子两条链上的碱基通过氢键连接成碱基对，且碱基按碱基互补配对原则配对，即"A"（腺嘌呤）一定与"T"（胸腺嘧啶）"配对；"G"（鸟嘌呤）一定与"C"（胞嘧啶）配对。碱基之间这种一一对应关系，叫做"碱基互补配对原则"。

图10-6　DNA的基本单位——脱氧核苷酸

根据DNA分子的上述特点，沃森和克里克制做出了DNA分子的双螺旋结构模型。从制作的DNA双螺旋结构模型中可以看出，组成DNA分子的碱基虽然只有4种，但是，碱基对的排列顺序却是可以千变万化的。例如，在生物体内，一个最短的DNA分子也大约有4 000个碱基对，这些碱基对可能的排列方式就有$4^{4\,000}$种。碱基对的排列顺序就代表了遗传信息。由此可见，DNA分子能够储存大量的遗传信息。碱基对的排列顺序的千变万化，构成了DNA分子的多样性，而碱基对的特定排列顺序，又构成了每一个DNA分子的特异性，这就从分子水平上，说明了生物体具有多样性和特异性的原因。

DNA 分子的复制

DNA是遗传信息的载体，遗传信息的传递是通过DNA分子的复制来完成的。DNA分子的复制是指以亲代DNA分子为模板合成子代DNA的过程，是在细胞有丝分裂的间期和减数第一次分裂的间期，随着染色体的复制而完成的。DNA的复制实质上是遗传信息的复制。

利用细胞提供的ATP，在解旋酶的作用下，DNA分子两条脱氧核苷酸链配对的碱基从氢键处断裂，两条螺旋的双链解开，这个过程叫做"解旋"。复制开始时，DNA分子首先以解开的每一段母链为模板，以周围环境中游离的4种脱氧核苷酸为原料，按照碱基互补配对原则，在有关酶的作用下，各自合成与母链互补的一段子链，随着解旋过程的进行，新合成的子链不断延伸，同时每条子链与其对应的母链相互盘绕形成新的DNA分子，这样，一个DNA分子就形成了两个完全相同的DNA分子。由于在子代双链中，有一条（母链）是亲代原有的链，另一条（子链）则是新合成的，因而把DNA的复制称为半保留复制。DNA复制严格遵守碱基互补配对原则准确复制，从而保证了子代和亲代具有相同的遗传信息，新复制出的两个子代DNA分子，通过细胞分裂分配到子细胞中去，使遗传信息从亲代传给了子代，从而保持了遗传信息的连续性。图10-7为DNA分子的复制图解。

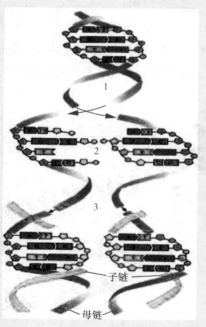

1.解旋　2.以母链为模板进行碱基配对
3.形成两个新的 DNA 分子
图10-7　DNA 分子的复制图解

DNA 分子复制的必需条件是什么？

三、基因的表达

我们已经知道，子代与亲代在性状上相似，是由于子代获得了亲代复制的一份DNA的缘故。那么，DNA分子是怎样控制遗传性状的？现代遗传学的研究认为，每个DNA分子上有很多基因，这些基因分别控制着不同的性状，也就是说，基因是决定生物性状的基本单位。

基因——有遗传效应的 DNA 片段　人们对基因的认识是不断发展的。19世纪60年代，遗传学家们就提出了生物的性状是由遗传因子控制的观点。20世纪初期，遗传学家们通过果蝇的遗传实验，认识到基因存在于染色体上，并且在染色体上呈直线排列，从而得出了染色体是基因载体的结论，但是，对于基因的化学组成，当时并不清楚。

20世纪50年代以后，随着分子遗传学的发展，尤其是在沃森和克里克提出DNA双螺旋结构模型以后，人们才真正认识了基因的本质，即基因是具有遗传效应的 DNA 片段。研究结果还表明，每一条染色体只含有一个DNA分子，每个DNA分子上有很多个基因，每个基因中又可以含有成百上千个脱氧核苷酸。由于不同基因的脱氧核苷酸的排列顺序（碱基顺序）不同，因此，不同的基因就含有不同的遗传信息。

基因的复制是通过DNA分子的复制来完成的。基因不仅可以通过复制把遗传信息传递给下一代，还可以通过控制蛋白质的合成，使后代表现出与亲代相似的性状，遗传学上把这一过程叫做"基因表达"，基因表达包括"转录"和"翻译"两个过程。

（一）基因控制蛋白质的合成

基因表达是通过 DNA 控制蛋白质的合成来实现的。但是 DNA 不能直接控制蛋白质的合成，因为 DNA 主要存在于细胞核中，而蛋白质的合成是在细胞质里进行的。那么，DNA 所携带的遗传信息是怎样传递到细胞质中去的呢？这就要通过另一种物质——RNA 作为媒介。在细胞核中先把DNA的遗传信息传递给RNA，然后，RNA进入细胞质，并在蛋白质合成中起模板作用控制蛋白质合成。基因控制蛋白质合成的过程包括两个阶段——"转录"和"翻译"。

转录　转录是在细胞核内进行的。它是指以 DNA 的一条链为模板，按照碱基互补配对原则，合成 RNA 的过程（见图10-8）。

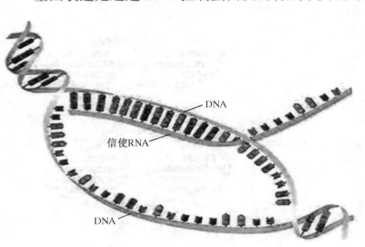

图 10-8　DNA 转录 RNA 的图解

RNA 分子结构与 DNA 相似，也有不同：RNA 为单链，RNA 的五碳糖为核糖，它的碱基组成与DNA不同。RNA 中没有碱基 T（胸腺嘧啶），而有碱基 U（尿嘧啶）。因此，在以 DNA 为模板合成 RNA 时，需要以 U 代替 T 与 A 配对。这样，通过转录，DNA 分子就把遗传信息传递到 RNA 上，这种 RNA 叫"信使 RNA"（mRNA）。信使 RNA 形成后，从细胞核进入细胞质中。

翻译　翻译是在细胞质中进行的。它是指以"信使 RNA"为模板，以"转运 RNA"为运载工具，合成具有一定氨基酸顺序的蛋白质的过程。

我们已经知道蛋白质是由 20 种氨基酸组成的，而信使 RNA 上的碱基只有 4 种（A、G、C、U），那么，这4种碱基是怎样决定蛋白质上的20种氨基酸的呢？如果一个碱基决定一个氨基酸，那么，4种碱基只能决定4种氨基酸。如果两个碱基决定一个氨基酸，最多也只能决定16（$4^2=16$）种组合，仍不能满足20种氨基酸的需要。因此，科学家们推测，每3个碱基决定一个氨基酸，这样碱基的组合可以达到64（$4^3=64$）种，这对于决定20种氨基酸来说已经绰绰有余了。按照这种设想，科学家们在20世纪60年代初，开始了对遗传密码的研究工作，几年后，终于弄清了是哪3个碱基决定哪种氨基酸。例如，UUU决定苯丙氨酸，CGU可以决定精氨酸。遗传学上把信使RNA上决定一个氨基酸的3个相邻的碱基，叫做一个"密码子"。1967年科学家们破译了全部遗传密码子，并且编制出了密码子表（见表10-1）。

表10-1 20种氨基酸的密码子表

第一个字母	第 二 个 字 母				第三个字母
	U	C	A	G	
U	苯丙氨酸 苯丙氨酸 亮氨酸 亮氨酸	丝氨酸 丝氨酸 丝氨酸 丝氨酸	酪氨酸 酪氨酸 终止 终止	半胱氨酸 半胱氨酸 终止 色氨酸	U C A G
C	亮氨酸 亮氨酸 亮氨酸 亮氨酸	脯氨酸 脯氨酸 脯氨酸 脯氨酸	组氨酸 组氨酸 谷氨酰胺 谷氨酰胺	精氨酸 精氨酸 精氨酸 精氨酸	U C A G
A	异亮氨酸 异亮氨酸 异亮氨酸 甲硫氨酸 （起始）	苏氨酸 苏氨酸 苏氨酸 苏氨酸	天门冬酰胺 天门冬酰胺 赖氨酸 赖氨酸	丝氨酸 丝氨酸 精氨酸 精氨酸	U C A G
G	缬氨酸 缬氨酸 缬氨酸 缬氨酸 （起始）	丙氨酸 丙氨酸 丙氨酸 丙氨酸	天门冬氨酸 天门冬氨酸 谷氨酸 谷氨酸	甘氨酸 甘氨酸 甘氨酸 甘氨酸	U C A G

　　信使RNA在细胞核中合成以后，从核孔进入到细胞质中，与核糖体结合起来。核糖体是细胞内利用氨基酸合成蛋白质的场所。那么，氨基酸是怎样被运送到核糖体中的信使RNA上去的呢？这需要有运载工具，这种工具也是一种RNA，叫做"转运RNA"。转运RNA的种类很多，但是，每一种转运RNA只能识别并转运一种氨基酸。在转运RNA的一端是携带氨基酸的部位，另一端有3个碱基，每一个转运RNA的这3个碱基，都只能专一地与信使RNA上的特定的3个碱基配对。当转运RNA运载着一个氨基酸进入到核糖体以后，就以信使RNA为模板，按照碱基互补配对原则，把转运来的氨基酸放在相应的位置上。转运完毕以后，转运RNA离开核糖体，又去转运下一个氨基酸（见图10-9）。

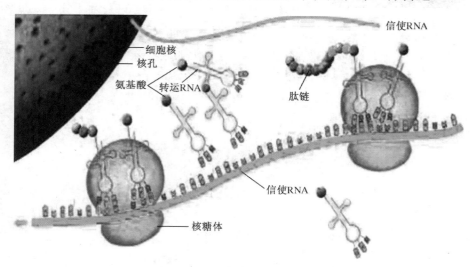

图10-9 蛋白质合成示意图

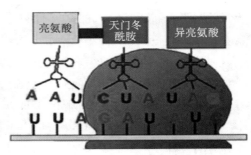

图 10-10 翻译图解

当核糖体接受了2个氨基酸以后，相邻的两个氨基酸就通过肽键连接起来，与此同时，核糖体在信使RNA上移动3个碱基的位置，为接受新运载来的氨基酸做好准备。上述过程如此往复地进行，肽链也就不断地延伸，直到信使RNA上出现终止密码子为止。肽链合成以后，从信使RNA上脱离，再经过一定的盘曲折叠，最终合成一个具有一定氨基酸顺序的、有一定功能的蛋白质分子。

由上述过程可以看出：DNA分子的脱氧核苷酸的排列顺序决定了信使RNA中核糖核苷酸的排列顺序，信使RNA中核糖核苷酸的排列顺序又决定了氨基酸的排列顺序，氨基酸的排列顺序最终决定了蛋白质的结构和功能的特异性，从而使生物体表现出各种遗传性状。

（二）中心法则及其发展

遗传信息从DNA传递给RNA，再从RNA传递给蛋白质的转录和翻译过程，以及遗传信息从DNA传递给DNA的复制过程，叫做"中心法则"。后来的科学研究又发现，某些病毒的RNA也可以自我复制。在逆转录酶的作用下，有些病毒能以RNA为模板，逆转录成DNA。上述逆转录过程以及RNA自我复制过程的发现，补充和发展了中心法则，使之更加完整。因此，中心法则包括转录、翻译、DNA和RNA的复制及RNA的逆转录等。

图 10-11 中心法则

（三）基因对性状的控制

生物的一切遗传性状都是受基因控制的，但是基因对性状的控制往往要经过一系列的代谢过程，而

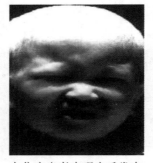

白化症患者表现出毛发白色，皮肤呈淡红色，畏光等症状。

图10-12 白化症患者照片

代谢过程中的每一步化学反应都需要酶来催化，因此，一些基因就是通过控制酶的合成来控制代谢过程，从而控制生物性状的。例如，正常人的皮肤、毛发等处的细胞中有一种酶，叫做"酪氨酸酶"，它能够使酪氨酸转变为黑色素。如果一个人由于基因不正常而缺少酪氨酸酶，那么这个人就不能合成黑色素，而表现出白化症状（见图10-12）。

在生物体中，基因控制性状的另一种情况，是通过控制蛋白质分子的结构来直接影响性状。例如，人类的血红蛋白分子是由几百个氨基酸构成的，如果一个人的控制血红蛋白分子结构的基因不正常，那么这个人就会合成结构异常的血红蛋白而引起疾病。总而言之，生物的形态、结构和生理等方面的性状主要由蛋白质体现，蛋白质的合成又受基因控制，所以生物的性状是由基因控制的。

观察思考

科学家能够使已经灭绝的动物复活吗？

人类基因组计划

　　"人类基因组计划"是由美国科学家在1985年首先提出的，于1990年10月1日正式启动第一个五年计划，整个规划计划历时15年，耗资30亿美元。起初的目标是要完成人体23对染色体中全部碱基对的测序任务，后来增加了人类基因的鉴定和分离的内容。

　　"人类基因组计划"与"曼哈顿"原子弹计划、"阿波罗"登月计划，并称为自然科学史上的"三大计划"。值得中国人骄傲的是，1999年9月，中国积极加入人类基因组研究计划，成为继美、英、日、德、法之后第6个国际人类基因组计划参与国，承担了其中1%的测序工作，负责测定人类3号染色体短臂3 000万个碱基对的测序工作，我国是参加这项研究计划的唯一发展中国家，2000年4月底，中国科学家出色地完成了任务。

　　2006年5月18日，英美科学家宣布完成了人类1号染色体的基因测序图，这表明人类最大和最后一个染色体的测序工作已经完成，历时16年的人类基因组计划终于画上了句号。

　　早在2000年，国际人类基因组计划的科学家就已经发布了人类基因组图谱及对它的初步分析结果，但当时完成的只是人类基因组的"工作框架图"，其中不可避免有一些错误信息，也有很多的"空白区域"须通过进一步研究来填充。2003年，国际人类基因组计划的科学家宣布绘制完成了更加精确的人类基因组序列图。但是，第二次发布的人类基因组图谱也并未全部完成，高有一部分DNA没有办法完成测序，不过这只占极少部分。2006年，科学家完成了对"生命之书"最后一章的解读，杀青之后的"生命之书"更为精确，覆盖了人类基因组的99.99%。

　　为什么1号染色体的测序工作如此艰难？因为1号染色体是人类最大的染色体，约占人类整个基因组的8%，比最短的21号染色体长6倍。再加上测序工作又猎晚，所以直到最后才得以结束。然而，1号染色体可能成为最有价值的染色体之一，内含多达3 141个基因，这些基因中存在的缺陷与350种疾病相关，其中包括癌症、帕金森氏症、早老性痴呆、孤独症等。这无疑将点燃科学家征服这些疾病的希望之光。

　　到目前为止，在人类基因组中约有一半基因的功能还不为科学家所知，只有了解了基因的功能，人类基因图谱才能成为民众的真正福音。2002年，美国、中国、加拿大、英国、日本和尼日利亚6国科学家共同参与国际人类基因组单体型图计划。该计划的目标是，画出人类基因"差异图"。人类基因组的差异图谱能帮助寻找不同人易于发生病变的基因，使得基因治疗方法更具针对性。比如，在糖尿病、早老性痴呆症、癌症等疾病的研究中，科学家可以利用这份"差异图"，将患者与健康人基因组进行比较，可更高效地寻找与疾病相关的基因变异。

　　人类基因组是生物进化的最高级、最复杂的信息库。人类基因组计划的完成，将加速医学科学基础的研究和发展，使人类在疾病诊断、基因治疗、遗传保健、优生优育等方面建立全新的人类医学，人类的寿命也将得到大幅度延长。

探索实践

收集有关基因工程的资料，在班上举办一次基因工程成就和展望的展览。

拓展练习

一、选择题

1.下列细胞器中,除哪项外,其余都可作遗传物质的载体(　　)。

A. 叶绿体　　　　　　B. 线粒体　　　　　　C. 染色体　　　　　　D. 核糖体

2. 组成生物核酸的核苷酸共有多少种? （　　）种。

    A. 5　　　　　　　　　　B. 4　　　　　　　　　　C. 8　　　　　　　　　　D. 2

3. 生物体细胞内主要的遗传物质、遗传物质的主要载体、遗传物质的主要存在部位依次是（　　）。

    A. DNA、细胞核、细胞质　　　　　　　　　　B. 核酸、染色体、细胞核

    C. RNA、染色体、细胞质　　　　　　　　　　D. DNA、染色体、细胞核

4. 一个转运 RNA 的一端 3 个碱基是 CGA，此转运 RNA 运载的氨基酸是（　　）。

    A. 酪氨酸（UAC）　　　B. 谷氨酸（GAC）　　　C. 精氨酸（CGA）　　　D. 丙氨酸（GCU）

5. 在酶合成过程中，决定酶种类的是（　　）。

    A. 核苷酸　　　　　　　B. 核酸　　　　　　　　C. 核糖　　　　　　　　D. 转运 RNA

6. 一种动物体内的某种酶由 150 个氨基酸组成，在控制这个酶合成的基因中，核苷酸的最少个数是（　　）。

    A. 300 个　　　　　　　B. 450 个　　　　　　　C. 600 个　　　　　　　D. 900 个

7. 与构成蛋白质的 20 种氨基酸相对应的密码子有（　　）。

    A. 4 个　　　　　　　　B. 20 个　　　　　　　　C. 61 个　　　　　　　　D. 64 个

二、填空题

1. 下图是 DNA 分子结构模式图,请据图回答下列问题：

（1）组成 DNA 的基本单位是 ＿＿＿＿＿＿＿＿＿＿＿＿＿＿＿＿＿。

（2）若"3"为胞嘧啶,则"4"应是 ＿＿＿＿＿＿＿＿＿＿＿＿＿＿＿＿。

（3）图中"8"示意的是一条 ＿＿＿＿＿＿＿＿＿＿＿＿＿＿＿ 的片段。

（4）DNA 分子中，由于 ＿＿＿＿＿＿＿＿＿＿＿＿＿＿＿＿＿＿具有多种不同排列顺序,因而构成了 DNA 分子的多样性。

填充题 1 图

（5）DNA 分子复制时,由于解旋酶的作用使 ＿＿＿＿＿＿＿＿＿＿＿＿＿＿＿＿＿＿＿ 断裂，两条扭成螺旋的双链解开。

2. 证明 DNA 是遗传物质的著名的实验是：＿＿＿＿＿＿＿＿＿＿ 实验和 ＿＿＿＿＿＿＿＿＿＿ 的实验。

这些实验都是设法把 ＿＿＿＿＿＿＿＿＿＿ 和 ＿＿＿＿＿＿＿＿＿＿ 分开，以便能够 ＿＿＿＿＿＿＿＿＿＿ 去观察 DNA 的作用。

3. 1978 年美国科学家利用工程技术，将人类胰岛素基因拼接到大肠杆菌的 DNA 分子中。

（1）上述人类胰岛素的合成是在 ＿＿＿＿＿ 处进行的，其决定氨基酸排列顺序的信使 RNA 的模板是由 ＿＿＿＿＿ 基因转录而成的。

（2）合成该胰岛素含 51 个氨基酸，由 2 条多肽链组成，那么决定它合成的基因至少应含有碱基 ＿＿＿＿＿ 个；若核苷酸的平均分子量为 300，则与胰岛素分子对应的信使 RNA 的分子量应为 ＿＿＿＿＿；若氨基酸的平均分子量为 90，该胰岛素的分子量约为 ＿＿＿＿＿。

（3）不同种生物之间的基因移植成功，说明了生物共用的是一套 ＿＿＿＿＿。

4. 根据遗传信息传递的规律,在下面表格内填上正确的碱基符号,已知丙氨酸的遗传密码是 GCA，GCG，GCC，GCU。

DNA		C	
信使 RNA			
转运 RNA			A
氨基酸		丙氨酸	

第二节 遗传的基本规律

俗话说"种瓜得瓜，种豆得豆"，人们很早就知道生物的特征可由亲代传给子代。人们对于遗传问题的研究，最初是从对生物性状的研究开始的。奥地利的遗传学家孟德尔（见图10-13），用豌豆做实验，最先揭示了遗传的两个规律——"基因的分离定律"和"基因的自由组合定律"。孟德尔因此被誉为"遗传学之父"。

一、基因的分离定律

孟德尔的豌豆杂交试验　孟德尔从青年时代就致力于动植物杂交试验的研究，并且取得了重大成果。孟德尔在杂交试验中主要是以豌豆（图10-14是豌豆花）作为试验材料的，这是因为豌豆是自花传粉植物，而且是闭花受粉，即豌豆花在还未开花时已经完成了受粉。所以豌豆在自然状态下，能避免外来花粉粒的干扰而保持纯种。因此，用豌豆做人工杂交试验结果既可靠又容易分析。孟德尔选用豌豆作试验材料的另一个

图 10-13　孟德尔

图 10-14　豌豆花

原因，是因为他发现，豌豆的不同的品种之间具有易于区分的性状。例如，豌豆中有高茎的（高度1.5～2.0米），也有矮茎的（高度0.3米左右），有结圆粒种子的，也有结皱粒种子的。这种同一种生物的同一性状的不同表现类型，叫做"相对性状"。孟德尔还发现，豌豆的这些性状能够稳定地遗传给后代。用这些具有相对性状的豌豆进行杂交，试验结果很容易观察和分析。孟德尔注意到了不同品种的豌豆之间同时具有多对相对性状，但是为了便于分析，他首先分别研究一对相对性状的遗传。

阅读材料

孟德尔与现代遗传学

孟德尔（1822～1884年），现代遗传学奠基人。1822年7月22日，孟德尔出生在奥地利的一个贫寒的农民家庭里，受父母的熏陶，他从小就很喜爱植物。由于家境困难，1843年，21岁的孟德尔进了修道院做修道士。1851年，到维也纳大学深造，受到相当系统和严格的科学教育和训练，为后来的科学实践打下了坚实的基础。从维也纳大学回到布鲁恩不久，孟德尔就开始了长达8年的豌豆杂交实验。

孟德尔通过人工培植这些豌豆，对不同代的豌豆的性状和数目进行细致观察、计数和分析。经过8个寒暑的辛勤劳作和潜心研究，于1865年，他在当地的自然科学研究会上宣读了《植物杂交实验》论文，提出了分离定律和自由组合定律。然而，当时人们对孟德尔的研究成果和这篇具有划时代意义的论文，并没有引起强烈反响和给予应有的注意。直到1900年，来自3个国家的3位植物学家分别用不同的植物同时独立地证实了孟德尔的发现后，孟德尔的这些研究成果才受到科学界的重视和公认，从此，遗传学作为一门学科诞生了，并且得到了很大的发展。

（一）一对相对性状的遗传实验

孟德尔用纯种高茎豌豆与纯种矮茎豌豆作亲本（用P表示）进行杂交（不论用高茎豌豆作母本，还是作父本），杂交后产生的第一代（简称"子一代"，用F_1表示）全部是高茎的。

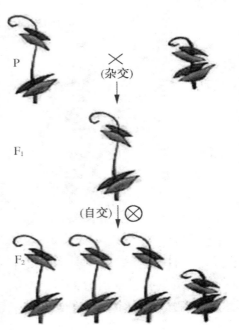

为什么子一代没有出现矮茎植株？如果让子一代高茎植株自交，后代又会出现什么现象呢？这些问题引起了孟德尔的极大兴趣，他又用子一代植株进行自交。在杂交后产生的第二代（简称"子二代"，用F_2表示）植株中，既有高茎的，又有矮茎的。研究的结果引起了孟德尔的思考，他认为矮茎性状在子一代中并没有消失，而是隐而未现。孟德尔把在杂种子一代中显现出来的性状，叫做"显性性状"，如高茎；把在杂种子一代中未显现出来的另一性状，叫做"隐性性状"，如矮茎。孟德尔对这个试验结果，并没有只停留在对后代遗传表现的观察上，而是进一步对其遗传性状进行了统计学分析。他发现，在所得到的1 064个子二代植株的豌豆中，787株是高茎，277株是矮茎，高茎与矮茎的数量比接近于3：1（见图10-15）。这种在杂种后代中，同时显现出显性性状和隐性性状的现象，在遗传学上叫做"性状分离"。

图10-15 高茎豌豆与矮茎豌豆杂交实验

孟德尔采用同样的方法，对豌豆的其他6对相对性状进行了研究和统计分析，最终都得到了与上述实验相同的结果：子一代只表现出"显性性状"，子二代出现了性状分离现象，并且其显性性状和隐性性状的数量比接近3：1（见图10-16）。

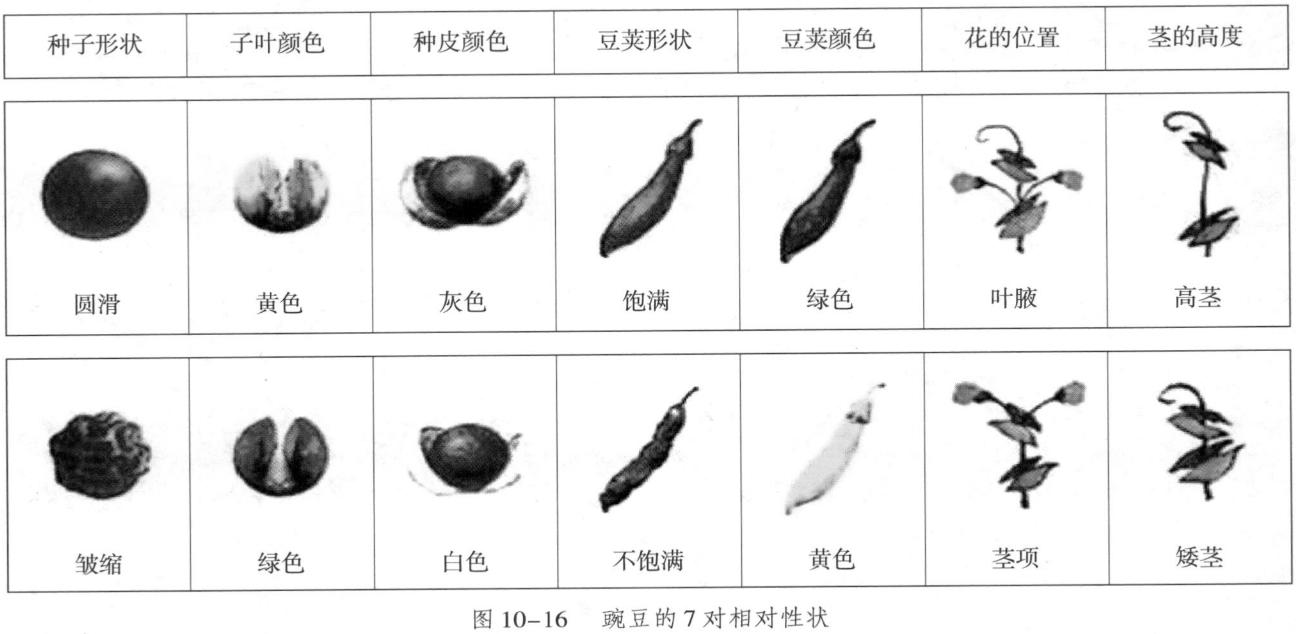

种子形状	子叶颜色	种皮颜色	豆荚形状	豆荚颜色	花的位置	茎的高度
圆滑	黄色	灰色	饱满	绿色	叶腋	高茎
皱缩	绿色	白色	不饱满	黄色	茎顶	矮茎

图10-16 豌豆的7对相对性状

表10-2 孟德尔的豌豆杂交试验结果

性　　状	F₂ 的 表 现				
	显　　性		隐　　性		显性：隐性
种子形状	圆粒	5 474	皱粒	1 850	2.96：1
茎的高度	高茎	787	矮茎	277	2.84：1
子叶的颜色	黄色	6 022	绿色	2 001	3.01：1
种皮的颜色	灰色	705	白色	224	3.15：1
豆荚的形状	饱满	882	不饱满	299	2.95：1
豆荚的颜色（未成熟）	绿色	428	黄色	152	2.82：1
花的位置	腋生	651	顶生	207	3.14：1

在上述豌豆的杂交试验中，为什么子一代只出现显性性状，子二代却出现了性状分离现象？分离比为什么又都接近于 3：1 呢？

（二）对分离现象的解释

孟德尔认为，生物体的性状都是由遗传因子（后来称为"基因"）控制的。控制显性性状（如高茎）的基因是显性基因，用大写英文字母（如 D）来表示；控制隐性性状（如矮茎）的基因是隐性基因，用小写英文字母（如 d）来表示（见图10-17）。在生物的体细胞中，控制性状的基因都是成对存在的。如纯种高茎豌豆的体细胞中含有成对的基因 DD，纯种矮茎豌豆的体细胞中含有成对的基因 dd。生物体在形成生殖细胞——配子时，成对的基因分离，分别进入不同的配子。因此，纯种高茎豌豆的配子只含有一个显性基因 D；纯种矮茎豌豆的配子只含有一个隐性基因 d。受精时，雌雄配子结合，合子中的基因又恢复成对。如基因 D 与基因 d 在 F₁ 体细胞中又结合成 Dd。由于基因 D 对基因 d 的显性作用，F₁（Dd）只表现为高茎。

在 F₁（Dd）自交产生配子时，基因 D 和基因 d 同样又会分离，这样 F₁ 产生的雄配子和雌配子就各有两种：一种含基因 D，一种含基因 d，并且这两种配子的数目相等。受精时，雌雄配子随机结合，F₂ 便出现3种基因组合：DD、Dd 和 dd，并且它们之间的数量比接近于 1：2：1。由于基因 D 对基因 d 的显性作用，F₂ 在性状表现上只有两种类型：高茎和矮茎，并且这两种性状之间的数量比接近于 3：1（见图10-18）。

在遗传学上把生物体所表现出来的性状叫"表现型"，如豌豆的高茎和矮茎。把与表现型有关的基因组成叫"基因型"。在豌豆高茎和矮茎这一对相对性状的杂交试验中，F₂中共出现了3种基因组合的植株 DD、Dd 和 dd，其中基因组合为 DD 和 dd 的植株，是

图10-17 高茎豌豆与矮茎豌豆杂交试验分析图解（一）

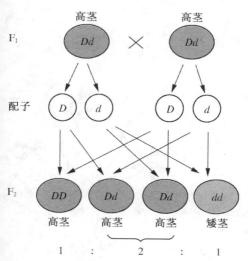

图10-18 高茎豌豆与矮茎豌豆杂交试验分析图解（二）

165

由相同基因的配子结合成的合子发育成的个体，叫做"纯合子"，而基因组合为Dd的植株，是由不同基因的配子结合成的合子发育成的个体，叫做"杂合子"。纯合子能够稳定地遗传，它的自交后代不会再发生性状的分离；杂合子不能稳定地遗传，它的自交后代还会发生性状的分离。

对分离现象解释的验证 孟德尔为了验证他对分离现象的解释是否正确，又设计了另一个试验——测交试验。测交就是让F_1与隐性亲本杂交，以测定F_1的基因型的方法。按照上述对分离现象的解释，子一代F_1（Dd）在与隐性纯合子（dd）杂交时，F_1应该产生含有基因D和基因d的两种配子，并且它们的数目相等；而隐性纯合子（dd）只能产生一种含有基因d的配子。所以，测交的后代，应该一半数目是高茎（Dd），另一半数目是矮茎（dd），即这两种性状的数量比应该接近1∶1（见图10-19）。孟德尔用子一代高茎豌豆（Dd）与矮茎豌豆（dd）杂交，在得到的64株后代中，30株是高茎，34株是矮茎，即这两种性状的分离比接近1∶1。孟德尔实际做的测交试验结果，符合预期的设想，从而证明了F_1是杂合子（Dd），F_1在形成配子时，等位基因发生了分离，分离后的基因分别进入到了不同的配子中。

（三）基因分离定律的实质

综上所述，基因分离定律的实质是：在杂合体的细胞中，位于一对同源染色体上的等位基因，具有一定的独立性，生物体在进行减数分裂形成配子时，等位基因会随着同源染色体的分开而分离，分别进入到两个配子中，独立地随配子遗传给后代（见图10-20）。

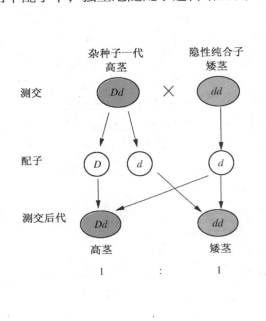

图10-19 一对相对性状测交试验的分析图解

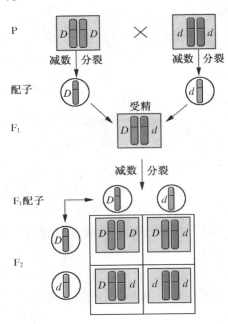

图10-20 基因分离定律实质图解

观察思考

有人说，在同样的环境条件下，如果基因型相同，表现型也一定相同，表现型相同，基因型也一定相同。这种说法对吗？为什么？

生物体在整个发育过程中，不仅要受到内在因素基因的控制，还要受到外部环境条件的影响。例如，同一株水毛茛（见图10-21），裸露在空气中的叶和浸在水中的叶，就表现出了两种不同的形态。前者呈扁平状，后者深裂而呈丝状。这种现象表明，在不同的环境条件下，同一种基因型的个体，可以有不同的表现型。因此，表现型是基因型与环境相互作用的结果。

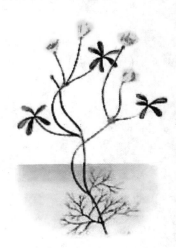

图10-21 水毛茛

显性的相对性

　　具有一对相对性状的两个纯合亲本杂交，F_1的全部个体，都表现出显性性状，并且在表现程度上和显性亲本完全一样，这种显性表现叫做完全显性。孟德尔所研究的7对相对性状，都属于"完全显性"。在生物界中，遗传的完全显性现象是比较普遍的。但是，大量的动植物杂交试验也表明，有时候F_1所表现的显性是不完全的，如不完全显性和共显性等现象。在生物性状的遗传中，如果F_1的性状表现介于显性和隐性的亲本之间，这种显性表现叫做"不完全显性"。例如，在紫茉莉的花色遗传中（见图10-22），纯合的红色花（RR）亲本与纯合的白色花（rr）亲本杂交，F_1的表现型既不是红色花，也不是白色花，而是粉色花（Rr）。F_1自交后，在F_2中出现了3种表现型：红色花、粉色花和白色花，并且它们之间的分离比是1：2：1。这一结果表明，在等位基因Rr中，红色花基因R对白色花基因r是不完全显性。在不完全显性遗传中，F_2表现型的数量比与基因型种类的数量比应该完全一致，因此，只要知道了生物个体在遗传中的表现型，就可以直接确定它们的基因型。在生物性状的遗传中，如果两个亲本的性状，同时在F_1的个体上显现出来，而不是只单一地表现出中间性状，这种显性表现叫做"共显性"。例如，红毛马（RR）与白毛马（rr）交配，F_1是两色掺杂在一起的混花毛马（Rr）。马的毛色遗传表明，Rr这一对等位基因之间互不遮盖，红色毛与白色毛这两个亲本所具有的性状都在杂合体（F_1）身上同时得到了显现。

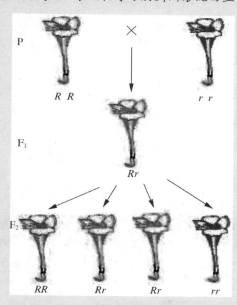

图10-22　紫茉莉的不完全显性

（四）基因分离定律在实践中的应用

　　基因的分离定律是遗传学中最基本的规律，掌握这一定律不仅有助于人们正确地解释生物界的某些遗传现象，而且能够预测杂交后代的类型和各种类型出现的概率，这对于动植物育种实践和医学实践都具有重要的意义。在杂交育种中，首先，人们按照育种的目标，选配亲本进行杂交，然后，根据性状的遗传表现选择符合人们需要的杂种后代，再经过有目的的选育，最终培育出具有稳定遗传性状的品种。

　　在医学实践中，人们常常利用基因的分离定律对遗传病的基因型和发病概率做出科学的推断。

一、选择题

1. 等位基因的表达，正确的描述是（　　）。

　　A. 位于两个染色体上控制相对性状的基因

　　B. 位于一对同源染色体的同一位置控制相对性状的一对基因

　　C. 位于一对同源染色体的同一位置的一对基因

　　D. 位于两个染色体同一位置的一对基因

2. 二倍体的水稻（$2N = 24$）作父本，四倍体水稻作为母本，杂交后产生的种子中，其种皮细胞、胚细胞和胚乳细胞的染色体数目依次为（   ）。

    A. 23、36、48   B. 48、36、60   C. 48、36、72   D. 36、48、60

3. 下列不属于配子基因型的是（   ）。

    A. B B. aBd C. $AabD$ D. ab

4. 假设将一黑色公绵羊的体细胞核，移入到白色母绵羊去除细胞核的卵细胞中，再将此细胞植入另一白色母绵羊的子宫内发育，生出的小绵羊即是"克隆绵羊"。那么此"克隆小绵羊"为（   ）。

    A. 黑色母绵羊   B. 黑色公绵羊   C. 白色母绵羊   D. 白色公绵羊

5. 下列关于表现型和基因型的叙述，错误的是（   ）。

    A. 表现型相同，基因型不一定相同

    B. 相同环境下，表现型相同，基因型不一定相同

    C. 相同环境下，基因型相同，表现型也相同

    D. 基因型相同，表现型一定相同

6. 等位基因的分离发生于（   ）。

    A. 有丝分裂后期   B. 减数第二次分裂后期

    C. 四分体一分为二   D. 减数第一次分裂后期

二、判断题

1. 兔的白毛与黑毛，狗的长毛与卷毛都是相对性状。   （   ）

2. 隐性性状是指生物体不能表现出来的性状。   （   ）

3. 纯合子的自交后代不会发生性状的分离，杂合子的自交后代不会出现纯合子。   （   ）

三、简答题

牛的黑毛和棕毛是一对相对性状，并且黑毛（B）对棕毛（b）是显性。已知两只黑毛牛交配，生了一头棕毛小牛。问：（1）这两头黑毛牛的基因型如何？棕毛小牛的基因型如何？（2）绘出这两头黑毛牛交配产生子一代的遗传图解（用棋盘法）；（3）这两头黑毛牛是否能够生出黑毛小牛？如果可能，生黑毛小牛的概率是多少？

二、基因的自由组合定律

孟德尔在完成了对豌豆一对相对性状的研究后，进一步探索了两对相对性状的遗传规律。他在基因的分离定律的基础上，又揭示出了遗传的第二个基本规律——基因的自由组合定律。

（一）两对相对性状的遗传实验

孟德尔在做两对相对性状的杂交试验时，用纯种黄色圆粒豌豆和纯种绿色皱粒豌豆作亲本进行杂交，无论正交还是反交，结出的种子（F_1）都是黄色圆粒的。这一结果表明，黄色对绿色是显性，圆粒对皱粒也是显性。孟德尔又让F_1植株进行自交，在产生的F_2中，不仅出现了亲代原有的性状——黄色圆粒和绿色皱粒，还出现了新组合的性状——绿色圆粒和黄色皱粒。孟德尔对试验的结果进行了统计学分析：在总共得到的556粒种子中，黄色圆粒、绿色圆粒、黄色皱粒和绿色皱粒的数量依次是315、108、101和32。即这4种表现型的数量比接近于9∶3∶3∶1。怎样解释这一结果呢？

（二）对自由组合现象的解释

如果对每一对性状单独进行分析，其结果是：圆粒∶皱粒接近于3∶1，黄色∶绿色接近于3∶1，以上数据表明，豌豆的粒形和粒色的遗传都遵循了基因的分离定律。孟德尔假设豌豆的粒形和粒色分别由一对基因控制，即黄色和绿色分别是由Y和y控制；圆粒和皱粒分别是由R和r控制。这样，纯种黄色圆粒豌豆和纯种绿色皱粒豌豆的基因型就分别是$YYRR$和$yyrr$，它们的配子则分别是YR和yr。受精后，

F_1 的基因型就是 $YyRr$。Y 对 y、R 对 r 都具有显性作用，因此，F_1 的表现型是黄色圆粒。

F_1 自交产生配子时，根据基因的分离定律，每对基因都要彼此分离，所以，Y 与 y 分离、R 与 r 分离。与此同时，不同对的基因之间可以自由组合，也就是 Y 可以与 R 或 r 组合；y 可以与 R 或 r 组合，这里等位基因的分离和不同对基因之间的组合是彼此独立相互不干扰的。这样，F_1 产生的雌配子和雄配子就各有 4 种，它们是 YR、Yr、yR 和 yr，并且它们之间的数量比接近于 $1:1:1:1$。受精时雌雄配子的结合是随机的,结合的方式可以有 16 种。在这 16 种方式中,共有 9 种基因型和 4 种表现型。9 种基因型是：$YYRR$,$YYRr$,$YyRR$，$YyRr$，$YYrr$，$Yyrr$，$yyRR$，$yyRr$ 和 $yyrr$；4 种表现型是：黄色圆粒、黄色皱粒、绿色圆粒、绿色皱粒，4 种表现型之间的数量比接近 $9:3:3:1$。图 10-23 是此杂交试验的分析图解。

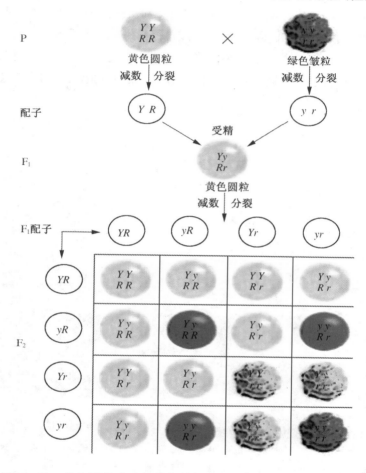

图 10-23　黄色圆粒豌豆与绿色皱粒豌豆杂交试验分析图解（一）

孟德尔为了验证对自由组合现象的解释是否正确，还做了测交试验。让子一代植株 F_1（$YyRr$）与隐性纯合子杂交（$yyrr$）。按照孟德尔提出的假设，F_1 能够产生 4 种配子，即 YR、Yr、yR、yr，并且它们的数目相等；而隐性纯合子只产生含有隐性基因的配子 yr。所以，测交的结果应当产生 4 种类型的后代：黄色圆粒（$YyRr$）、黄色皱粒（$Yyrr$）、绿色圆粒（$yyRr$）和绿色皱粒（$yyrr$），并且它们的数量应当近似相等。

孟德尔所做的测交试验，无论是以 F_1 作母本还是作父本，实验的结果都符合预期的设想，也就是 4 种表现型的实际子粒的数量比都接近于 $1:1:1:1$。从而证实了 F_1 在形成配子时，不同对的基因是自由组合的。图 10-24 是此试验的分析图解。

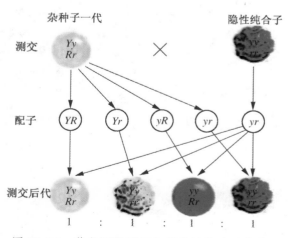

图 10-24　黄色圆粒豌豆与绿色皱粒豌豆杂交试验分析图解（二）

（三）基因自由组合定律的实质

细胞遗传学的研究结果表明，孟德尔所说的一对基因就是位于一对同源染色体上的等位基因，不同对的基因就是位于非同源染色体上的非等位基因。孟德尔的两对相对性状的杂交试验，揭示出的自由组合定律的实质是：在进行减数分裂形成配子的过程中，同源染色体上的等位基因彼此分离的同时，非同源染色体上的非等位基因自由组合。

（四）基因自由组合定律在实践中的应用

基因自由组合定律在动植物育种工作和医学实践中同样有着重要意义。在育种工作中，人们用杂交的方法，有目的地使生物不同品种间的基因重新组合，以便使不同亲本的优良基因组合到一起，从而创造出对人类有益的新品种。例如，在水稻中，有芒（A）对无芒（a）是显性，抗病（R）对不抗病（r）是显性。有两个不同品种的水稻，一个品种无芒、不抗病；另一个品种有芒、抗病。人们将这两个不同品种的水稻进行杂交，培育出了无芒抗病的新品种。在医学实践中，人们可以根据基因的自由组合定律来分析家系中两种遗传病同时发病的情况，并且推断出后代的基因型和表现型以及它们出现的概率，为遗传病的预测和诊断提供理论上的依据。

孟德尔获得成功的原因是什么？

阅读材料

"世界杂交水稻之父" ——袁隆平

袁隆平院士，1930年9月出生于北京，汉族，祖籍江西德安。1953年毕业于西南农学院，分配到湖南安江农校任教。自1960年受发现首株"天然杂交稻"的启发，1964年正式立题研究杂交水稻，20世纪70年代初，袁隆平发表了水稻有杂交优势的观点，打破了世界性的自花授粉作物育种的禁区。国际上的同行们称袁隆平为"世界杂交水稻之父"。

袁隆平与助手们利用多个品种的水稻，与他们发现的一株花粉败育的雄性不育野生稻进行杂交，经过多年的繁殖和选育，培育出多个高产而优质的杂交水稻新品种。将中国超级稻大面积产量从700公斤/亩提高到800公斤/亩，现正朝亩产900公斤目标迈进，而目前世界平均产量只有193公斤/亩，袁隆平首创的杂交水稻技术，使中国以世界7%的土地养活了世界22%的人口。

袁隆平所撰写的学术专著，成为全世界杂交水稻研究和生产的指导用书，在世界上创建了一门系统的新兴学科——杂交水稻学。他作为联合国粮农组织特聘首席顾问，帮助世界许多国家解决了粮食增产难题，目前世界上已有40多个国家和地区正在研究、种植杂交水稻。他先后荣获联合国教科文组织"科学奖"、联合国粮农组织"粮食安全保障荣誉奖"等8项国际奖励，2001年获得首届国家最高科技奖，2006年成为我国农业科学界首位入选美国科学院的外籍院士。

一、选择题

1. 基因自由组合定律的实质是（　　）。

   A. 子二代性状的分离比为 9∶3∶3∶1

   B. 子二代出现与亲本性状不同的新类型

   C. 测交后代的分离比为 1∶1∶1∶1

   D. 在进行减数分裂形成配子时，等位基因分离的同时，非等位基因自由组合

2. 在下列各杂交组合中，后代只出现一种表现型的亲本组合是（　　）。

   A. $EeFf \times Eeff$　　　　B. $EeFF \times eeff$　　　　C. $EeFF \times EEFf$　　　　D. $EEFf \times eeFf$

3. 牛的黑色对红色是显性，若要确定一头黑色公牛是纯合体还是杂合体，最好选用什么样的母牛与之交配（　　）。

   A. 纯合黑母牛　　　　B. 杂合黑母牛　　　　C. 任何黑母牛　　　　D. 红母牛

二、填充题

1. 具有两对相对性状的纯种个体杂交，按照基因的自由组合定律，F_2 出现的性状中：（1）能够稳定遗传的个体占总数的 _____。（2）与 F_1 性状不同的个体占总数的 _____。

2. 基因型为 AaBb 的杂合子与隐性纯合子测交，后代出现的其他基因型的个体数占总数的 _____。

3. 基因型为 CCEe 的果树，用它的枝条繁殖的后代的基因型是 _____。

4. 一个患并指症（由显性基因 S 控制）而没有患白化病的父亲与一个外观正常的母亲婚后生了一个患白化病（由隐性基因 aa 控制）、但没有患并指症的孩子。这对夫妇的基因型应该分别是 _____ 和 _____，他们生下并指且伴有白化病孩子的可能性是 _____。

三、问答题

花生种皮的紫色（R）对红色（r）是显性，厚壳（T）对薄壳（t）是显性，这两对基因是自由组合的。问在下列杂交组合中：（1）$RrTt \times rrtt$；（2）$Rrtt \times RrTt$，每个杂交组合能产生哪些基因型和表现型？它们的概率是多少（用分枝法计算）？

第三节　性别决定和伴性遗传

同是受精的卵细胞，为什么有的发育成雌性个体，有的发育成雄性个体？为什么男性色盲患者的人数多于女性？这就是我们要探讨的性别决定和伴性遗传的问题。

一、性别决定

性别决定是指雌雄异体的生物决定性别的方式。生物性别的决定通常是由染色体控制的。

人的体细胞内共有 23 对染色体，其中 22 对染色体与性别决定无关，叫"常染色体"；1 对染色体与性别有关，叫做"性染色体"。在男性的体细胞中，两条性染色体在大小、形状方面差别很大，大的叫做"X 染色体"，小的叫做"Y 染色体"。在女性的体细胞中两条性染色体相同，都是大的 X 染色体。即男性由 XY 染色体决定，女性由 XX 染色体决定。

根据基因的分离定律，男性个体的精原细胞在经过减数分裂形成精子时，可以同时产生含有 X 染色体的精子和含有 Y 染色体的精子，并且这两种精子的数目相等；女性个体的卵原细胞在经过减数分裂形成卵细胞时，只能产生一种含有 X 染色体的卵细胞。受精时，因为两种精子和一种卵细胞随机结合，因

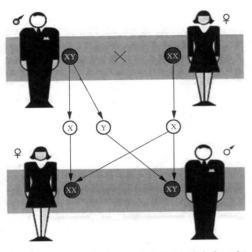

图10-25 XY型（如人类）的性别决定图解

而形成两种数目相等的受精卵：含XX性染色体的受精卵和含XY性染色体的受精卵。前者将发育为女性个体，后者将发育为男性个体（见图10-25）。由于精子和卵细胞的结合是随机的，因而在出生后代中，男、女个体的比例也是相等的。XY型性别决定在生物界中是比较普遍的。很多种类的昆虫，某些鱼类和两栖类，所有的哺乳动物以及很多雌雄异株的植物，如菠菜、大麻等都属于这种类型。

ZW 型性别决定

ZW型性别决定方式和XY型刚好相反。属于ZW型性别决定的生物，雌性个体的体细胞中，含有两个异型的性染色体，用ZW表示；雄性个体的体细胞中，含有两个同型的性染色体，用ZZ表示。在ZW型性别决定的生物所产生的后代中，雄性个体和雌性个体的数量比同样是1：1。鸟类（包括鸡、鸭等）和蛾蝶类等都属于这一类型。

二、伴性遗传

人们对遗传现象进行研究时发现，有些性状的遗传常常与性别相关联，这种现象就是"伴性遗传"。例如，人类红绿色盲的遗传就属于伴性遗传。

色盲症的发现

18世纪英国著名的化学家兼物理学家道尔顿，在圣诞节前夕买了一双"棕灰色"的袜子，送给妈妈作礼物。妈妈看到袜子后，对道尔顿说："你买的这双樱桃红色的袜子，让我怎么穿呢？"袜子明明是棕灰色的，为什么妈妈说是樱桃红色的呢？疑惑不解的道尔顿又去问弟弟和周围的人，除了弟弟与自己的看法相同以外，被问的其他人都说袜子是樱桃红色的。道尔顿对这件小事没有轻易地放过，他经过认真的分析比较，发现他和弟弟的色觉与别人不同，原来自己和弟弟都是色盲。为此他写了一篇论文《论色盲》，从而成为世界上第一个提出色盲问题的人，也是第一个被发现的色盲症患者。后来，人们为了纪念他，又把色盲症称为"道尔顿症"。

用红绿色盲检查图，自查一下自己是否为色盲患者，统计全班检查后的情况，进行分析，并提出你自己的观点。

红绿色盲是一种最常见的人类伴性遗传病。患者由于色觉障碍,不能像正常人一样区分红色和绿色。科学家经研究发现，这种病是由位于X染色体上的隐性基因（b）控制的。Y染色体由于短小而没有这种基因。因此，红绿色盲基因是随着X染色体向后代传递的。根据基因B和基因b的显隐性关系，人类红绿色盲的遗传方式主要有以下两种情况：

如果一个色觉正常的女性（纯合子）和一个男性红绿色盲患者结婚，在他们的后代中：儿子的色觉都正常；女儿虽然表现型正常，但是由于从父亲那里得到了一个红绿色盲基因，因此都是红绿色盲基因的携带者（见图10-26）。在上述情况中，父亲的红绿色盲基因随着X染色体传给了女儿，但是一定不会传给儿子。

如果女性是红绿色盲基因的携带者，和一个正常的男性结婚，在他们的后代中：儿子有1/2正常，1/2红绿色盲；女儿则都不是色盲，但是有1/2是红绿色盲基因的携带者（见图10-27）。在上述情况中，儿子的红绿色盲基因一定是从他的母亲那里传来的。

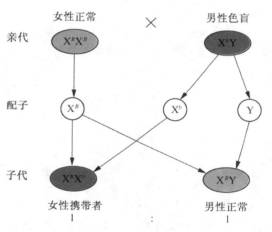

图10-26 正常女性与男性色盲婚配图解

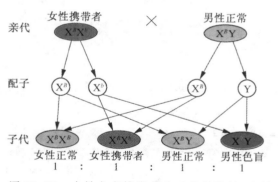

图10-27 女性色盲携带者和正常男性婚配图解

如果一个女性红绿色盲基因的携带者和一个男性红绿色盲的患者结婚,所生儿子或女儿的基因型和表现型是怎样的？概率各是多少？如果一个女性红绿色盲患者和一个正常男性结婚,情况又会怎样？请你用图解方式写出上述两种情况的婚配图解。

通过对上述4种婚配方式的分析，我们可以看出，男性的红绿色盲基因只能从母亲那里传来，以后只能传给他的女儿。可见，红绿色盲基因是不能够从男性传递到男性的。这种传递特点，在遗传学上叫做"交叉遗传"。

据统计，我国男性红绿色盲的发病率为7％，女性红绿色盲的发病率仅为0.5％。男性红绿色盲患者多于女性红绿色盲患者，为什么？

伴性遗传在生物界中是普遍存在的。除红绿色盲的遗传外，人类中还有血友病的遗传（致病基因是 X^h）；动物中果蝇眼色的遗传（红眼基因为 X^W，白眼基因为 X_w）；都表现出伴性遗传现象。

拓展练习

一、选择题

1. 维生素 D 佝偻病是一种显性遗传病，在人群中，女性的发病率高于男性，则这种致病基因最可能位于（　　）。

　　A. X 染色体　　　　　　B. Y 染色体　　　　　C. 常染色体　　　　D. 任何一个染色体

2. 某男孩色盲，他的父、母、祖父、祖母、外祖父、外祖母均为正常。这个男孩的色盲基因来源途径是（　　）。

　　A. 祖母→父亲→男孩　　　　　　　　　　B. 祖父→父亲→男孩

　　C. 外祖父→母亲→男孩　　　　　　　　　D. 外祖母→母亲→男孩

3. 下列哪种细胞中，一定含有 X 染色体（　　）。

　　A. 人的体细胞　　　　B. 生物的体细胞　　　　C. 人的精子　　　　D. 生物的卵细胞

4. 人类的精子中含有的染色体是（　　）。

　　A. 44 + XY　　　　　　B. 23 + X 或 23 + Y　　C. 22 + X 或 22 + Y　D. 44 + XX

二、填空题

1. 人类的血友病是一种伴性遗传病，这种病患者的血液中缺少一种凝血因子，所以在造成轻微创伤时，也会流血不止。这种病是由位于 X 染色体上的隐性基因 h 控制的。在女性中，正常纯合子的基因型是_____；血友病基因携带者的基因型是_____，血友病患者的基因型是_____；在男性，正常个体的基因型是_____，血友病患者的基因型是_____。

2. 一个色觉正常的妇女，她的双亲色觉正常，哥哥是色盲患者。这位妇女是色盲基因携带者的可能性是_____。

三、简答题

人的红绿色盲属于伴性遗传，正常色觉（X^B）对红绿色盲（X^b）是显性。人的白化病是常染色体遗传，正常人（A）对白化病（a）是显性。一对外观正常的夫妇，生了一个既患白化病又患红绿色盲的男孩。问：（1）这对夫妇的基因型是怎样的？（2）在这对夫妇的后代中，是否可能出现既无白化病又无红绿色盲的孩子？试写出这样孩子的基因型。

第四节　生物的变异

我国民间有这样一种说法："一猪生九子，连母十个样。"这句话形象地描述了亲代与子代之间，子代的各个体之间，总是或多或少地存在着差异。这种差异就是生物的变异。在丰富多彩的生物界中，蕴含着形形色色的变异现象。在这些变异现象中，有的仅仅是由于环境因素的影响造成的，并没有引起生物体内的遗传物质的变化，因而不能够遗传下去，属于"不遗传的变异"。有的变异现象是由于生殖细胞内的遗传物质的改变引起的，因而能够遗传给后代，属于"可遗传的变异"。可遗传的变异有 3 种来源：基因突变，基因重组，染色体变异。

一、基因突变和基因重组

（一）基因突变

1. 基因突变　由于 DNA 分子中发生碱基对的增添、缺失或改变，而引起的基因结构的改变，就叫做"基因突变"。例如，镰刀型细胞贫血症是由基因突变引起的一种遗传病。正常人的红细胞是圆饼状的，镰刀型细胞贫血症患者的红细胞却是弯曲的镰刀状的（见图10-28）。这样的红细胞容易破裂，使人患溶血性贫血，严重时还会导致死亡。人们在对镰刀型细胞贫血症患者的血红蛋白分子进行检查时，发现患者血红蛋白分子的多肽链上，有一个谷氨酸被一个缬氨酸代替了。为什么会发生氨基酸分子结构的改变呢？经过研究发现，这是由于控制合成血红蛋白分子的DNA上的碱基序列发生了改变，$\frac{CTT}{GAA}$ 变成了 $\frac{CAT}{GTA}$，也就是说，DNA上的一个碱基对发生了改变（$\frac{T}{A}$ 变成了 $\frac{A}{T}$），这种改变最终导致了镰刀型细胞贫血症的产生（见图10-29）。

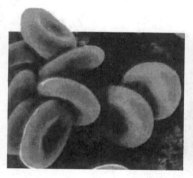
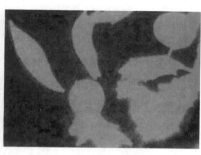

图 10-28　正常型血细胞（左）与镰刀型细胞贫血症细胞（右）形状对比

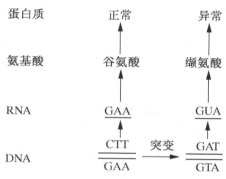

图 10-29　镰刀型细胞贫血症病因图解

基因突变是染色体的某一个位点上基因的改变。基因突变使一个基因变成它的等位基因，并且通常会引起一定的表现型变化。例如，小麦从高秆变成矮秆，普通羊群中出现了短腿的安康羊等，都是基因突变的结果。

基因突变是指生物体基因型的改变，这种说法对吗？

基因突变在生物进化中具有重要意义。它是生物变异的根本来源，为生物进化提供了最初的原材料。引起基因突变的因素很多，可以归纳为3类：一类是物理因素，如射线、激光等；另一类是化学因素，是指各种不同的能够与DNA分子起作用而改变DNA分子性质的物质，如亚硝酸、甲醛和碱基类似物等；第三类是生物因素，包括病毒和某些细菌等。

2. 基因突变的特点　基因突变作为生物变异的一个重要来源，它具有以下主要特点：

第一，基因突变在生物界中是普遍存在的。无论是低等生物，还是高等的动植物以及人，都可能发生基因突变。基因突变在自然界的物种中广泛存在。例如，棉花的短果枝，水稻的矮秆、糯性，果蝇的白眼、残翅，家鸽羽毛的灰红色，以及人的色盲、糖尿病、白化病等遗传病，都是突变性状。自然条件下发生的基因突变叫做"自然突变"，人为条件下诱发产生的基因突变叫做"诱发突变"。

第二，基因突变是随机发生的。它可以发生在生物个体发育的任何时期和生物体的任何细胞。一般来说，在生物个体发育的过程中，基因突变发生的时期越迟，生物体表现突变的部分就越少。例如，植物的叶芽如果在发育的早期发生基因突变，那么由这个叶芽长成的枝条，上面着生的叶、花和果实都有可能与其他枝条不同。如果基因突变发生在花芽分化时，那么，将来可能只在一朵花或一个花序上表现出变异。基因突变可以发生在体细胞中，也可以发生在生殖细胞中。发生在生殖细胞中的突变，可以通过受精作用直接传递给后代。发生在体细胞中的突变，一般是不能传递给后代的。

第三，在自然状态下，对一种生物来说，基因突变的频率是很低的。据估计，在高等生物中，大约10万个到1亿个生殖细胞中，才会有一个生殖细胞发生基因突变，突变率是 $10^{-5} \sim 10^{-8}$。不同生物的基因突变率是不同的。例如，细菌和噬菌体等微生物的突变率比高等动植物的要低。同一种生物的不同基因，突变率也不相同。例如，玉米的抑制色素形成的基因的突变率为 1.06×10^{-4}，而黄色胚乳基因的突变率为 2.2×10^{-6}。

第四，大多数基因突变对生物体是有害的。因为任何一种生物都是长期进化过程的产物，它们与环境条件已经取得了高度的协调。如果发生基因突变，就有可能破坏这种协调关系。因此，基因突变对于生物的生存往往是有害的。例如，绝大多数的人类遗传病，就是由基因突变造成的，这些病对人类健康造成了严重危害。又如，植物中常见的白化苗，也是基因突变形成的。这种苗由于缺乏叶绿素，不能进行光合作用制造有机物，最终导致死亡。但是，也有少数基因突变是有利的。例如，植物的抗病性突变、耐旱性突变、微生物的抗药性突变等，可利用这个特点，诱导生物突变，进行农作物品种的改良。

第五，基因突变具有多向性。一个基因可以向不同的方向发生突变，产生一个以上的等位基因。但是每一个基因的突变，都是在一定的范围内突变。

3. 人工诱变在育种上的应用　人工诱变是指利用物理因素（如 X 射线、γ 射线、紫外线、激光等）或化学因素（如亚硝酸、硫酸二乙酯等）来处理生物，使生物发生基因突变。用这种方法可以提高突变率，创造人类需要的变异类型，从中选择、培育出优良的生物品种。20 世纪 60 年代以来，我国在农作物诱变育种方面取得了可喜的成果，培育出了数百个农作物新品种。这些新品种具有抗病力强、产量高、品质好等优点，在农业生产中发挥了巨大作用。例如，黑龙江省农业科学院用辐射方法处理大豆，培育成了"黑农五号"等大豆品种，含油量比原来的品种提高了 2.5%，大豆产量提高了 16%。在微生物育种方面，诱变育种也发挥了重要作用。青霉菌的选育就是一个典型的例子。现在世界各国生产青霉素的菌种，最初是在 1943 年从一个发霉的甜瓜上得来的。这种野生的青霉菌分泌的青霉素很少，产量只有 20 单位 / 毫升。后来，人们对青霉菌多次进行 X 射线、紫外线照射以及综合处理，培育成了青霉素产量很高的菌株，目前青霉素的产量已经可以达到 50 000 ～ 60 000 单位 / 毫升。

（二）基因重组

"基因重组"是指在生物体进行有性生殖的过程中，控制不同性状的基因的重新组合。基因的自由组合定律告诉我们，在生物体通过减数分裂形成配子时，随着非同源染色体的自由组合，非等位基因也自由组合，这样，由雌雄配子结合形成的受精卵，就可能具有与亲代不同的基因型，这是一种类型的基因重组。在减数分裂的四分体时期，由于同源染色体的非姐妹染色单体之间常常发生局部交换，这些染色单体上的基因会产生新的组合，是另一种类型的基因重组。

基因重组是通过有性生殖过程实现的。在有性生殖过程中，由于父本和母本的遗传物质基础不同，当两者杂交时，基因重新组合，就能使子代产生变异，通过这种来源产生的变异是非常丰富的。父本与母本自身的杂合性越高，两者的遗传物质基础相差越大，基因重组产生变异的可能性也就越大。例如，当具有 10 对相对性状（控制这 10 对相对性状的等位基因分别位于 10 对同源染色体上）的亲本进行杂交时，如果只考虑基因的自由组合所引起的基因重组，F_2 可能出现的表现型就有 2^{10} 即 1 024 种。在生物体内，尤其是在高等动植物体内，控制性状的基因的数目是非常巨大的，由同源染色体的非姐妹染色单体之间的局部交换引起的基因重组在自然界中也十分常见，如果把这些因素都考虑在内，那么生物通过有性生殖产生的变异就更多了。

由此可见，通过有性生殖过程实现的基因重组，为生物变异提供了极其丰富的来源。这是形成生物多样性的重要原因之一，对于生物进化具有十分重要的意义。

176

重组DNA技术

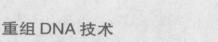

DNA重组是自然界常见现象，指的是在两个DNA分子之间，或一个DNA分子的两个不同部位之间通过链断裂和片段的交换重接，改变了基因的组合序列。这种交换可发生于同一细胞内或细胞间，甚至不同物种的DNA之间。DNA重组现象广泛存在于真核细胞、原核细胞乃至病毒中。

近年来，在实验室内用人工方法将不同来源，包括不同种属生物的DNA片段，拼接成一个重组DNA分子，将其引入活细胞内，使其大量复制或表达。这种技术方法称为重组DNA技术。人们可以把经过改造的基因，通过运载体送入生物细胞中，并且使新的基因在细胞内正确表达，产生出人类所需要的物质，或者组建出新的生物类型，从而达到定向改变生物性状的目的。重组DNA技术又称为基因工程，若从遗传角度来考虑也可称为遗传工程。重组DNA技术中所含有的目的DNA分子或基因须进行无性繁殖、扩增成为一个克隆，因此基因工程在不同的场合又可有不同的名称，如分子克隆、DNA克隆、基因克隆等。重组DNA技术已大量应用于生物制药业等。

一、选择题

1. 一个染色体组应是（   ）。

    A. 配子中的全部染色体   B. 二倍体生物配子中的全部染色体

    C. 体细胞中的一半染色体   D. 来自父方或母方的全部染色体

2. 同一对父本和母本通过有性生殖产生的后代，个体之间总会存在一些差异，这种变异主要来自（   ）。

    A. 基因突变   B. 基因重组   C. 基因分离   D. 染色体变异

3. 下列有关基因突变的说法，不正确的是（   ）。

    A. 自然条件下的突变率很低   B. 诱发突变对生物自身都是有利的

    C. 基因突变能够产生新的基因   D. 基因突变是广泛存在的

4. 下列有关基因重组的说法，不正确的是（   ）。

    A. 重组是生物变异的根本来源   B. 基因重组能够产生多种基因型

    C. 基因重组发生在有性生殖过程中   D. 非同源染色体上的非等位基因可以发生重组

二、简答题

在一个牛群中，有一对正常的双亲生了一头矮脚的雄牛犊。你怎样判断这头矮脚牛的产生，是基因突变的直接结果，还是由于它的双亲都是隐性矮脚基因的携带者造成的？

二、染色体变异

基因突变，是染色体的某一个位点上基因的改变，这种改变在光学显微镜下是看不见的。而染色体变异是可以用显微镜直接观察到的比较明显的染色体变化，如染色体结构的改变、染色体数目的增减等。

（一）染色体结构的变异

人类的许多遗传病是由染色体结构改变引起的。例如，猫叫综合症是人的第5号染色体部分缺失引起的遗传病，因为患病儿童哭声轻，音调高，很像猫叫而得名。猫叫综合症患者的两眼距离较远，耳位低下，生长发育迟缓，而且存在严重的智力障碍。

在自然条件或人为因素的影响下，染色体发生的结构变异主要有4种：

缺失：由于染色体断裂而丢失了某一片段造成相应基因的缺失（见图10-30（a））。

重复：染色体中增加了相同的某一片段而引起的变异（见图10-30（b））。

倒位：染色体在两个点发生断裂后，产生3个区段，中间的区段发生180°的倒转，与另外两个区段重新结合而引起变异的现象（见图10-30（c））。

易位：染色体的某一片段移接到另一条非同源染色体上从而引起的变异现象（见图10-30（d））。

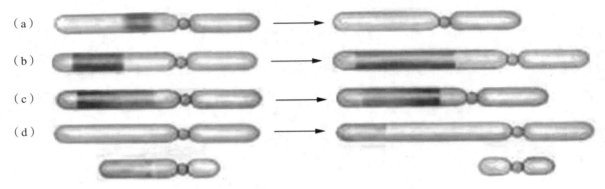

图10-30 染色体结构变异图解

上述染色体结构的改变，都会使排列在染色体上的基因的数目和排列顺序发生改变，从而导致性状的变异。大多数染色体结构变异对生物体是不利的，有的甚至会导致生物体死亡。

（二）染色体数目的变异

一般来说，每一种生物的染色体数目都是稳定的，但是，在某些特定的环境条件下，生物体的染色体数目会发生改变，从而产生可遗传的变异。染色体数目的变异可以分为两类：一类是细胞内的个别染色体增加或减少，另一类是细胞内的染色体数目以染色体组的形式成倍地增加或减少。

1. 染色体组 在大多数生物的体细胞中，染色体都是两两成对的。例如，果蝇有4对共8条染色体（见图10-31），这4对染色体可以分成两组，每一组中包括3条常染色体和1条性染色体。就雄果蝇来说，其中的一组包括X、Ⅱ、Ⅲ、Ⅳ，另一组包括Y、Ⅱ、Ⅲ、Ⅳ。在精子形成的过程中，经过减数分裂，染色体的数目减半，所以雄果蝇的精子中只含有一组染色体（X、Ⅱ、Ⅲ、Ⅳ或Y、Ⅱ、Ⅲ、Ⅳ），这一组染色体中的4条染色体，形状和大小各不相同（见图10-32）。像雄果蝇精子中的4条染色体这样，一个生殖细胞内的全部染色体，在形态和功能上各不相同，但是包含了控制生物体生长发育、遗传和变异的全部信息，这样的一组完整的非同源染色体，叫做一个"染色体组"。

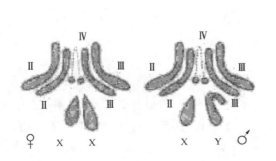

图10-31 雌雄果蝇染色体图解

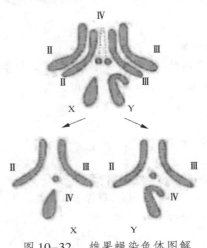

图10-32 雄果蝇染色体图解

2. **二倍体和多倍体**　体细胞中含有两个染色体组的个体叫做"二倍体"，如人、果蝇和玉米等。大多数动物和高等植物都是二倍体。体细胞中含有3个或3个以上染色体组的个体叫做"多倍体"。其中，体细胞中含有3个染色体组的个体，叫做"三倍体"，比如香蕉。体细胞中含有4个染色体组的个体，叫做"四倍体"，比如马铃薯。多倍体在植物中广泛地存在着，在动物中比较少见。

多倍体植物　在被子植物中，至少有1/3的物种是多倍体。例如，普通小麦、棉花、烟草、苹果、梨、菊、水仙等都是多倍体。帕米尔高原的高山植物，有65%的种类是多倍体。多倍体产生的主要原因，是体细胞在有丝分裂的过程中，染色体完成了复制，但是细胞受到外界环境条件（如温度骤变）或生物内部因素的干扰，纺锤体的形成受到破坏，以致染色体不能被拉向两极而分开，细胞也不能分裂成两个子细胞，于是就形成染色体数目加倍的细胞。如果这样的细胞继续进行正常的有丝分裂，就可以发育成染色体数目加倍的组织或个体。染色体数目加倍也可以发生在配子形成的减数分裂过程中，这样就会产生染色体数目加倍的配子（如二倍体生物产生二倍体配子），染色体数目加倍的配子在受精以后也会发育成多倍体。

人工诱导多倍体在育种上的应用　与二倍体植株相比，多倍体植株的茎秆粗壮，叶片、果实和种子都比较大，糖类和蛋白质等营养物质的含量增高。例如，四倍体葡萄的果实比二倍体品种的大得多，四倍体番茄的维生素C的含量比二倍体品种的几乎增加了一倍。因此，人们常常采用人工诱导多倍体的方法来获得多倍体，培育新品种。

人工诱导多倍体的方法很多，目前最常用而且最有效的方法，是用秋水仙素来处理萌发的种子或幼苗。当秋水仙素作用于正在分裂的细胞时，能够抑制纺锤体形成，导致染色体不分离，从而引起细胞内染色体数目加倍。染色体数目加倍的细胞继续进行正常的有丝分裂，将来就可以发育成多倍体植株。目前世界各国利用人工诱导多倍体的方法已经培育出不少新品种，如含糖量高的三倍体无籽西瓜和甜菜等。此外，我国科技工作者还创造出自然界中没有的作物——八倍体小黑麦。

阅读材料

图10-33　三倍体无籽西瓜的培育过程图解

无籽西瓜的培育

人们平常食用的西瓜是二倍体。在二倍体西瓜的幼苗期，用秋水仙素处理，可以得到四倍体植株。然后，用四倍体植株作母本，用二倍体植株作父本，进行杂交，得到含有3个染色体组的种子。把这些种子种下去，就会长出三倍体植株。由于三倍体植株在减数分裂的过程中，染色体的联会发生紊乱，因而不能形成正常的生殖细胞。当三倍体植株开花时，须授给普通西瓜（二倍体）成熟的花粉，刺激子房发育而成为果实（西瓜）。因为胚珠并不发育成为种子，所以这种西瓜叫做无籽西瓜。我国培育的无籽西瓜远销国外。

179

西瓜的四倍体植株作父本，二倍体植株作母本，可以得到无籽西瓜吗？

3.单倍体 在生物的体细胞中，染色体的数目不仅可以成倍地增加，还可以成倍地减少。例如，蜜蜂的蜂王和工蜂的体细胞中有32条染色体，而雄蜂的体细胞中只有16条染色体。像蜜蜂的雄蜂这样，体细胞中含有本物种配子染色体数目的个体，叫做"单倍体"。对于二倍体生物而言，它的单倍体的体细胞中只含有一个染色体组。例如，玉米是二倍体，它的体细胞中含有2个染色体组、20条染色体，它的单倍体植株的体细胞中含有1个染色体组、10条染色体。但是有的单倍体生物的体细胞中不只含有一个染色体组。例如，普通小麦是六倍体，它的体细胞中含有6个染色体组、42条染色体，而它的单倍体植株的体细胞中则含有3个染色体组、21条染色体。

在自然条件下，玉米、高粱、水稻、番茄等高等植物，偶尔也会出现单倍体植株。与正常的植株相比，单倍体植株长得弱小，而且是高度不育的。但是，它们在育种上有特殊的意义。育种工作者常常采用花药离体培养的方法来获得单倍体植株，然后经过人工诱导使染色体数目加倍，重新恢复到正常植株的染色体数目。用人工诱导方法得到的单倍体植株，不仅能够正常生殖，而且每对染色体上的成对的基因都是纯合的，自交产生的后代不会发生性状分离。因此，利用单倍体植株培育新品种，只需要两年时间，就可以得到一个稳定的纯系品种。与常规的杂交育种方法相比，明显地缩短了育种年限。

一、选择题

1.秋水仙素诱导多倍体形成的原因是（　　）。

    A.诱导染色体多次复制　　　　　　　　　B.抑制细胞有丝分裂时纺锤体的形成

    C.促使染色单体分开，形成染色体　　　　D.促进细胞融合

2.下列变异中，不属于染色体结构变异的是（　　）。

    A.非同源染色体之间相互交换片段　　　　B.染色体中DNA的一个碱基发生改变

    C.染色体缺失片段　　　　　　　　　　　D.染色体增加片段

3.用秋水仙素处理单倍体植株后，得到的一定是（　　）。

    A.二倍体　　　　　　　B.多倍体　　　　　C.杂合体　　　　　　　D.纯合体

4.下列有关单倍体的叙述，正确的是（　　）。

    A.体细胞中含有一个染色体组的个体

    B.体细胞中含有奇数染色体数目的个体

    C.体细胞中含有本物种配子染色体数目的个体

    D.体细胞中含有奇数染色体组数目的个体

二、填表题

填下表比较豌豆、普通小麦、小黑麦的体细胞和配子中的染色体数、染色体组数，并且注明它们分别属于几倍体生物。

生物种类＼比较项目	体细胞中的染色体数	配子中的染色体数	体细胞中的染色体组数	配子中的染色体组数	属于几倍体生物
豌豆		7	2		
普通小麦	42			3	
小黑麦		28			八倍体

第五节 人类遗传病与优生

近年来，随着医疗技术的发展和医药卫生条件的改善，人类的传染性疾病已经逐渐得到控制，而人类的遗传性疾病的发病率和死亡率则有逐年增加的趋势，因此，人类的遗传性疾病已成为威胁人类健康的一个重要因素。

一、人类遗传病概述

人类遗传病通常是指由于遗传物质改变而引起的人类疾病，主要可以分为单基因遗传病、多基因遗传病和染色体异常遗传病三大类。

（一）单基因遗传病

"单基因遗传病"（简称"单基因病"）是指受一对等位基因控制的遗传病。目前世界上已经发现的这类遗传病大约有6 600多种。据估计，每年新发现的这类遗传病，以10～50种的速度递增。单基因遗传病已经对人类健康构成了较大的威胁。单基因遗传病有两类情况：一类是由显性致病基因引起的，如并指、软骨发育不全、抗维生素D佝偻病等；另一类是由隐性致病基因引起的，如白化病、先天性聋哑、苯丙酮尿症等。

（二）多基因遗传病

"多基因遗传病"是指由多对基因控制的人类遗传病。多基因遗传病不仅表现出家族聚集现象，还比较容易受环境因素的影响。目前已发现的多基因遗传病有100多种，主要包括一些先天性发育异常和一些常见病，如唇裂、无脑儿、原发性高血压和青少年型糖尿病等都属于多基因遗传病。多基因遗传病在群体中的发病率比较高。

（三）染色体异常遗传病

如果人的染色体发生异常，也可以引起许多种遗传病，这些病在遗传学上叫做"染色体异常遗传病"（简称"染色体病"）。目前已经发现的人类染色体异常遗传病已有100多种，这些病几乎涉及每一对染色体。由于染色体变异可以引起遗传物质较大的改变，因此染色体异常遗传病往往造成较严重的后果，甚至在胚胎期就引起自然流产。染色体异常遗传病可以分为常染色体病和性染色体病。

常染色体病是指由于常染色体变异而引起的遗传病，如21三体综合症。21三体综症又叫先天性愚型，是一种最常见的染色体病，人群中的发病率高达1/600～1/800。对患者进行染色体检查，可以看到患者比正常人多了一条21号染色体。21三体综合症患者的智力低下，身体发育缓慢，患儿常表现出特殊的面容特征（见图10-34）：眼间距宽，外眼角上斜，口常半张，舌常伸出口外。所以又叫做伸舌样痴呆。

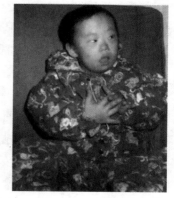

图10-34 21三体综合症患者

二、 遗传病对人类的危害、防治及优生

遗传病病种多、发病率高，具有先天性、终生性和家族性的特点，对人类危害严重。我国大约有20％～25％的人患有各种遗传病。有关资料表明：我国每年新出生的儿童中，大约有1.3％有先天缺陷，据估计，其中70％～80％是由于遗传因素所致；在15岁以下死亡的儿童中，大约40％是由于各种遗传病或其他先天性疾病所致；在自然流产儿中，大约50％是染色体异常引起的。仅以21三体综合症来看，我国每年出生的这种患儿就高达2万人。我国人口中患21三体综合症的患者总数，估计不少于100万人，这种病不仅危害着数百万人的身体健康，而且贻害子孙后代，给患者的家庭带来沉重的经济负担和精神负担，给社会增加了负担。

随着人类社会环境污染等问题的出现，也使遗传病和其他先天性疾病的发病率不断增加，尤其是江、河、湖泊等水源污染严重的地区，上述疾病的发病率增高的趋势更为明显。面对这种现状，除了必须重视对人类生存环境和医疗卫生条件的改善外，一个最为有效的方法就是提倡和实行优生。

1. 优生　英国学者高尔顿在1883年首先提出了"优生学"一词。优生学就是应用遗传学原理和方法，研究改善人类遗传素质，提高人口质量的科学。1960年美国遗传学家斯恩特又把优生学划分为预防性优生学和进取性优生学。预防性优生学也叫负优生学，主要是研究如何降低人群中不利表现型的基因频率，减少以至消除有严重遗传病和先天性疾病的个体出生。预防性优生学的具体内容包括遗传咨询、产前诊断、宫内治疗等。进取性优生学也叫正优生学，主要是研究如何促进体质和智力优秀个体的繁衍，如何增加有利表现型的基因频率。近些年来兴起的人工受精、人体胚胎移植、DNA重组等技术，为进取性优生学开辟了广阔的前景。

目前，在我国实行的计划生育政策，无疑对控制我国人口的增长，提高人民的健康水平和生活水平具有十分重要的意义。我们在控制人口数量增长的同时，还应该进一步提高人口的质量。我国是一个有13亿人口的大国，我国人口的身体素质与一些发达国家相比，在婴儿死亡率、平均寿命等项指标方面还存在着差距，因此，提倡优生，开展优生学的研究，已成为我国人口政策中的一项重要内容。

2. 优生的措施　为了达到优生的目的，应该采取哪些措施呢？目前，我国开展优生工作的主要措施有以下几点：

禁止近亲结婚　我国的婚姻法规定"直系血亲和三代以内的旁系血亲禁止结婚"。

观察思考

为什么要禁止近亲结婚呢？

科学家推算出，每个人都携带有5～6个不同的隐性致病基因。在随机结婚的情况下，夫妇双方携带相同致病基因的机会很少，但是，在近亲结婚的情况下，双方从共同祖先那里继承同一种致病基因的机会就会大大增加，双方很可能都是同一种致病基因的携带者。这样，他们所生的子女患隐性遗传病的机会也就会大大增加，往往要比非近亲结婚者高出几倍、几十倍甚至上百倍。因此，禁止近亲结婚是预防遗传性疾病发生的最简单有效的方法。

禁止近亲结婚在我国婚姻法中虽然已有明确规定，但是在我国的一些偏远地区，"亲上加亲，亲缘不断"的旧习俗还没有彻底摒弃，近亲结婚的现象还时有发生，其中表兄妹结婚就占有一定的比例。因此，用遗传学知识宣传婚姻法，促使人们自觉地执行国家的人口政策，是每一个公民应尽的责任。

进行遗传咨询　遗传咨询又叫"遗传商谈"或"遗传劝导"，主要包括以下内容和步骤：

（1）医生对咨询对象和有关的家庭成员进行身体检查，并且详细了解家庭病史，在此基础上做出诊断，如咨询对象或家庭是否患某种遗传病。

（2）分析遗传病的传递方式，也就是判断出是什么类型的遗传病。

（3）推算出后代的再发风险率。

（4）向咨询对象提出防治这种遗传病的对策、方法和建议，如终止妊娠、进行产前诊断等，并且解答咨询对象提出的各种问题。由于通过遗传咨询可以让咨询者预先了解如何避免遗传病和先天性疾病患儿的出生，因此，它是预防遗传病发生的最主要手段之一。

提倡"适龄生育"　女子最适于生育的年龄一般是 24～29 岁。过早生育对母子健康都不利。统计数字表明，20 岁以下的妇女所生的子女中，各种先天性疾病的发病率，要比 24～34 岁妇女所生子女的发病率高出 50%。妇女过晚生育也不利于优生。例如，40 岁以上妇女所生的子女中，21 三体综合症患儿的发病率，要比 24～34 岁的妇女所生子女的发病率高出 10 倍。由此可见，适龄生育对于预防遗传病和防止先天性疾病患儿的产出具有重要的意义。

产前诊断　产前诊断又叫出生前诊断，这是指医生在胎儿出生前，用专门的检测手段，如羊水检查、B超检查、孕妇血细胞检查和绒毛细胞检查以及基因诊断等手段对孕妇进行检查，以便确定胎儿是否患有某种遗传病或先天性疾病。如果发现异常可进行终止妊娠手术，防止这种胎儿的出生，目前，这种方法已经成为优生的重要措施之一。

拓展练习

一、填空题

1. 目前世界上已经公布的单基因遗传病有 _____ 种，这类遗传病，每年都在以 _____ 种的速度递增。

2. 我国开展优生工作的主要措施有 _____；_____；_____；_____ 等。

3. 女子的最适生育年龄一般是 _____ 岁，这是因为女子的自身发育要到 _____ 岁才能完成。因此，为了母子健康，应该避免过早生育。

二、选择题

1. 21 三体综合征，软骨发育不全，性腺发育不良症，苯丙酮尿症依次属于（　　）。

　　① 单基因病中的显性遗传病；　② 单基因病中的隐性遗传病；　③ 常染色体病；　④ 性染色体病

　　A. ②①③④　　　　　　　　B. ②①④③　　　　　　　　C. ③①④②　　　　　　　　D. ③②①④

2. 我国婚姻法规定禁止近亲结婚的理论依据是（　　）。

　　A. 近亲结婚必然使后代患遗传病　　　　　　B. 近亲结婚使后代患遗传病的机会增大

　　C. 近亲结婚违反社会的伦理道德　　　　　　D. 人类遗传病都是由隐性基因控制的

三、简答题

小园（男）两岁时被诊断患血友病，医生在对其家庭病史的调查中，发现小园的母亲患有红绿色盲。于是，医生在小园病历上又写上患有红绿色盲，想一想，这是为什么？

调查人群中的遗传病

目的要求

初步学会用调查和统计法调查人群中的遗传病并了解较常见的遗传病的发病情况，通过调查，培养学生获取数据资料并进行有效分析的能力。

步骤

1. 全班分成 4～6 个小组进行调查活动，每个小组调查 8 个家庭（家族）中的遗传病情况。

2. 选定发病率较高的单基因遗传病进行调查，如红绿色盲、白化病等。

3. 将每组调查情况汇总，然后进行数据分析。

讨论

1. 根据调查，判断被调查的几种遗传病是显性还是隐性遗传。若不能有效判断，找出原因。

2. 所调查的遗传病是否有家族倾向？

3. 以某一种调查和分析较完善的遗传病，试写出一个家族的遗传图谱。

第十一章

11

生物与环境

企鹅与雪地，熊猫与竹林，蚯蚓与土壤，藕与池塘淤泥之间分别存在什么关系？生物与环境之间存在着什么关系？

任何生物都生活在一定的环境中，与环境有着非常密切的关系。一方面，生物要从环境中不断地摄取物质和能量，因而受到环境的限制；另一方面，生物的生命活动又能够不断地改变环境。所以说，生物与环境是一个统一整体。

从地球孕育原始生命至今，已有几十亿年的历史。从冰天雪地的极地到烈日炎炎的赤道，从干旱燥热的沙漠到碧波万顷的海洋，生命的踪迹无所不在。地球上所有的生物及其所处的无机环境（阳光、空气、水和大量的矿物质等）构成了生物圈。生物圈是人类和其他生物共同拥有的美好家园。研究生物圈中生物与生物之间、生物与无机环境之间的相互关系，维持生物圈的相对稳定状态，对于人类的生存和发展有着重要的意义。研究生物与环境的科学，称为"生态学"。

图 11-1　生物与其生活环境

第一节　生物与环境的关系

一、环境对生物的影响

生物无论生活在何种环境中，都会受到环境中各种因素的影响，环境中影响生物的形态、生理和分布等的因素，叫生态因素。生态因素包括非生物因素和生物因素。

人类的生存和生活主要受哪些生态因素影响呢？非生物因素和生物因素分别是哪些？在迅速奔跑的过程中，最重要的非生物因素是什么？

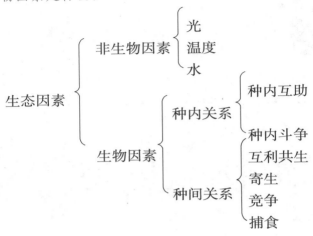

（一）非生物因素

非生物因素较多，我们重点探究光、温度、水对生物的影响。

1. 光　"万物生长靠太阳"，说明没有阳光就没有生命。只有在光照条件下植物才能通过光合作用，制造有机物并储存能量。动物直接或间接靠有机物而生存。

图 11-2　人参

光对植物的生理和分布起着决定性的作用。根据对光照强度的不同，可将植物分为阳性植物、阴性植物、耐阴植物3种生态类型。阳性植物在强光下才能健壮生长，如杨、柳、松、杉、槐、小麦、玉米等。阴性植物喜在较弱的光照条件下生长，多生长在潮湿、背光的地方或密林的下层较阴暗处，如人参、三七。耐阴植物介于以上两者之间，可在阳光充足的地方生长，也能在光照较弱的地方生长，如山毛榉、侧柏等。

光对动物的生殖发育、行为方式、生活周期、体色和地理分布等也有直接或间接的影响。如动物体内的生物钟、鸟类的换羽和兽类的换毛的时间和速度等等，都受光照的影响。候鸟能准确无误地感知季节变化，每年定时进行迁徙，光照长短起了重要的信号作用。

日照时间的长短能够影响动物的繁殖。例如，貂、鼬等动物需要在长日照条件下繁殖；鹿和山羊等需要在短日照条件下进行繁殖。根据这一道理，人们可人为延长或缩短光照时间，从而有效地控制生物的繁殖。

2. 温度　温度对生物体的生理活动、生化反应、酶的活性、生长发育等的影响较大，生物体的新陈代谢都需要在适宜的温度范围内进行。在一定的温度范围内，随着温度的升高，酶的活性增加，体内各种反应加快，生物生长发育加快；随着温度降低，体内各种反应减慢，生物生长发育迟缓。温度影响动物的形态结构、习性等。不同地区动物的形态结构差异很大。例如，极地狐和沙漠狐，它们是同一种哺乳动物，在寒冷地区生活的极地狐，尾、耳廓、鼻端等都比较小，这样可以减少身体的表面积，从而尽量减少热量

极地狐　　　　　沙漠狐

图 11-3　两种生活地区不同的狐

的散失；而生活在沙漠里的沙漠狐耳廓却大很多，这是为了适应沙漠高温和风沙大的环境。

温度对生物的分布有重要影响。如，柑桔类植物不适宜在我国北方种植，橡胶、香蕉、芒果不宜在寒冷地区栽种，苹果、梨不宜在热带地区栽种，这些都是受温度限制的原因。

3. 水　水是生物体的重要组成部分，一切生物的生命活动都离不开水。水分的多少对生物的生长发育有明显的影响。不同的水分环境造就了生物不同的生态特征。水生生物可直接生活在水中，海水中的动物具备适应盐分的调节功能。陆上潮湿环境中的植物一般叶大而薄，根系浅。如水浮莲；干燥环境中的叶面一般常呈针状或鳞片状，根系发达。如沙漠中的骆驼刺。

干旱的沙漠地区，只有少数耐干旱的（动）植物生存；而雨量充沛的热带雨林地区森林茂密，（动）植物种类繁多。

除此之外，空气、土壤、压力等非生物因素也对生物产生重要的影响。

为什么昼夜温差大的地区适宜植物体有机物的积累？白天和夜晚影响植物积累有机物的主要的非生物因素分别是什么？

生物不但要挑战非生物因素的影响，还要应付来自生物界的压力。

（二）生物因素

自然界中的每一个生物，都受到周围很多生物的影响。在这些生物中，既有同种的，也有不同种的。因此，生物之间的关系可以分为两种：种内关系和种间关系。

1. 种内关系　同种生物的不同个体或群体之间的关系，叫种内关系。生物在种内关系上，既有种内互助，也有种内斗争。

工蜂、蜂王、雄蜂在群体中是如何分工协作的？这种分工和生活方式有什么意义？

3 种蜜蜂的职能不同，分工协作有利于蜜蜂群体的生存和繁衍。

种内互助　这种情况较常见。蜜蜂、蚂蚁、猕猴等营群体生活的动物，它们在群体内部分工合作、互帮互助，从而有利于生物的生活。

种内斗争　同种个体之间由于争夺食物、空间、配偶、栖息场所或其他生活条件而发生斗争的情况也是存在的。例如，有些动物的雄性个体，在繁殖时期，往往为了争夺雌性个体而与同种的雄性个体进行斗争，相邻的植物之间会发生对阳光、养料和水分的争夺，如图 11-4 所示。

图 11-4　种内斗争

为什么农作物的播种和栽培不能过密？

2. 种间关系　种间关系是指不同种生物之间的关系，包括共生、寄生、竞争、捕食等。

互利共生　两种生物共同生活在一起，相互依赖，彼此有利。例如，地衣——真菌和单细胞藻的共生体。真菌的菌丝长入单细胞藻内，两种生物结合为一体，两者在生理上互补，为对方提供所需要的

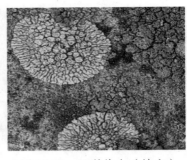

图 11-5 互利共生（地衣）

物质，它们之间是一种相依为命的互惠互利的关系，失去一方，另一方则不能生存（见图 11-5）。豆科植物与根瘤菌也是如此。

寄生 生物界中非常普遍，例如蛔虫、绦虫、血吸虫等寄生在人体和其他动物的体内，虱和蚤寄生在人体和其他动物的体表，菟丝子寄生在豆科等植物上，噬菌体寄生在细菌内部，等等。

竞争 两种生物生活在一起，由于争夺资源、空间等而发生斗争的现象。竞争的结果往往对一方不利。例如，有人做过这样的实验：把大小两个种的草履虫分开培养，它们都能正常生长，可是把两者放在一起培养的时候，经过16天，其中的一种生长正常，另一种却全部死亡。两个物种生态要求越一致，竞争就越激烈。

捕食 指一种生物以另一种生物为食的现象。例如，杜鹃捕食昆虫，狼捕食野兔，兔以植物为食，狼以兔为食等。捕食者与被捕食者数量的消长是相互制约的。

生物间的相互影响所形成一定的关系是生物长期生态适应的结果。这种关系的相对稳定对整个生物界和人类的生存和发展都是极其重要的。各种生态因素对生物的影响是全方位的，物竞天择，适者生存。只有能够适应这些因素的生物才得以生存和发展，这对生物的进化具有重要意义。

二、生物对环境的适应

如图 11-6 所示的植物和动物，它们是怎样与其生活环境相适应的？

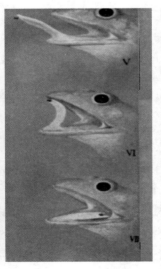

图 11-6 生物对环境的适应

每一种生物在长期进化的过程中形成了与其生活环境相适应的形态结构和生活方式，生物在适应环境的同时，对环境也有一定的影响。

（一）生物的适应性具有普遍性

任何生物都与其生活环境相适应（包括形态结构、生活习性、生理功能等）。例如，仙人掌叶变成刺状以适应干旱环境；猛兽和猛禽有锐利的牙齿（或喙），尖锐的爪，适合于捕食其他动物；鹿、兔、羚等草食动物奔跑速度很快，适合于逃避敌害；蜂鸟的喙，适于取食花蜜。被捕食的动物常以各种方式来防御和对抗敌害，如保护色、警戒色、拟态、防御装置等。

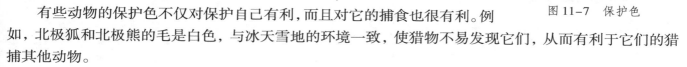

保护色、警戒色、拟态对生物的生活有什么意义？你平时观察到过生物的这些生命现象吗？你能举出一些实例吗？

1. 保护色

动物适应栖息环境而具有的与环境色彩相似的体色，叫保护色。具有保护色的动物不易被其他动物发现，利于躲避敌害。有些昆虫的体色与其生活的环境非常相似；有些动物在不同的季节具有不同的保护色，如有些蝗虫夏天是绿色，秋天则为黄褐色。

图 11-7　保护色

有些动物的保护色不仅对保护自己有利，而且对它的捕食也很有利。例如，北极狐和北极熊的毛是白色，与冰天雪地的环境一致，使猎物不易发现它们，从而有利于它们的猎捕其他动物。

2．警戒色

动物所具有的能够对敌害起到预告示警作用的鲜艳色彩和斑纹，有利于动物保护自我。例如，黄蜂、有毒毛的蛾类、银环蛇、瓢虫等。这类动物一般具有恶臭、有毒刺或有鲜艳色彩、斑纹。蛾类的幼虫具有色彩鲜艳的色彩及斑纹，身上有毒毛，若被其他的动物吞食，毒毛会刺伤动物口腔黏膜，吃过这种苦头的动物再见到它们时，往往望而生畏，不敢轻举妄动。对敌害起预先示警作用。

图 11-8　警戒色

3．拟态

某些生物在进化过程中形成的外表形态或色斑，与其他生物或非生物异常相似，这种状态叫拟态。具有拟态的生物酷似他物（生物或非生物），不易识别，利于避敌、捕食。例如，竹节虫、尺蠖、枯叶蝶、螳螂等，都能以拟态巧妙伪装自己。

4. 其他的防御装置

许多植物叶面上有毛，茎或果上有刺，有的能分泌毒汁，有的果壳或果肉坚硬，果未成熟时常含单宁或有机酸，有些含强刺激性生物碱，使动物不能侵犯，等等。这些都是植物的防御装置。

图 11-9　拟态

动物的防御装置多样，如豪猪、刺猬身上的刺，黄鼬遇敌害时可释放臭气，蜜蜂的尾刺，穿山甲的甲胄等。

（二）适应的相对性

生物对环境的适应只是在一定程度上的适应，并不是绝对的完全的适应，更不是永久的适应。如昆虫有保护色，但也常被视力敏锐的食虫鸟捕食，毛虫的警戒色让许多食虫鸟望而生畏，但爱吃毛虫的杜鹃却更容易发现它。环境条件的不断变化对生物的适应性也有影响。

（三）生物与环境的关系

生物生命活动所需要的物质和能量，都要从环境中取得，环境对生物有着多方面的影响，生物只有适应环境才能生存，生物在适应环境的同时，也能影响环境。例如，柳杉能够吸收二氧化硫等有毒气体，从而能够净化空气；鼠对农作物、森林、草原都有破坏作用；蚯蚓在土壤中活动，以腐烂的植物和泥土为食，可以使土壤疏松，提高土壤的通气和吸水能力，它的排泄物还可以增加土壤的肥力。

由此可见，生物与环境之间是相互作用的，它们是一个不可分割的统一的整体。

第二节　种群和生物群落

《光明日报》曾报道：澳大利亚野兔成灾。估计在这片国土上生长着6亿只野兔，它们与牛羊争牧草，啃树干，造成大批树木死亡，破坏植被导致水土流失。专家估计，这些野兔每年至少造成1亿美元的财产损失。兔群繁殖之快、数量之多，足以对澳洲的生态平衡产生威胁。

澳洲本来没有兔子，1859年，一个叫托马斯·奥斯汀的英国人来澳定居，带来了24只野兔，放养在他的庄园里，供他打猎取乐。奥斯汀绝对没有想到，一个世纪之后，这24只野兔的后代竟会达到6亿只之多。

观察思考

澳大利亚野兔为什么成灾？成灾后，人们该采取什么对策？怎样才能控制兔群数量？

要解决这些问题，仅仅研究生物的个体是不够的，还必须将生物的种群作为一个整体进行研究。

一、种群及种群的特征

观察思考

一只野兔是一个个体，澳大利亚的全部野兔属于什么？

（一）种群的概念

在一定空间和时间内的同种生物个体的总和，叫做种群。例如，一个湖泊中的全部鲤鱼就是一个种群；一块棉田中的全部棉蚜就是一个种群；一片森林中的全部山毛榉也是一个种群，它是由不同树龄的山毛榉组成的。

如果某种生物对人类是有益的，人们总是希望它们越来越多；如果某种生物对人类是有害的，人们总想使它们越来越少。

（二）种群特征

种群研究的核心问题是种群数量（种群内的个体数）的变化规律。要研究种群数量的变化，首先要了解种群的一些特征。这些特征主要包括：数量特征，即有一定的密度、出生率和死亡率、年龄结构、性别比例；遗传特征，即具有一定的基因组成，以区别他物；空间特征，即种群均占据一定的空间，其个体在空间上分布可分为聚群分布、随机分布和均匀分布，此外，在地理范围内分布还形成地理分布；系统特征，即种群是一个自组织、自调节的系统，它是以一个特定的生物种群为中心，也以作用于该种群的全部环境因子为空间边界所组成的系统。因此，应从系统的角度，通过研究种群内在的因子，以及生境内各种环境因子与种群数量变化的相互关系，从而揭示种群数量变化的机制与规律。

观察思考

生物个体具有种群的特征吗？

1. 种群密度　种群密度是指单位空间内某种群的个体数量。例如，在养鱼池中每立方米的水体内非洲鲫鱼的数量；每平方公里面积内黑线姬鼠的数量等。不同物种的种群密度往往差异很大。例如，在我国某地的野驴，每平方公里还不足两头，在相同的面积内，灰仓鼠则有数十万只。同一物种的种群密度在不同环境条件下也有差异。例如，一片农田中的东亚飞蝗，在夏天种群密度较高，在秋末天气较冷时则降低。

实际研究中，不可能逐一计数某个种群的个体总数，如何测定某物种的种群密度呢？

这里，我们可利用种群密度的一种调查方法——标志重捕法来研究测定。

要测定某地的某种动物的种群密度，常用的取样调查法是标志重捕法。标志重捕法就是在被调查的种群的生存环境中捕获一部分个体，将这些个体标志后再放回原来的环境，经过一定期限后进行重捕，根据重捕中标志个体占总捕获数的比例，来估计该种群的数量。

计算公式　种群数量 N=（标志个体数 × 重捕个体数）/ 重捕标志数

观察思考

影响种群密度变化的原因有哪些呢？

2. 年龄组成　种群的年龄组成，是指一个种群中各年龄期个体数目的比例（见图11-10）。种群的年龄组成大致可以分为3种类型。（1）增长型：种群中年轻的个体非常多，年老的个体很少。这样的种群正处于发展时期，种群密度会越来越大。（2）稳定型：种群中各年龄期的个体数目比例适中，这样的种群正处于稳定时期，种群密度在一段时间内会保持稳定。（3）衰退型：种群中年轻的个体较少，而成体和年老的个体较多，这样的种群正处于衰退时期，种群密度会越来越小。由此可见，研究种群的年龄组成，对于预测种群数量的变化趋势具有重要意义。

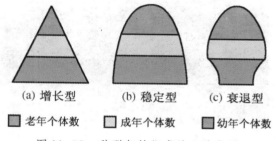

图 11-10　种群年龄组成的 3 种类型

3. 性别比例　性别比例是指雌雄个体数目在种群中所占的比例，性别比例在一定程度上影响着种群密度。例如，利用人工合成的性引诱剂诱杀害虫的雄性个体，破坏了害虫种群正常的性别比例，就会使很多雌性个体不能完成交配，从而使害虫的种群密度明显降低。不同物种的种群，具有不同的性别比例，性别比例大致可以分为3种类型。（1）雌雄相当，多见于高等动物，如黑猩猩等。（2）雌多于雄，多见于人工控制的种群，如鸡、鸭等；有些野生动物在繁殖时期也是雌多于雄，如海豹。（3）雄多于雌，多见于营社会性生活的昆虫，如蜜蜂、白蚁等。一个自然种群的性别比例是由于长期自然选择的结果，它与种群内部的婚配制度相适应。

4. 出生率和死亡率　"出生率"是指种群中单位数量的个体在单位时间内新产生的个体数目。例如，某个鸟种群的出生率为每个雌鸟每年生出 7.8 个雏鸟。"死亡率"是指种群中单位数量的个体在单位时间内死亡的个体数目。例如，在某个达氏盘羊种群中，每 1 000 个活到 6 岁的个体，在 6～7 岁这一年龄间隔期的死亡率为 69.9%。出生率和死亡率也是决定种群大小和种群密度的重要因素。

（三）影响种群数量变化的因素

种群数量是变动的，有的变动不规则，有的变动规则而又稳定，并呈现出种群数量变化的周期性。凡能影响出生率、死亡率以及迁移的因素，都会影响种群数量的变动，如气候、食物、被捕食、传染性疾病等。特别是在现代社会，人类的活动对自然界中种群数量变化的影响越来越大。研究种群数量变化可为防治害虫提供科学依据，还可帮助人们对野生生物资源的合理利用和保护。

二、生物群落

（一）群落的概念

在自然界中，任何一个种群都不是单独存在的，而是通过种间关系与其他种群紧密相连。我们把生活在一定的自然区域内，相互之间具有直接或间接关系的各种生物种群的总和，叫做生物群落，简称群落。一个自然群落就是在一定的地理区域内生活在同一环境下的植物、动物和各种微生物的集合体。例如，一片草原上牧草、杂草、昆虫、鸟、鼠及细菌、真菌等微生物等就组成了一个生物群落。在不同的群落生境中，生存着不同的生物群落，如荒漠、草原、大田、森林等。

（二）生物群落的结构

在生物群落中，各个生物种群分别占据了不同的空间，使群落具有一定的结构。生物群落的结构包括垂直结构和水平结构。

1. 垂直结构　在垂直方向上，生物群落具有明显的分层现象。例如，在森林中，高大的乔木占据上层，往下依次是灌木层、草本植物层、地被植物层和地下植物层（见图11-11）。动物在群落中的垂直分布与植物类似。动物之所以有分层现象，主要与食物有关，其次还与不同层次的微气候条件有关。

分层现象是群落中各种群之间以及种群与环境之间相互竞争和相互选择的结果。它缓解了生物之间争夺阳光、空间、水分和矿质营养等的矛盾，有利于生物的生活。

乔木层

灌木层

草本植物层:

森林地表:
地被植物、
真菌类、蘑
菇和地衣。

地下层:
植物根、地下
生物。

图 11-11　森林中植物群落的垂直结构

? 观察思考

水域中的生物群落有分层现象吗？

答：水域中，某些水生动物也有分层现象。比如湖泊和海洋的浮游动物即表现出明显的垂直分层现象。影响浮游动物垂直分布的原因主要决定于阳光、温度、食物和含氧量等。

2. 水平结构　生物群落在水平方向上，由于地形的起伏、光照的明暗、温度的高低等因素的影响，不同的地段往往分布着不同的种群，种群密度也存在差别，形成不均匀的斑块状和镶嵌状分布。如，森林中乔木基部和其他被树冠遮住的地方，光线较暗，适于喜阴植物生存，而树冠下的间隙或其他光照较充足的地方，则灌木和草丛较多。

综上所述，在一定区域内的生物，同种个体形成种群，不同种的种群形成群落。种群的各种特征、种群数量的变化和生物群落的结构，都与环境中的各种生态因素有着密切的关系。

? 观察思考

群落的结构会随时间的推移发生变化吗？

阅读材料

生物群落的演替

　　生物群落不是一成不变的，它是一个随时间的推移而发展变化的动态系统。由于气候变迁、洪水、火灾、山崩、动物的活动和植物繁殖体的迁移散布，以及因群落本身的活动改变了内部环境等自然原因，或者由于人类活动的结果，使群落发生根本性质变化的现象是普遍存在的。在这个过程中，一些物种的种群消失了，另一些物种的种群随之而兴起，最后，这个群落会达到一个稳定阶段。像这种随着时间推移，一个群落被性质上不同的另一个群落所替代的过程，叫做演替。例如，在某一林区，一片土地上的树木被砍伐后辟为农田，种植作物；以后这块农田被废弃，在无外来因素干扰下，就发育出一系列植物群落，并且依次替代。首先出现的是一年生杂草群落；然后是多年生杂草与禾草组成的群落；再后是灌木群落和乔木的出现，直到一片森林再度形成，替代现象基本结束。在这里，原来的森林群落被农业植物群落所代替，就其发生原因而论是一种人为演替。此后，在撂荒地上一系列天然植物群落相继出现，主要是由于植物之间和植物与环境之间的相互作用，以及这种相互作用的不断变化而引起的自然演替过程。

　　随着演替的进行，组成群落的生物种类和数量会不断发生变化。演替过程只要不遭到人类的破坏和各种自然力的干扰，其总的趋势是会导致物种多样性的增加，直至达到顶级群落为止。

　　在自然界中，群落的演替现象是普遍存在的，具有一定的规律性。人们掌握了这种规律，就能根据现有情况来预测群落的未来，从而正确掌握群落动向，使之向着有利于人类的方向发展。

拓展练习

一、选择题

1. 下列属于种群的是（　　）。

　　A. 一个湖泊中的各种鱼　　　　　　　　B. 一个池塘中的各种浮游生物

　　C. 不同地带中的所有竹蝗　　　　　　　D. 同一地带中的全部竹蝗

2. 在种群的下列特征中，对种群数量变化起决定作用的因素是（　　）。

　　A. 种群密度　　　　　B. 年龄组成　　　　　C. 性别比例　　　　　D. 出生率和死亡率

3. 在种群的性别比例中，雄多于雌的生物多见于（　　）。

　　A. 白蚁　　　　　　　B. 猩猩　　　　　　　C. 鸡　　　　　　　　D. 海豹

4. 一片森林中，有树木、杂草、昆虫、鸟、鼠等动植物，还有细菌、真菌等微生物，这些生物共同组成（　　）。

　　A. 食物链　　　　　　B. 种群　　　　　　　C. 群落　　　　　　　D. 生态系统

5. 某种群中年轻的个体少，年老个体多，则种群密度将会（　　）。

　　A. 越来越大　　　　　B. 相对稳定　　　　　C. 越来越小　　　　　D. 绝对不变

6. 雀鸟、煤山雀、血雉等在珠穆朗玛峰的河谷森林里分层次地分布，这体现了（　　）。

　　A. 种群的密度　　　　　　　　　　　　　B. 种群的水平结构

　　C. 群落的垂直结构　　　　　　　　　　　D. 群落的水平结构

7. 近十几年来，我国东部沿海城市人口密度显著增长，造成这一现象的主要原因是（　　）。

　　A. 年龄组成呈增长型　　　　　　　　　　B. 出生率大于死亡率

　　C. 性别比例适当　　　　　　　　　　　　D. 迁入率大于迁出率

二、简答题

草原的牧民承包了一片草场，要想取得好的经济效益，必须确定合理的载畜量，为什么？

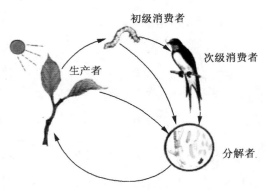

第三节　生态系统

　　每种生物都离不开它们生活的环境,生物与环境有着非常密切的关系。自然界中植被的大量破坏,会引起严重的水土流失,以及旱涝灾害频繁发生。农业生产中大量使用有机氯杀虫剂,不仅污染了农田,杀死了许多害虫的天敌,而且杀虫剂随雨水冲刷进入周围水体后,污染水体,导致许多水生生物中毒,甚至连南极的企鹅体内也发现含有有机氯杀虫剂。这些都说明,将生物群落与无机环境作为一个整体来研究,甚至将地球上的所有生物与它们所生活的无机环境一起研究,非常必要。

一、生态系统的概念

　　生物群落与其所在的无机环境相互作用而形成的统一整体叫做"生态系统"。例如,一片森林、一块草地、一条河流、一块农田、一座城市等,都可成为一个生态系统。生态系统具有等级结构,即较小的生态系统组成较大的生态系统,简单的生态系统组成复杂的生态系统,最大的生态系统是生物圈,它包括地球上的全部生物及其无机环境。

二、生态系统的类型

　　生物圈内有许多类型的生态系统。根据环境的性质,生态系统可分为陆地生态系统（森林、草原、山地、沙漠、农田等）、淡水生态系统（湖泊、河流、池塘、水库等）和海洋生态系统（海岸、河口、浅海、大洋等）。

　　根据人类活动对生态系统干预的程度,生态系统可分为自然、半自然和人工生态系统。

三、生态系统的结构

　　任何一个生态系统都由生物群落和其生活的环境两大部分组成。生物群落是构成生态系统精密有序结构和使其充满活力的关键因素,各种生物在生态系统的生命舞台上各有角色。在各种类型的生态系统中,都包含非生物的物质和能量、大量的植物、动物和微生物等组成成分,这些组成成分之间通过物质和能量的联系形成一定的结构。

图 11-12　生态系统的组成

（一）生态系统的组成

生态系统包括下列 4 种主要组成成分（见图 11-12）。

1. 非生命的物质和能量

非生命的物质和能量包括阳光、热能、空气、水分和无机盐等。它们既为生物的生长提供物质和能量,又为生物的生长和活动提供场所。太阳能是来自地球以外的能源。

2. 生产者

生产者,指能利用简单的无机物质制造食物的自养生物,包括所有绿色植物、蓝绿藻和少数能合成细菌等自养生物。

这些生物可以通过光合作用或化能合成作用把水和二氧化碳等无机物合成为碳水化合物、蛋白质和脂肪等有机化合物,并把能量储存在合成有机物的分子键中。生产者不仅为本身的生存、生长和繁殖提供营养物质和能量,而且它所制造的有机物质也是消费者和分解者唯一的能量来源。生态系统中的消费者和分解者是直接或间接依赖生产者为生的,没有生产者也就不会有消费者和分解者。可见,生产者是生态系统中最基本和最关键的生物成分。太阳能只有通过生产者的光合作用才能源源不断地输入生态系统,然后再被其他生物所利用。

3. 消费者

消费者,是针对生产者而言,它们不能将无机物直接制造成有机物质,而是直接或间接地依赖于生产者所制造的有机物质来生活，属于异养生物。消费者归根结底都是依靠植物为食（直接取食植物或间接取食以植物为食的动物）。直接吃植物的动物叫植食动物，又叫一级消费者（如蝗虫、兔、马等）；以植食动物为食的动物叫肉食动物，也叫二级消费者，如食野兔的狐和猎捕羚羊的猎豹等；以后还有三级消费者、四级消费者，消费者可分为多个级别。消费者也包括那些既吃植物也吃动物的杂食动物。有许多动物的食性是随着季节和年龄而变化的，麻雀在秋季和冬季以吃植物为主，但是到夏季的生殖季节就以吃昆虫为主，所有这些食性较杂的动物都是消费者。消费者主要指以其他生物为食的各种动物，包括植食动物、肉食动物、杂食动物和寄生生物等。

4. 分解者

生态系统中，细菌、真菌、放线菌和其他具有分解能力的生物，如蚯蚓等，它们是生态系统中的"分解者"。它们分解动植物的残体、粪便和各种复杂的有机化合物，最终将有机物分解为简单的无机物，这些无机物通过物质循环后回归到无机环境中，被自养生物重新利用。它们是"清道夫"，更是变废为宝的"魔术师"。

有机物质的分解过程是一个复杂的逐步降解的过程，除了细菌、真菌、放线菌是主要的分解者之外，其他大大小小以动植物残体和腐殖质为食的各种动物在物质分解的总过程中都在不同程度上发挥着作用，如专吃兽尸的兀鹫，食朽木、粪便和腐烂物质的甲虫、白蚁、粪金龟子、蚯蚓等。有人把这些动物称为"大分解者"，而把细菌、真菌和放线菌称为"小分解者"。分解过程对于生态系统的物质循环和能量流动具有非常重要的意义，它在任何生态系统中都是不可缺少的组成成分。

想象一下，假如生态系统中没有分解者，世界将会变成什么样？

在生态系统中，生产者能够制造有机物，为消费者提供食物和栖息场所；消费者对于植物的传粉、受精、种子的传播等具有重要作用；分解者能将动植物的遗体分解为无机物重新回归到无机环境，供生产者利用。由此可见，生态系统中的生产者、消费者、分解者是紧密联系，缺一不可的。

（二）食物链和食物网

生态系统中，食物是动物生存的基本条件。生物之间的关系非常复杂，但最基本和最重要的联系就是食物联系。绿色植物是生产者，是各种动物直接或间接的食物。植食动物吃植物，肉食动物吃植食动物，较大的动物吃较小的动物，生物之间彼此形成一个食用与被食用的关系。这种生物之间以食物为联系而建立的关系，叫"食物链"。通常一个食物链由4~5个链节（营养级）组成，最多不超过7个。例如，鼠吃草，猫头鹰吃鼠，这就是一条简单的食物链。这条链从草到猫头鹰共3个环节，即3个营养级：生产者草是第一营养级，初级消费者鼠是第二营养级，次级消费者猫头鹰是第三营养级。各种动物所处的营养级，并不是一成不变的。例如，在上述食物链中，当猫头鹰捕食黄鼬时，因黄鼬吃鼠，这时，猫头鹰就是第四营养级了。食物链有以下3种类型：（1）捕食链，其特点是以植物为起点，经食草动物到食肉动物；（2）寄生链，其特点是以活的动植物为起点，经各级寄生物；（3）腐生链，其特点是以动植物尸体为起点。

农药DDT是怎样通过食物链进入人体的？会造成人体中毒吗？

在生态系统中，各种生物间的食物关系往往很复杂。消费者常常不仅吃一种食物，同一食物可能被不同的消费者所食。因而，生态系统中的各种食物链彼此相互交错，交叉联结，形成复杂的网状结构，这就是食物网（见图11-13）。食物链和食物网是生态系统的营养结构，生态系统的物质循环和能量流动就是沿着这个渠道进行的。整个地球的生物圈被一个巨大的食物网络神奇地联系在一起。

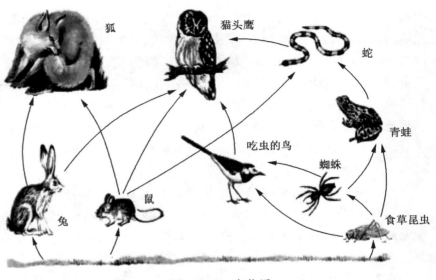

图11-13　食物网

图11-13中有多少条食物链？属三级消费者的动物有哪些？第三营养级的动物有哪些？猫头鹰占有几个营养级？

四、生态系统的功能

生态系统不仅具有一定的结构，而且具有一定的功能。生态系统的主要功能是进行能量流动和物质循环。

（一）生态系统的能量流动

生物的生长和繁殖都需要能量，太阳能是所有生命活动的能量来源。尽管到达地球表面的太阳能仅有约0.023%被直接用于光合作用，它却支持着地球上40余万种植物和100余万种动物的生存。太阳能通过绿色植物光合作用进入生态系统并不断地沿着食物链逐级流动。食物链每一个链节上动物所获得的能量一部分用于建造自己的身体，另一部分则在各种生命活动中消耗释放。生态系统中能量的源头是太阳光。生产者固定的太阳能的总量就是流经这个生态系统的总能量，这些能量在食物链上是单向流动、逐级传递的（见图11-14）。

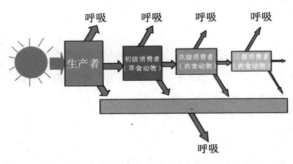

图11-14　生态系统的能量流动示意图

生态系统中能量的流动是逐级递减的，这一规律与能量守恒定律矛盾吗？请解释。

大量研究发现，能量在食物链的传递中，其效率仅为10%左右。因而，在食物链上，每提高一级，生物数量只有前一级的1/10。人们把食物链上的生物量按1/10速率逐级下降的规律称为"十分之一法则"。为形象说明这个问题，可将单位时间内各个营养级所得的能量数量值，由低到高绘制成图，这样就形成一个金字塔形，叫"能量生态金字塔"。

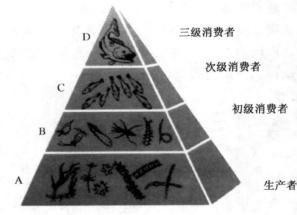

图11-15　能量生态金字塔图解

研究生态系统能量流动的规律有什么意义？

研究生态系统能量流动的意义

人们掌握生态系统能量流动的规律后，可设法调整能量流动方向，使能量持续高效流向对人类最有益的部分。例如，在森林中，最好使能量多储存在木材中；在草原牧场上，则最好使能量多流向到牛、羊等牲畜体内，获得更多的毛、肉、皮、奶等畜产品。

在畜牧业中，人们根据草场能量流动的特点，确定合理的载畜量，确保畜牧业的持续发展。

（二）生态系统的物质循环

生态系统中能量的源头是太阳能，而生态系统中的物质都是由地球提供的。生态系统除了需要能量外，还需要水和各种矿物元素。　生物有机体在生活过程中，大约需要30～40种元素。这些基本元素被植物从空气、水、土壤中吸收利用，以有机物的形式从一个营养级传递到下一个营养级。当动植物有机体死亡后被分解者分解时，它们又以无机形式的矿质元素归还到环境中，再次被植物重新吸收利用，从而完成生态系统中营养物质的生物循环，维持着生物圈营养物质的收支平衡。矿质养分不同于能量的单向流动，而是在生态系统内一次又一次地利用、再利用，即发生循环，这就是生态系统的物质循环。这里的生态系统指的是生物圈，其中的物质循环带有全球性，所以又叫生物地球化学循环。物质循环的特点是循环式，与能量流动的单方向性不同（见图11-16）。

能量流动和物质循环都是借助于生物之间的取食过程进行的，在生态系统中，能量流动和物质循环是紧密地结合在一起同时进行的，它们把各个组分有机地联结成为一个整体，从而维持了生态系统的持续存在。

图11-16　生物圈的物质循环

作为物质循环的例子，下面重点介绍碳的生态循环过程。

碳循环

碳循环的基本路线是从大气储存库到植物和动物，再从动植物通向分解者，最后又回到大气中去。

图11-17　碳循环图解

生物圈中的碳循环（见图11-17）主要表现在生产者——绿色植物从空气中吸收二氧化碳（CO_2），经光合作用转化为葡萄糖（$C_6H_{12}O_6$），并放出氧气（O_2）。有机体再利用葡萄糖合成其他有机化合物。碳水化合物经食物链传递，又成为动物和细菌等其他生物体的一部分。生物体内的碳水化合物一部分作为有机体代谢的能源经呼吸作用被氧化为二氧化碳和水，二氧化碳释放到大气中。生产者和消费者的遗体被分解者所利用，分解后产生的二氧化碳也返回到大气中。此外，由古代动植物遗体转变成的煤和石油等，被人开采利用，产生大量的二氧化碳排到大气中，也加入到碳循环中。

温室效应

二氧化碳是影响地球能量平衡的一个重要方面。能量主要以光的形式到达地球,其中大部分被吸收,并通过各种方式转化为热量,热量最后以红外(热)辐射形式从地球再辐射出去。在大气层中,二氧化碳对光辐射没有阻碍,但是能吸收红外线并阻挡红外线通过,就像温室的玻璃顶罩一样,能量进来容易出去难。大气中的二氧化碳越多,对地球上热量逸散外层空间的阻碍作用就越大,从而使地球温度升高得越快,这种现象就叫做温室效应。温室效应使全球平均气温上升,气温升高不可避免地使极地冰层部分融解,引起海平面上升。海平面上升对人类社会的影响是十分严重的。如果海平面升高1米,直接受影响的土地约 5×10^6 平方公里,人口约10亿,耕地约占世界耕地总量的1/3。如果考虑到特大风暴潮和盐水侵入,沿海海拔5米以下地区都将受到影响,这些地区的人口和粮食产量约占世界的1/2。一部分沿海城市可能要迁入内地,大部分沿海平原将发生盐渍化或沼泽化,不适宜于粮食生产。同时,对江河中下游地带也将造成灾害。当海水入侵后,会造成江水水位抬高,泥沙淤积加速,洪水威胁加剧,使江河下游的环境急剧恶化。温室效应和全球气候变暖已经引起了世界各国的普遍关注,目前正在推进制订"国际气候变化公约",减少二氧化碳的排放已经成为大势所趋。

第四节 生态系统的稳定性

"生物圈二号"

从1991年9月26日起的两年中,美国科学家进行了人工生物圈实验。8名男女科学家自愿住进了一个由玻璃和钢架建成的占地3.1英亩的小世界里,从事生态实验。除了一部电传机和电能供给外,他们与外界完全隔离。因这个环境是模拟地球生物圈而建造的,所以,这项实验被称为"生物圈二号"(见图11-18)。"生物圈二号"就像一个巨大的"生态球",在拱形玻璃罩下,里面有3 800种动植物。此外还有湖泊、沙漠、树林、沼泽、草地和农田、楼房,以及能制造风雨的装置。8位科学家亲自饲养家禽、牲畜,种植农作物。在这实验室中,任何东西都不会浪费,都会被循环使用,比如人吸入氧气呼出二氧化碳,绿色植物在进行光合作用时则正好相反。任何农药被严禁使用,庄稼如发现患有病虫害,将用瓢虫、黄小蜂等进行生物防治。"生物圈二号"为全世界所瞩目。可惜,到了1993年,因氧气减少、粮食减产,而不得不撤出。科学家们只能无奈地宣布这项实验失败。

该实验说明,在目前技术条件下要在生物圈之外建立一个适于人类生活的生态系统是非常困难的。事实再一次告诉人们,地球是人类唯一的家园,人类应好好地珍惜它、爱护它。

图11-18 "生物圈二号"实验室

科学家们为什么要建造"生物圈二号"并进行实验?"生物圈二号"实验失败说明了什么问题?

一、生态系统的稳定性

生态系统中的生物,既有出生也有死亡,既有迁入也有迁出;阳光、温度、水分等无机环境因素也在不断地改变,生态系统在不断地发展变化着。对于一个相对成熟的生态系统来说,系统中的各种变化只要不超出一定限度,生态系统的结构与功能就不会发生大的改变,处于相对稳定。生态系统所具有的保持或恢复自身结构和功能相对稳定的能力,叫生态系统的稳定性。当生态系统发展到一定阶段时,它的结构和功能就能在一定的水平上保持相对稳定而不发生大的变化。因此,各种生物的数量虽然在不断地变化,由于生态系统具有一定的自动调节能力,在一般情况下,生态系统中各种生物的数量及所占比例是相对稳定的。处于成熟期的生态系统,系统中能量和物质的输入和输出接近于相等,即系统中的生产过程与消费和分解过程处于平衡状态。这时生态系统的外貌、结构、动植物组成等都保持着相对稳定的状态,这种状态,称为"生态平衡"。在一定的外来干扰下,能通过自我调节(或人为控制)恢复到原始的稳定状态。当外来干扰超过生态系统的自我调节能力,而不能恢复到原始状态时称作生态失调或生态平衡的破坏。人类活动可以破坏原有平衡,也可以建立新的平衡,使之结构更加合理,生态效益更高。

生态平衡包含系统内两个方面的稳定:一方面是生物种类(即动物、植物、微生物)的组成和数量比例相对稳定;另一方面是非生物环境(包括空气、阳光、水、土壤等)保持相对稳定。环境之间不断的物质、能量与信息的流动,使得生态系统中旧的平衡不断打破,新的平衡不断建立。只有这样,地球才会由一片死寂变得生机盎然。绝对的平衡则意味着没有发展和变化。但这种变化如果太快,则系统各组分之间不可能有一个相对稳定的相互关系,会产生一系列严重的问题,生物不能适应这种变化则导致物种的大量灭绝。生态系统一旦失去平衡,会发生非常严重的连锁性后果。例如,20世纪50年代,我国曾发起把麻雀作为"四害"来消灭的运动。在大量捕杀了麻雀之后的几年里,却出现了严重的虫灾,使农业生产受到巨大的损失。后来科学家们发现,麻雀是吃害虫的好手。消灭了麻雀,害虫没有了天敌,就大肆繁殖起来,导致了虫灾发生、农田绝收一系列惨痛的后果。生态系统的平衡是大自然经过了很长时间才建立起来的动态平衡。一旦受到破坏,有些平衡很难再重建,带来的恶果可能是人的努力无法弥补的。因此,人类要尊重生态平衡,帮助维护这个平衡,而绝不要轻易去破坏它。

二、生态系统稳定性包含的内容

生态系统的稳定性包括抵抗力稳定性和恢复力稳定性等方面。

1. 生态系统的抵抗力稳定性

抵抗力稳定性,是指生态系统抵抗外界干扰并使自身的结构和功能保持原状的能力。如森林生态系统对气候变化的抵抗能力就属于抵抗力稳定性。生态系统之所以具有抵抗力是因为生态系统具有一定的自动调节能力。生态系统自动调节能力的大小与生态系统中营养结构的复杂程度有关,营养结构越复杂,自动调节能力就越大,抵抗力稳定性越高;反之则自动调节能力就越小,抵抗力稳定性也越小。

2. 生态系统的恢复力稳定性

恢复力稳定性,是指生态系统在遭到外界干扰因素的破坏以后恢复到原始状态的能力。例如,河流生态系统被严重污染后,导致水生生物大量死亡,使河流生态系统的结构和功能遭到破坏;如果停止污染物的排放,河流生态系统通过自身的净化作用,还会恢复到接近原来的状态。这说明河流生态系统具有恢复自身相对稳定的能力。再如一片草地上发生火灾后,第二年就又长出茂密的草本植物,动物的种类和数量也能很快得到恢复。

许多证据表明，抵抗力和恢复力之间存在着相反的关系，具有高抵抗力稳定性的生态系统，其恢复力的稳定性较低，反之亦然。但是一个抵抗力与恢复力都很低的生态系统，它的稳定性当然也是很低的。如冻原生态系统，它的生产者主要是地衣，地衣对环境的变化很敏感，很容易被破坏，它的生长又很慢，一旦因某种原因使地衣遭到破坏后就很难恢复，从而导致生态系统的崩溃；森林生态系统与杂草生态系统相比较，森林生态系统自动调节能力强，抗干扰的能力也强。森林比较能忍受温度的变动，也较能抵抗干旱和虫害的危害。一次春寒可能把树木的新叶冻死，但树木很快就能长出另外的新叶来。但如果将森林生态系统中的乔木全部砍掉，这个森林生态系统就很难恢复到原来的样子。尽管杂草生态系统的抵抗力稳定性不如森林生态系统，但其恢复力的稳定性较好。如一场大火将杂草全部烧光，形成次生裸地，第二年又可恢复成一个杂草生态系统。

生态系统具有自我调节和维持平衡状态的能力。当生态系统的某个要素出现功能异常时，其产生的影响就会被系统作出的调节所抵消。生态系统的能量流和物质循环以多种渠道进行着，如果某一渠道受阻，其他渠道就会发挥补偿作用。一个生态系统的调节能力是有限度的，当外力的影响超出这个限度，生态平衡就会遭到破坏，生态系统就会在短时间内发生结构上的变化，比如一些物种的种群规模发生剧烈变化，另一些物种则可能消失，也可能产生新的物种。但变化总的结果往往是不利的，它削弱了生态系统的调节能力。这种超限度的影响对生态系统造成的破坏是长远性的，生态系统重新回到和原来相当的状态往往需要很长的时间，甚至造成不可逆转的改变。

作为生物圈一分子的人类，对生态环境的影响力目前已经超过自然力量，而且主要是负面影响，成为破坏生态平衡的主要因素，导致出现了全球性的环境危机。人类对生物圈的破坏性影响主要表现在3个方面：一是大规模地把自然生态系统转变为人工生态系统，严重干扰和损害了生物圈的正常运转，农业开发和城市化是这种影响的典型代表；二是大量取用生物圈中的各种资源，包括生物的和非生物的，严重破坏了生态平衡，森林砍伐、水资源过度利用是其典型例子；三是向生物圈中超量输入人类活动所产生的产品和废物，严重污染和毒害了生物圈的物理环境和生物组分，包括人类自己，化肥、杀虫剂、除草剂、工业三废和城市三废是其代表。

人类在发展经济的同时，应当针对各种生态系统的稳定性特点，采取相应的对策，保持生态系统的相对稳定，使人与自然协调发展。

拓展练习

1. 生物种类较少，生物类群单一，受人类影响很大的生态系统有（　　）。

　　A.森林生态系统　　　　　　B.农田生态系统　　　　C.沙漠生态系统

　　D.草原生态系统　　　　　　E.城市生态系统

2. 物质和能量流通量大，开放程度最高的生态系统是（　　）。

　　A.海洋生态系统　　　　B.草原生态系统　　　　C.农业生态系统　　　　D.城市生态系统

3. 以下生态系统中除自然供给能量外，还必须人为额外补充能量的生态系统有（　　）。

　　A.热带雨林生态系统　　B.海洋生态系统　　　C.鱼塘生态系统

　　D.农田生态系统　　　　E.河口湾生态系统

4. 以下生态系统中属于陆地生态系统的有（　　）。

　　A.森林生态系统　　　　B.池塘生态系统　　　C.荒漠生态系统　　　D.河流生态系统

5. 在"植物→蝉→螳螂→黄雀→鹰"这条食物链中，次级消费者是（　　）。

　　A.鹰　　　　　　　B.黄雀　　　　　　C.螳螂　　　　　　D.蝉

6. 肉食动物不可能是一条食物链中的第几营养级？（　　）。

　　A.第五　　　　　　B.第二　　　　　　C.第三　　　　　　D.第四

7.喷施农药DDT的地区，虽然只占陆地面积的一小部分，可是，在远离这些地区的南极的企鹅体内，也发现了DDT，这说明（　　）。

    A.DDT挥发性强

    B.DDT加入了全球生物地化循环

    C.南极企鹅是从施药地区迁去的

    D.考察队把DDT带到了南极

8.下列除哪项外，均为生态系统内能量流动特征的描述？（　　）。

    A.食物链和食物网是能量流动的渠道

    B.单向流动和逐级递减

    C.食物链中初级消费者越多，次级消费者获得的能量越少

    D.食物链越短，可供养的消费者越多

第五节　生物多样性及其保护

人类生存的地球，绚丽多姿，生机勃勃。地球40亿年生物进化所留下的最宝贵财富——生物多样性，是人类赖以生存和发展的前提和基础，是人类及其子孙后代共有的宝贵财富。

一、生物多样性含义

地球上所有的植物、动物和微生物，它们所拥有的全部基因以及各种各样的生态系统，共同构成了生物的多样性。生物多样性包括遗传多样性（基因多样性）、物种多样性和生态系统多样性。

基因的多样性——物种的个体数量多，个体之间的差异大，构成基因库的基因种类多。基因的多样性是物种在环境变动时能够继续生存下去而不灭绝的保障。

生态系统的多样性——不同物种需要不同的生态环境。生态系统的多样性是物种多样性的重要条件。

二、生物多样性的价值

生物的多样性与人类及人类生存的环境有何关系？生物的多样性给人们带来了怎样的好处？

生物多样性具有直接使用价值、间接使用价值和潜在使用价值。

（一）直接使用价值

生物多样性为人类的生存与发展提供了丰富的食物、药物、燃料等生活必需和大量工业原料，具有重要的科学研究价值和美学价值。

（二）间接使用价值

生物多样性维护了自然界的生态平衡，为人类生存提供了良好的环境条件。生物多样性有重要的生态功能。

地球上的生物生存环境是在生物出现之后由生物的作用逐渐形成的，大气层中的氧就应归功于绿色植物的光合作用。生物的多样性在保持生存环境的稳定、维护自然生态平衡中起重要的作用，生物多样性的价值是综合的。例如，森林能涵养水源、保持水土；防风固沙、保护农田；净化大气、防治污染等。在维护人类的生存环境和改善陆地的气候条件上起着重大而不可取代的作用。森林的生态效益（或称环保价值）大大超过它的直接产品的价值。据统计，日本有森林3.75亿亩，森林覆盖率占国土面积的68%，在一年内贮存水量为2 300亿吨，防止土壤流失量57亿立方米，林内栖息鸟类有8 100万只，森林提供

氧气 5 200 万吨，按规定单价计算，其总价值相当于日本 1972 年全国的经费支出预算。

（三）潜在使用价值

野生生物种类繁多，而人类对它们做过比较充分研究的极少，大量野生生物的使用价值目前仍不清楚。但可以肯定的是，野生生物具有巨大的潜在使用价值，一种野生生物一旦从地球上消失，就无法再生，它的潜在使用价值就不存在了。因此，对于目前尚不清楚其潜在使用价值的野生生物，我们同样应当珍惜和保护。

三、我国生物多样性概况

我国幅员辽阔，自然条件复杂，从而孕育了极为丰富的物种和多种多样的生态系统。我国生物多样性具有以下特点。

1. 物种丰富

我国是世界上少数几个野生生物物种最丰富的国家之一，被国际社会誉为"巨大多样性国家"。据统计，有高等植物 3 万多种，居世界第三；我国还是世界上裸子植物物种最多的国家。有脊椎动物 6 000 多种，占世界脊椎动物总数的 14%，我国还是世界上鸟类最多的国家之一，共有鸟类 1 200 多种。

2. 特有的和古老的物种多

我国地貌、土壤、气候多样，为野生生物提供了复杂多样的生存条件，加之受地质史上第四纪冰川的影响不大，许多地区都不同程度地保留下来一些珍贵的孑遗种。因此野生生物不但有许多特有种，如大熊猫、白鳍豚、水杉、银杏等，都是我国举世闻名的特有物种；而且还保留了许多珍贵的孑遗种，如松杉类植物目前世界现存 7 个科中，我国有 6 个科。

海洋、沼泽、江河、湖泊、高山、平原、沙漠等各式各样的生态系统为各种生物提供了必要的生存环境。

四、生物多样性受到的威胁

地球上的生物种类繁多，但由于人类的活动和自然条件的变化，生物多样性受到很大的威胁。虽然物种的绝灭本来是进化的自然过程，每个物种都有其寿命（大约 100 万～1 000 万年之间），在生物演化史中，就发生过 5 次大规模的物种灭绝事件（奥陶纪至白垩纪），但每一次都是自然灾难引起的。然而，今日地球再次走向物种灭绝的边缘，据有关专家估算，现代世界中生物物种灭绝的速度比史前世界高出了 100～1 000 倍。

根据《国家地理杂志》报道，整个地球的动植物种类，在未来数百年内约有 50% 可能走向毁灭，所有的生物都将因此受到影响。在过去的 2 000 年间，鸟类家族中有 1/5 已灭绝，目前幸存的 9 040 种鸟类，仍有 11% 正面临灭绝的威胁，至于植物，每 8 种就有 1 种濒临绝种。另据资料统计分析，现存的许多生物物种已受到很大威胁。

造成生物多样性受威胁的原因主要有以下几点。

（1）生态环境不断恶化是其受威胁的直接和主要原因。由于人口压力大，毁林毁草开荒严重，以及经济建设对生态环境的破坏，生态环境不断恶化，使生物多样性赖以存在的环境变劣、萎缩，生物多样性因此不断减少和受到威胁。

（2）认识不足，不能正确处理保护与开发的关系。20 世纪 50 年代以来由于经济建设的需要，过量采伐木材，尤其是天然林的采伐，致使大量珍贵稀有的树种及依赖森林生态系统生存的多种生物毁灭，导致生物多样性的破坏。90 年代以后生物多样性保护逐渐受到世界各国的关注，我国政府十分重视。在实际工作中，由于对生物多样性保护的重要性认识不足，往往在资源开发中、在生态建设中出现了生态破坏的问题，也是导致生物多样性遭受破坏和威胁的重要原因。森林生态系统是地球上自然界中最大的生态系统，是最丰富的生物种源库和基因库，森林被破坏，尤其是天然林被破坏，使生物多样性受到严重威胁。另外，对野生中草药的无节制、掠夺性采掘，也使中草药资源受到严重破坏。

（3）工业化和城市化的迅速发展，特别是工业、交通、水利等工程建设和大规模农林牧鱼的开发及无控制的旅游开发，使生态系统遭到破坏，造成野生生物的生存空间急剧减少。

（4）人类活动所引起的环境污染对生物的生存造成重大威胁，气候变暖、臭氧层耗损、酸雨、滥用有毒化学物质等破坏了各种自然生态系统，使野生动植物的栖居环境受到极大损害。

（5）人类对野生生物无节制的掠夺，滥捕滥采以及国际性的野生动植物走私等，都加速了物种的灭绝。

（6）盲目引种导致外来物种大量侵入，改变了原有的生态系统，使原生物种受到严重威胁，许多古老的土著品种遭受排挤而逐步减少，甚至灭绝。

五、保护生物多样性

生物多样性是人类生存和发展的基础，随着人类经济活动范围的扩大和人口的剧增，人类对生态环境的影响越来越大，很多野生动植物濒临灭绝边缘。物种的丧失，不仅危害当代人，也会大大限制后代人选择物种的机会。面对全球生物多样性日益受到严重威胁的现状，保护生物多样性已成为人类的最紧迫任务之一，成为全球的共同愿望。

国际社会高度重视生物多样性保护，1992年，在巴西里约热内卢召开的联合国环境与发展大会上，前总理李鹏代表我国政府率先签署了《生物多样性公约》，该公约是重要的环境保护国际法，体现了人类对保护生物多样性的关注与重视。我国十分重视生物多样性保护的法制建设，先后制定了与保护生物多样性有关的法律法规20多项。使我国保护工作走上了法制化轨道。

我国生物多样性保护，主要采取就地保护（建立自然保护区），迁地保护和离体保护（植物园、动物园的引种繁育中心）相结合的途径进行，同时注重保护环境，防止污染，建立健全相关法规、加强环境教育。

六、建立自然保护区

亿万年来，地球生物在演变的过程中，形成了勃勃生机的生物世界。但是，如今这个充满生机的生物世界中的有些家族成员却从地球上消灭了，恐龙便是其中最著名的一种。

近50年来，兽类灭绝了近40种，联合国环境计划署预测，在今后二三十年内，地球上将有1/4的生物陷于绝境。人类失去的朋友越来越多，将会越来越孤独。

？观察思考

怎样才能挽救这些朋友，怎样才能让它们摆脱困境？

为了保护自然环境和自然资源，对具有代表性或典型性的自然生态系统、珍稀动物栖息地、重要的湿地、自然景观、自然历史遗迹、水源涵养地及有特殊意义的地址遗迹和古生物以及产地等区域，由各级政府明文划定范围，严格加以保护，即建立自然保护区（见图11-19）。

1956年，我国建立起了第一个自然保护区——鼎湖山自然保护区，至2002年共建立自然保护区1 551个，总面积达1.447 2亿平方千米，占陆地国土面积的14.4％。根据保护对象不同，自然保护区可分为3个类别：自然生态系统类、野生生物类、自然遗迹类。

建立自然保护区是世界各国保护珍稀濒危动植物及其生态系统，保护生物多样性的一种重要手段。在严格的管理和良好的保护下，许多珍稀濒危物种，如扬子鳄、大熊猫、黑颈鹤、金丝猴等珍稀动植物种群有较大增长。但野生动物中的白鳍豚、华南虎，野生植物中的人

图11-19　自然保护区

203

参、杜仲等种群还在继续下降。同时无节制地开发生态旅游，偷猎野生动物，盗伐珍稀树木的事件仍时有发生，从而加速了野生珍稀动植物的灭绝。

为切实做好保护工作，1994年12月我国颁布了《中华人民共和国自然保护区条例》，依法管理，严厉打击各种违法行为。

让我们一起来保护我们身边的生物吧，这也是在保护我们赖以生存的环境、保护我们自己，让我们一起努力使物种的灭绝现象消失，让各种生物和平共处的时间长些再长些，让我们的子孙后代都能看到这些活生生的生物。

阅读材料

1. 生物多样性受到严重威协

据统计，近2 000年来，地球上已有106种哺乳类动物和127种鸟类灭绝；濒临灭绝的哺乳类动物有406种，鸟类有593种，爬行动物209种，鱼类242种，其他低等动物更不计其数。中国大熊猫、西伯利亚虎、亚洲黑熊、印尼马鲁克白鹦、亚洲猩猩、非洲黑犀牛、北美石龟、北美蚓蜥等均濒临灭绝。从1950年到1992年，非洲的象牙海岸大象从10万头锐减到1 500头。如果偷猎活动不加禁止，到下世纪初，非洲大象将灭绝。

据不完全统计，目前野生动物的非法贸易额每年达50亿～90亿美元，成为仅次于贩毒活动的第二大经济犯罪活动。海洋生物的生存也面临严重威胁，每年有数百万头海豚、海龟丧生。据国际捕鲸委员会的一份报告说，地球上最大的动物——蓝鲸，目前仅存400余只，濒临灭绝。由于采用漂网捕鱼，许多鱼类正面临灭绝的危险。随着森林的滥伐和生态环境的破坏，许多野生珍稀生物惨遭浩劫。例如，位于地球赤道一带的热带雨林，是天然的动植物园、地球的生物宝库，又是"地球的肺"，但是，目前全球的热带雨林，正以每分钟20公顷的速率减少，照此下去，不出100年，全球的热带雨林将荡然无存，大量珍稀生物也将随热带雨林的消失而灭绝。据统计，目前全世界平均每小时有两个物种灭绝，照此下去，本世纪末，现有物种的1/5将会灭绝，生物多样性保护遭受到严峻的挑战。

2. 中国著名的自然保护区

我国有19个（吉林的长白山、广东鼎湖山、四川的卧龙和九寨沟、福建的武夷山、贵州的梵净山和茂兰、浙江天目山、内蒙的锡林郭勒、新疆的博格达峰、湖北的神农架、江苏盐城、云南西双版纳、黑龙江的丰林）自然保护区被联合国教科文组织列入国际人与生物圈保护区网络。黑龙江的扎龙、吉林的向海、江西的鄱阳湖、湖南的洞庭湖、海南的东寨港、青海的青海湖鸟岛等6个自然保护区被列入"国际重要湿地名录"。

3. 外来物种入侵

外来物种入侵，造成生态灾难。例如，紫茎泽兰（见图11-20）是一种恶性植物，原产中美洲的墨西哥，早期为作绿化而引进东南亚，谁知却引进了灾难，打破了生态平衡。20世纪50年代，紫茎泽兰从缅甸、越南等国侵入云南，由于该植物种子像蒲公英那样，能随风飘荡，又耐旱耐贫瘠土壤，落地以后就能疯长，每年以几十公里的速度向前推进，到90年代，在云南、四川和贵州西部迅速泛滥成灾，漫山遍野密集生长。在其原产地中美洲，紫茎泽兰只是一种很普通的植物，并不可怕，当地至少有100多种动物和植物天敌制约它。而它进入东南亚和我国后，几乎没有它的天敌。天然草地一旦被紫茎泽兰入侵，立即与周围植物抢水抢肥，争夺生存空间，并且释放一种气体，使周围的植物无法生存，荒山和

图11-20　紫茎泽兰

宜林地被侵占，生物多样性遭到严重破坏。牛羊吃了它，会引起哮喘病，母畜不生患，用紫茎泽兰垫圈会使牲畜烂脚，严重危害畜牧业发展。人接触后引起手脚皮肤炎。侵入农耕地，造成粮食减产3%～11%。还会使桑叶、花椒减产4%～8%，香蕉植株少2～3片叶，矮1米左右，幼树难以成林。紫茎泽兰入侵，已经成为西部很多地区的心腹大患。由于这种草纤维太短，不能做造纸原料，晒干后作薪柴又点不燃，是名符其实的"恶性有害植物"。生态学家们正在想办法消灭这种恶性植物。鉴于目前还找不到一个有效的办法来消灭紫茎泽兰，只有发动群众在开花前拔掉其植物株，集中处理，可缓和其推进速度。

拓展练习

1. "国际生物多样性日"从2001年起定为每年的（　　）。

A. 6月5日　　　　　　B. 4月22日　　　　　C. 5月22日　　　　　D. 12月29日

2. 生物多样性包括（　　）。

A. 动物多样性、植物多样性、微生物多样性

B. 生态系统多样性、物种多样性、遗传多样性

C. 森林多样性、草原多样性、湿地多样性

D. 地球圈、大气圈、生物圈

3. 1956年我国建立的第一个自然保护区是（　　）。

A. 内蒙大黑山国家级自然保护区　　　　　B. 江苏盐城国家级自然保护区

C. 广东鼎湖山国家级自然保护区　　　　　D. 贵州草海国家级自然保护区

4. 生物多样性破坏除自然变化外，其主要原因在于（　　）。

A. 人口的增长　　　　　　　　　　　　　B. 外来入侵物种

C. 湿地萎缩　　　　　　　　　　　　　　D. 人类对生物多样性的过度开发

探索实践

1. 采访家乡老人，调查饭店和农贸市场，查阅相关资料，了解当地几十年来物种资源变化状况和破坏情况，写一份调查报告。

2. 制作鸟巢，挂到庭院、校园或树林中，给小鸟营造一个温暖的家。

（a）人工鸟巢　　　　　　　　　　　（b）天然鸟巢

3. 查阅相关资料，收集生物多样性受损的典型实例，找出每个实例中的原因、结果，提出相关保护措施，制作成生物多样性的因果关系卡片。以小组为单位开展竞赛活动或在班上开展一次以"保护生物多样性"为主题的活动。写一份爱护动物的倡议书，让全社会都来关心、爱护、保护珍稀动物。

4. 4～6人为一小组，收集当地（最好是你所在的地、县）的自然保护区资料，内容包括：地理位置，面积，保护区类型，保护的对象及保护区的主要特色。

资料形式：文字，图表，图画，照片，录像等。

以班为单位，组织一次当地的自然保护区展览。

将各组收集的资料和讨论结果进一步整理，并讨论在建设自然保护区中我们青少年可做哪些工作。

由同学担任讲解员向全校作一次关于自然保护区的知识及图片展。

此活动还可以扩展到社区，走向社会。

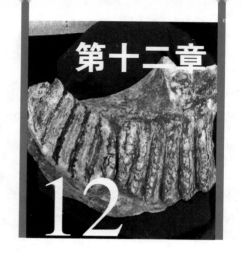

第十二章 12

生物的进化

地球从诞生到现在大约已有46亿年了。在这漫长的岁月里，地球上的生物从无到有，从简单到复杂，从低等到高等，也经历了漫长的生物进化历程，形成了今天我们所看到的丰富多彩、形形色色的生物。那么地球上的生物为什么会不断进化呢？各种各样的生物是怎样形成的？最早的生物又是怎样形成的？

第一节 生命的起源及生物进化历程

一、生命的起源

请你穿越时光隧道，回到46亿年前的地球，我们会看到地球上火山频繁爆发，岩浆四溢，地壳不断运动，天空电闪雷鸣，顷刻间大雨滂沱……原始的空气中充满着二氧化碳、甲烷、氮、氨、氢和水蒸气等。在早期这样的地球环境条件下，是否有产生生命的可能呢？为此科学家进行了探索和研究。

图12-1 原始地球表面想象图

阅读材料

米勒实验

1953年，美国青年学者米勒模拟原始地球的条件和大气成分，将甲烷、氨、氢、水蒸气等气体注入一个密封的装置内，通过进行火花放电（模拟闪电），合成了多种氨基酸。此外，还有一些学者模拟原始地球的大气成分，在实验中制成了另一些有机物。

米勒及其他学者的实验说明，原始地球上的原始大气中的各种成分，在一定条件下可转化为有机小分子物质。科学家们据此推测，原始大气在高温、紫外线及雷电等自然条件的长期作用下，形成了许多简单的有机小分子物质。后来，地球的温度逐渐降低，原始大气中的水蒸气凝结成雨降落到地面上，这些有机物又随雨水进入湖泊和河流，最终汇集到原始海洋。经过极其漫长的岁月，在原始海洋中逐渐形成了原始的生命。

原始大气和现在的大气成分有何不同？在这种环境下，会不会有生命存在？

关于生命的起源，许多科学家进行了不懈的努力，到目前为止，虽然众说纷纭，但一般认为，生命的起源大致可分为4个阶段（见图12-2）。

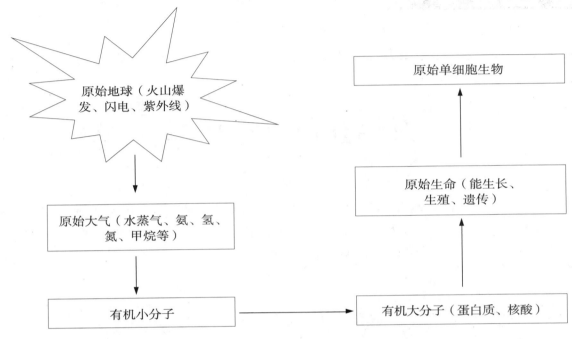

图12-2 生命起源的4个阶段

从无机小分子到形成有机小分子 原始大气中的甲烷、氨、二氧化碳、水蒸气等气体，在大自然不断产生的闪电、紫外线和宇宙线的作用下，就可能合成氨基酸、脂肪酸、碱基和核糖等有机小分子。

从有机小分子到形成有机大分子 在原始大气中形成的有机小分子，随着雨水进入原始海洋中，日积月累，原始海洋就成了含有各种有机小分子的有机溶液，这些有机小分子便逐渐合成为有机大分子，如蛋白质和核酸等。

从有机大分子到形成多分子体系 科学家推测，蛋白质和核酸等有机大分子，在原始海洋里越积越多，并且互相作用，凝聚成小滴。这些小滴具有界膜，能够与周围的原始海洋环境分隔开，从而构成独立的体系，这就是多分子体系。这些多分子体系能够与外界环境进行物质交换。

从多分子体系到形成原始生命 这是生命起源过程中最复杂和最有决定意义的阶段，它直接涉及原始生命的产生。目前，人们还不能在实验室里验证这一过程。不过，我们可以推测，有些多分子体系经过长期不断的演变，特别是由于蛋白质和核酸这两大主要物质的相互作用，终于形成具有原始新陈代谢功能和能够进行生长、繁殖的原始生命，原始生命进一步形成原始的单细胞生物。地球上从此生机勃勃，生物不断进化发展。

阅读材料

科学研究表明，原始地球经常受到陨石等的撞击。1969年，人们发现坠落在澳大利亚名镇的陨石中含有并非产生于地球的氨基酸。另外，天文学家在星际空间发现了数十种有机物。

观察思考

陨石中含有构成生物体所需要的有机物，由此我们可以作出什么推断？

关于生命是如何起源的，目前说法不一，也有一些学者根据对宇宙中物质的研究，认为原始生命可能来自于其他星球。对于生命的起源，科学家们仍在不断地探索，并通过建立科学模型来寻求有关地球上生命起源的谜底。

原始生命是简单的。那么原始生命又是怎样发展为复杂而丰富多彩的生物界的呢？

二、生物进化的历程

与原始生命起源一样，现在地球上的丰富多彩的生物界也是经过漫长的历程逐渐进化形成的。

原始生命诞生以后，又经过了很长时间的进化，地球上出现了单细胞原核生物，其中有一些绿色有鞭毛的生物，据推测很可能就是动植物的共同祖先。随着时间的推移，这些生物的营养方式发生了变化：有的失去了鞭毛，发展了叶绿体等结构，并且营固着生活，它们就逐渐演变成了植物；有的失去了叶绿体，发展了运动器官，并且营异养生活，就逐渐演变成了动物。

（一）植物进化的历程

原始的单细胞生物逐渐进化成原始的藻类植物，如原始的绿藻，这些植物的生活是离不开水的。大约在5亿年前，地球上出现了陆生植物——裸蕨类（其化石见图12-7）。裸蕨类植物是由原始的藻类植物进化而来的，它们没有叶，也没有真正的根，只能靠假根着生在地面上，用茎来进行光合作用。裸蕨类登陆成功以后，逐渐分化出各种古代蕨类植物，这些蕨类植物不仅有高大的茎干，还具有真正的根和叶，但是，它们的生殖都还离不开水。在2亿多年前，由于剧烈的地壳运动和气候变化等原因，蕨类植物大量消亡，而某些蕨类植物则逐渐演变成裸子植物。后来某些古代的裸子植物逐渐演变成被子植物。裸子植物和被子植物的生殖过程完全摆脱了水的限制，在形态结构上更加适应陆地生活，最终成为地球上最占优势的植物类群（见图12-3）。

图12-3　植物进化树

（二）动物的进化历程

原始的单细胞生物，经过极其漫长的年代，逐渐进化成为种类繁多的原始的无脊椎动物，如：腔肠动物、扁形动物、环节动物、软体动物和节肢动物。其中节肢动物更加适应陆地生活。在寒武纪地层里（距今5.44亿年前），发现了大量无脊椎动物化石，其中，以三叶虫为代表的节肢动物最繁盛，成为"三叶虫时代"（见图12-4）。

图12-4　无脊椎动物与"三叶虫时代"

后来随着动物的不断进化，海洋中出现了原始鱼类。又经历了若干万年，由于海平面缩小和陆地上的水域分隔，某些古代鱼类演变成了古代两栖类。随后，某些古代两栖类又逐渐变成古代爬行类。两亿多年前，地球上爬行动物最繁盛，称为"恐龙时代"。一亿多年前，由于某种原因，恐龙遭到了灭顶之灾，被鸟类和哺乳类所取代。由于这些鸟类和哺乳类更适应陆地生活，逐渐成为地球上最占优势的动物类群（见图12-5）。

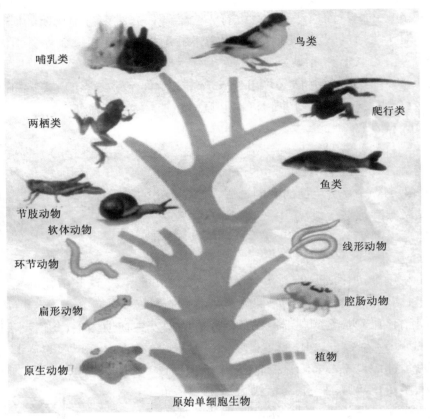

图12-5　动物进化树图

生物占领陆地经历了一个漫长而又艰巨的过程，通过不断地演化，形成了我们今天这个丰富多彩的生物界。

综上所述，无论是植物还是动物，它们的进化历程都表现出共同的特点：从简单到复杂，从水生到陆生，从低等到高等。

那么，人类又是怎样产生的？

（三）人类的起源

从初中的生物课上我们已知道，人和类人猿都起源于森林古猿。最初的森林古猿是栖息在树上生活的。一些地区由于气候变化，森林减少，在树上生活的森林古猿被迫到地面上生活。经过漫长的年代，森林古猿逐渐进化为现代的人类。人类为了自身的生存，在与环境斗争的过程中双手变得越来越灵巧，大脑越来越发达，逐渐产生了意识和语言，制造和使用工具，并形成了原始社会。

从古猿到人是生物进化史上最大的一次飞跃。从亲缘关系上讲，人是古猿的后代。但是，由于人有灵巧的双手和发达的大脑，能够制造和使用工具，能够进行有意识的劳动和改造世界，因而人类已经远远超出了动物界。

阅读材料

关于生命起源的几种假说

1. 创世说（神创论）和新创世说

创世说认为地球上的一切生命都是上帝设计创造的，或者是由于某种超自然的东西干预而产生的。19世纪以前西方流行创世说这一学说。近年来，在科学高速发展的情况下，创世说的支持者不得不作出新的努力，将圣经与科学调和，用科学知识来证明圣经的故事，如用生物学和古生物学的一些"证据"来证明上帝造物和物种不变的观点，这就是现代的新创世说。这一学说无论怎样修饰都是不科学的。

2. 自然发生说（自生论）

自然发生说认为生命可以随时从非生命物质直接迅速产生出来，如腐草生萤、腐肉生蛆、白石化羊等。这一学说在17世纪曾流行于欧洲。随着意大利的医生雷地和法国微生物学家巴斯德等人的实验的成功，这一学说失去了它的生命力。

3. 生物发生说（生源论）

生物发生说认为生命只能来自生物，但这种学说并不能解释地球上最初的生命的来源。

4. 宇宙发生说（宇生论）

宇宙发生说认为地球上的生命来自宇宙间的其他星球，某些微生物的孢子可以附着在星际尘埃颗粒上而到达地球，从而使地球具有了初始生命。这个学说仍然不能解释宇宙间最初的生命是怎样产生的。此外，宇宙空间的物理因素，如紫外线、温度等对生命是致死的，生命又是怎样穿过宇宙空间而不会死亡呢？

5. 化学进化说（新自生论）

化学进化说认为地球上的生命是在地球历史的早期，在特殊的环境条件下，由非生命物质经历长期化学进化过程而产生的。这一过程是伴随着宇宙进化过程进行的。生命起源是一个自然历史时间，是整个宇宙演化的一部分。因为有比较充分的根据和实验证明，这一学说为多数科学家接受，但仍须深入进行探索研究。

拓展练习

1. 现在的地球环境下，还会有原始生命形成吗？为什么？

2. 生物的起源是一个_____的过程，这个过程可以分为_____、_____、_____、_____4个阶段，其中最复杂和最有决定意义的阶段是第_____阶段。

3. 原始大气中不含有哪种气体？（　）。

 A. 甲烷　　　　　　B. 氮气　　　　　　C. 氧气　　　　　　D. 水蒸气

4. 地球上最先从水中登陆的动物类群是（　）。

 A. 爬行类　　　　　B. 两栖类　　　　　C. 鸟类　　　　　　D. 节肢动物

5. 有人说，爬行动物是鸟类和哺乳类的祖先，这说法正确吗？

第二节　生物进化的证据

随着人们对生命的起源及生物进化的深入研究，特别是现代科技的发展，为生物的进化提供了越来越多的证据。那么，有哪些证据可以说明生物是不断进化的呢？

一、古生物学的证据

古生物学是研究地质历史时期生物的发生、发展、分类、进化和分布等规律的科学，它的研究对象主要是化石。早在18世纪，人们就在寻找矿石的生产活动中发现了各种化石，它们有规律地出现在不同地质年代的地层中。不同地质年代的地层里的生物化石，真实地记录了生物进化的历程。化石是证明生物进化的最重要的证据。

观察思考

你见过哪些生物化石？你知道化石是怎样形成的吗？

在一般情况下，生物体死后，它们的遗体就会被微生物分解。但是，有时生物的遗体会被迅速包埋起来，与外界环境隔绝，这样就不会被分解，经过长期的矿物质填充和交换作用，就形成了化石。例如，剑齿象化石（见图12-6）、蕨类植物的叶子化石（见图12-7）。

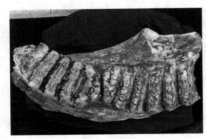 

图12-6　剑齿象化石　　　　　　　图12-7　蕨类植物的叶子化石

观察思考

化石为什么能证明生物是进化的呢？

阅读材料

地质年代及生物进化的化石证据

地球的历史约46亿年，根据地质史可划分为冥古代、太古代、远古代、古生代、中生代和新生代。在这些地质年代的地层里，科学家们分别发现了相应的生物化石证据（见表12-1）。

表12-1　地质年代与其相应的生物化石

地质年代	生物进化状况
新生代（0.65亿年以后）	现代被子植物、哺乳动物繁盛，后期出现人类
中生代（2.5亿～0.65亿年前）	爬行动物、昆虫、高等植物繁盛
古生代（5.7亿～2.5亿年前）	动、植物分化，藻类和无脊椎动物发展迅速，后期蕨类、鱼类、两栖类繁盛
远古代（25亿～5.7亿年前）	原生动物相当繁盛
太古代（38亿～25亿年前）	蓝藻、细菌繁盛
冥古代（46亿～38亿年前）	生命的起源

1861年，德国科学家们发现了始祖鸟的化石，为人们研究鸟类的起源提供了依据。

科学研究发现，各类生物化石在地层中的出现是有一定顺序的。在越早形成的地层里，成为化石的生物越简单、越低等，其中水生的种类也越多；在越晚形成的地层里，成为化石的生物越复杂、越高等，其中陆生的种类也越多。这就说明生物是不断进化的，进化的途径是由简单到复杂，有低等到高等，有水生到陆生。

二、胚胎发育学证据

胚胎学是研究动植物的胚胎形成和发育过程的科学。通过研究不同类型的生物的胚胎发育，也可以发现生物进化的一些线索。

图12-8中几种脊椎动物及人的胚胎发育早期很相似，这种相似说明了什么？

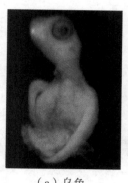 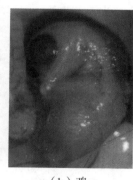 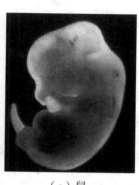

（a）乌龟　　　　　　　　（b）鸡　　　　　　　　（c）鼠

图12-8 3种动物胚胎比较图

比较成年的脊椎动物，它们看上去差别很大，但是他们的早期胚胎发育却经历了几个相似的阶段。例如：在发育早期，3种动物都长着一条长尾巴，而且在喉部都有微小的鳃裂等。这些相似性告诉我们，3种动物存在着亲缘关系，它们都源自一个共同的祖先。陆生脊椎动物在胚胎发育初期都生有鳃裂，这说明陆生脊椎动物的共同原始祖先都生活在水中。

三、比较解剖学证据

比较解剖学，是对各类脊椎动物的器官和系统进行解剖和比较研究的学科。生物进化在比较解剖学上最重要的证据是"同源器官"。同源器官是指起源相同，结构和部位相似，而形态和功能不同的器官。

1. 图12-9展示了鸟的翼、海豚的鳍状肢、狗的腿，3种动物的前肢在结构上有哪些共同特点？

 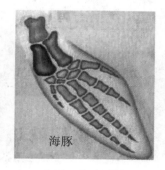 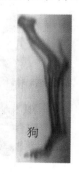

图12-9 鸟、海豚、狗的前肢骨比较

答：通过比较可以发现，鸟的翼、海豚的鳍状肢、狗的腿骨骼虽然形态和功能不同，但其结构及排列方式十分相似。这从另一个方面证明，这3种动物是由同一原始祖先进化而来，只是在进化过程中，由于适应不同的环境，促使这些器官发生了形态和功能上的变化。鸟的前肢转化为翼，适于飞翔；海豚的前肢转化为鳍，适于游泳。

2.科学家为什么把鱼类、两栖类、爬行类、鸟类和哺乳类归为脊椎动物呢？

四、分子生物学方面的证据

随着分子生物学的发展，科学家们已经开始通过比较不同物种的DNA的碱基的顺序来比较判断两者的亲缘关系。碱基顺序越相似，这两个物种就相近。进而可依据DNA分子的相似性，准确了解生物进化的来龙去脉。

用DNA分子杂交方法，判断生物之间的亲缘关系

比较不同生物DNA分子的差异，常用DNA分子杂交的方法。DNA分子杂交的基础是具有互补碱基序列的DNA分子，可以通过碱基对之间形成氢键等，形成稳定的双链区。在进行DNA分子杂交前，先要将两种生物的DNA分子从细胞中提取出来，再通过加热或提高pH的方法，将双链DNA分子分离成为单链，这个过程称为变性。然后，将两种生物的DNA单链放在一起杂交，其中一种生物的DNA单链事先用同位素进行标记。如果两种生物DNA分子之间存在互补的部分，就能够形成双链区，在没有互补碱基序列的部位，仍然是两条游离的单链（见图12-10）。

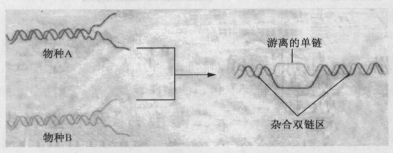

图12-10　DNA分子杂交示意图

由于同位素被检出的灵敏度高，即使两种生物DNA分子之间形成百万分之一的双链区，也能够被检出。两种生物的DNA单链之间互补程度越高，通过分子杂交形成双螺旋片段的程度也就越高，两者的亲缘关系就越近；反之，亲缘关系就越远。

所以，我们可以通过DNA分子杂交技术来鉴定物种之间亲缘关系的远近。

大多数情况下，来自DNA的证据支持先前从其他证据中得出的结论。但有些时候，可能会不支持。例如，家鼩鼱（见图12-11）除了长着一只长鼻以外，其他看上去与啮齿类动物（如老鼠）很相似，正因为如此，生物学家们以前一直认为：家鼩鼱和啮齿类动物亲缘关系很近。但是，当科学家们拿家鼩鼱的DNA分别和啮齿类动物以及大象的DNA比较时，结果让他们大吃一惊。比起啮齿类动物的DNA，家鼩鼱的DNA和大象的更相似，所以现在的科学家们认为家鼩鼱和大象之间具有更近的亲缘关系。

图12-11　家鼩鼱和大象

科学家们把从化石、身体结构、早期胚胎发育以及DNA和蛋白质的序列中得到的各种证据综合起来，从而来判断物种之间的亲缘关系，这样可更加科学和准确地推断出生物进化的大致历程。

 拓展练习

1.下列哪一项不能作为演化的证据？（　　）。

    A. DNA 序列   B. 发育阶段   C. 身体结构   D. 身体大小

2.各类生物的化石，在地层中按一定顺序出现的事实，不仅证实了现代的各种各样的生物＿＿＿＿＿＿，而且还揭示出生物＿＿＿＿＿＿、＿＿＿＿＿＿、＿＿＿＿＿＿的进化顺序。

3.比较解剖学为生物进化论提供的重要证据是＿＿＿＿＿＿，它是指＿＿＿＿＿＿，＿＿＿＿＿＿，＿＿＿＿＿＿的器官。

4.现在大多数科学家认为：DNA 结构的相似性能更准确地判断两个物种亲缘关系的远近。你觉得这是为什么？

第三节　生物进化的原因

为什么生物会进化呢？在进化的过程中，为什么有些生物种类会灭绝呢？新的生物种类又是怎样形成的？推动生物进化的原因是什么？对于这些问题，人们进行了长期的探索，提出了各种不同的解释。

阅读材料

达尔文的生平

达尔文（Charles Robert Darwin，1809～1882年）是英国博物学家，进化论的奠基人。1809年2月12日，达尔文出生于英国医生家庭。由于家庭环境的影响，达尔文从小就酷爱大自然，喜爱采集矿物、植物和昆虫标本，并且喜欢钓鱼和打猎。1825年至1828年，达尔文在爱丁堡大学学习医学，后进入剑桥大学学习神学。1831年从剑桥大学毕业后，以博物学家的身份乘海军勘探船"贝格尔号"（Beagle）巡洋舰作历时5年（1831～1836年）的环球旅行，观察和搜集了动物、植物和地质等方面的大量材料，经过归纳整理和综合分析，形成了生物进化的概念。1859年出版《物种起源》（On the Origin of Species）一书，全面提出以自然选择（Theoty of Natural Selection）为基础的进化学说。该书出版震动当时的学术界，成为生物学史上的一个转折点。自然选择的进化学说，对各种唯心的神造论和物种不变论提出了根本性的挑战，使当时生物学各领域已经形成的

图12-12达尔文

概念和观念发生了根本性的改变。此后，又出版了《动植物在家养条件下的变异》（The Variation of Animals and Plants Vnder Domestication，1868）和《人类起源和性选择》（The Descent of Man，1871）等著作，进一步充实和发展了进化学说。他的进化学说，被恩格斯誉为"19世纪自然科学三大发现之一"。

达尔文热爱自然，热爱科学，坚持实践，细心观察事实，努力研究、探索自然规律，一生共发表了80多篇论文，出版了20多部著作，为人类留下了丰富的科学遗产，是一位不断追求真理并作出划时代巨大贡献的伟大科学家。达尔文科学成就的获得，绝不是偶然的。它首先是时代的产物，同时，这也是与达尔文的治学精神分不开的。他追求真理，从事实出发，工作谨慎，态度谦虚，几十年如一日地勤勤恳恳地工作。正如达尔文在自传中所说："我所以能成为一个科学工作者……最重要的是：'爱好科学——不厌深思——勤起观察和收集资料——相当的发明能力和常识。'"

一、达尔文和自然选择学说

达尔文通过对自然界中生物的观察后发现，每一种生物都有过度繁殖的倾向，即使是繁殖能力很弱的生物所产生的后代，数量也是很大的。例如，一对家蝇繁殖一年，每代若产卵1 000个，每世代若为10天，如果后代均不死亡，这一对家蝇一年所产生的后代可以把整个地球覆盖2.54厘米之厚。象是繁殖很慢的动物，但是如果每只雌象一生（30～90岁）产仔6头，每头活到100岁，都能繁殖，750年后就可有1 900万头子孙。

但是，家蝇的强大生殖力并没有使家蝇完全占尽地面。几万年来，象的数量也从没有增加到那样多。事实上，自然界各种生物的数量在一定时期内都保持相对稳定。

观察思考

什么因素限制了家蝇和象存活的数量？

达尔文指出，物种之所以不会数量大增，乃是由于生存斗争。所有生物都是永远处于生存斗争之中，或者与同种的个体斗争（种内斗争），或者与其他种生物斗争（种间斗争），或者与物理的生活条件斗争。例如，同种的生物常因争取食物、生活场所等而发生斗争；不同种生物之间的斗争，如大鱼吃小鱼、鸟吃昆虫、牛羊吃牧草等的斗争；对自然环境的斗争，如生活在两极地区的生物要与严寒作斗争，生活在沙漠地区的要与干旱作斗争，生活在海岛上的昆虫要与大风作斗争等。生存斗争无时无刻不在进行着，并且是错综复杂的。通过生存斗争，有些生物活下来了，还有许多生物被淘汰或消灭了。

当食物和其他资源有限的时候，生物要生存下去，就必须为争夺生活条件而进行生存斗争。

在生存斗争中，哪些生物能够获胜呢？达尔文注意到了生物的遗传和变异是普遍存在的。例如，猫生下来总是猫，子代性状和亲代性状十分相似，让人一见到它们就能认出它们都是猫。这说明生物都有遗传性。但是，猫的亲代和子代之间，同一只猫生出的子代之间，在毛色、长相等方面又都不完全相同。这说明生物都具有变异性。

生物的变异，有的对生物的生存有利，有的对生物的生存不利。具有有利变异的个体就容易在生存斗争中获胜而生存下去；具有不利变异的个体则容易在生存斗争中失败而死亡。例如，在寒冷地区，皮毛厚的个体就容易生存下来，皮毛薄的个体就会被淘汰；在常有大风的海岛上，无翅的昆虫不飞翔，不致于被大风吹到海内，而有翅昆虫却在飞翔时被风吹到海里而死亡。在生存斗争的过程中，能够适应环境的生物就会生存下来，并且留下后代；不能够适应环境的生物，就会被淘汰，这就是"适者生存"。达尔文把适者生存、不适者被淘汰的过程叫"自然选择"。自然选择是通过生存斗争来实现的。这样经过长期的自然选择，微小有利的变异得到积累而成为显著的有利变异，从而产生了适应特定环境的生物新类型。

观察思考

达尔文自然选择学说的中心内容可概括为哪几点？

达尔文的自然选择学说能够科学地解释生物的进化原因以及生物的多样性和适应性，这对于人们正确地认识生物界有着重要的意义。因此恩格斯把达尔文自然选择学说列为19世纪自然科学的三大发现之一。但是，由于受当时科学发展水平的限制，对于遗传和变异的性质以及自然选择对遗传和变异如何起作用等问题，达尔文还不能做出本质上的阐明。之后，许多学者陆续对生物进化问题做了进一步的探索，特别是近年来，随着遗传学、生态学、分子生物学和群体遗传学的发展，许多学者从分子水平和群体水平上来研究生物的进化，不仅从本质上解释了生物进化的内在原因，而且阐述了物种形成的必要条件,从而把生物进化理论提高到了新的水平,形成了以自然选择学说为基础的现代生物理论,其中最有影响的就是综合进化理论,这极大地丰富和发展了达尔文的自然选择学说。

二、综合进化理论

(一)种群是生物进化的单位

现在许多学者都认为,生物进化的基本单位是"种群"。种群内同种生物个体间彼此可交配,并通过繁殖将各自的基因传递给后代。种群是生物繁殖的基本单位,一个种群的全部个体所含的全部基因,叫做这个种群的"基因库"。每一个种群都有它自己的基因库,种群中的个体一代一代死亡,但基因库却在代代相传的过程中保持和发展。

种群中每个个体所含的基因,只是种群基因库的一个组成部分。不同的基因在种群基因库中所占的比例是不同的,我们把某种基因在某个种群中出现的比例,叫做"基因频率"。怎样才能知道某种基因的基因频率呢?我们可以通过抽样调查的方法获得。

如从某种生物的种群中随机抽出100个个体,测知其基因型分别为AA、AB、BB的个体分别为30个、60个和10个,问其中A基因频率为多少?B基因频率为多少?

通过基因型计算基因频率,就AA、AB、BB来说,每个个体可认为含有2个基因,则100个个体共有200个基因:

$$A \text{基因频率} = (2 \times 30 + 60) \div 200 = 60\%$$
$$B \text{基因频率} = (2 \times 10 + 60) \div 200 = 40\%$$

在自然界中由于存在基因突变、基因重组和自然选择等因素,种群的基因频率总是在不断变化。生物进化的过程,实质上就是种群基因频率发生变化的过程。

(二)突变和基因重组产生生物进化的原材料

从达尔文的自然选择学说可以看出,生物在繁殖后代的过程中,会产生各种各样可遗传的变异,这些可遗传的变异为生物进化提供了原动力。现代遗传学的研究表明,可遗传的变异来源于基因突变、基因重组和染色体变异。其中,基因突变和染色体变异常,统称为"突变"。

在自然状态中,生物自发的突变率是极低的,并且这些突变绝大多数是有害的。那么它为什么还能够作为生物进化的原动力呢?这是因为虽然对于每一个基因来说,突变率是很低的,但是,种群内有很多个体,每个个体的每一个细胞中都有成千上万个基因,这样,每一代都会产生大量的突变。例如,果蝇大约有10^4对基因,假定每个基因的突变率都是10^{-5},对于一个中等数量的果蝇种群(约有10^8个个体)来说,每一代出现的基因突变数将是:

$$2 \times 10^4 \times 10^{-5} \times 10^8 = 2 \times 10^7 （个）。$$

此外,突变是有利还是有害并不是绝对的,这往往取决于生物的生存环境。例如,有翅的昆虫中有时会出现残翅和无翅的突变类型,这类昆虫在正常情况下很难生存下去。但是在经常刮大风的海岛上,昆虫的这种突变形状反而是有利的,这是因为这类昆虫不能飞行,避免了被大风吹到海里淹死。在突变过程中产生的"等位基因",通过有性生殖过程中的基因重组可以形成多种多样的基因型,从而导致种群发生大量可遗传的变异。

从实际情况来看,在任何种群中,基因的组成总是要发生改变的。这是因为:在自然种群中,个体间的交配几乎总是有选择的,因此,自然种群的基因组成情况几乎永远不能保持稳定不变。自然界中突变的速度一般很低,但是,每一个种群中的每个世代的突变基因数却是很高的。新基因的加入,也可以使种群的基因组成逐渐改变。例如,一个种群的个体移入另一个能够与它交配的种群中,这样也就带进来了新的基因;自然选择会引起基因组成的改变。因为自然选择实际上是选择某些基因,淘汰另一些基因,所以自然选择必然会引起基因组成的改变。在这种情形下,定向的或适应性的突变对生物进化具有极其重要的意义。总而言之,由于基因突变和基因重组的方向是随机的,因此给自然选择提供了进化的原材料。

　　英国的曼彻斯特地区有一种桦尺蠖，白天栖息在树干上，夜间活动。在自然条件下，桦尺蠖会出现多种变异，如有的触角短些，有的体色深些等。在19世纪中叶以前，桦尺蠖的身体和翅大多是带有斑点的淡灰色，它们和树干上的地衣颜色一致，借此可以逃避鸟类的捕食。这时，暗黑色的桦尺蠖也有，但是极少见。到了20世纪中叶，生物学家发现，暗黑色的桦尺蠖却成了常见类型。科学家们经过研究认为，在19世纪时，曼彻斯特地区的树干上长满了地衣，浅色的桦尺蠖栖息在上面不容易被鸟类发现，因此容易生存下来并繁殖后代（见图12-13（a））。后来，英国工业革命开始，人们建起一座座工厂，生产布料及其他产品，工厂煤烟、粉尘慢慢地熏黑了附近的树干，地衣不能生存，这时浅色的桦尺蠖反而更容易被发现，因而更容易被鸟类捕食，而暗黑色的桦尺蠖由于具有保护色而容易生存下来并繁殖后代（见图12-13（b））。经过许多代以后，暗黑色个体就成了常见类型。

（a）19世纪时　　　　　　（b）20世纪中叶

图12-13　两种体色不同的桦尺蠖

观察思考

　　从1950年开始，英国政府采取严厉措施禁止环境污染，使得英国工厂的排烟量大大减少。请你思考和预测一下，这对树木和桦尺蠖会产生怎样的影响？

　　（三）自然选择决定进化的方向

　　种群中产生的变异是不定向的，经过长期的自然选择，其中的不利变异被不断淘汰，有利变异则逐渐积累，从而使种群基因频率发生定向改变，导致生物朝着一定的方向进化。由此可见，生物进化的方向是由自然选择决定的，外界环境起了选择作用，决定了生物进化的方向。

　　（四）隔离导致物种形成

　　"物种"是指分布在一定的自然区域，具有一定的形态结构和生理功能，而且在自然状态下，能够相互交配和繁殖，并能够产生出后代的一群生物个体。

　　在自然界中，新物种的形成往往还要有隔离发生。"隔离"是指同种生物的不同群体，在自然条件下，不能自由地进行基因交流的现象。隔离的类型很多，常见的有"地理隔离"和"生殖隔离"。

　　 地理隔离，是指分布在不同自然区域的种群，由于高山、河流、沙漠等地理上的障碍，使彼此间无法相遇而不能交配。例如，东北虎和华南虎分别生活在我国的东北地区和华南地区，这两个地区之间的辽阔地带就起到了地理隔离的作用。经过长期的地理隔离，这两个群之间产生了明显的差异（见图12-14），成为两个不同的虎亚科。

（a）东北虎　　　　　　　（b）华南虎

图12-14　东北虎和华南虎

阅读材料

大陆漂移

在世界范围内也发生过地理隔离。比如，几亿年以前，地球上所有的大陆都是连在一起的。生物能够在这个超级大陆上的各个部分之间迁移。经过几百万年后，逐渐分裂成了几块，这一过程称作大陆漂移。随着几个大陆的分离，物种内的不同群体也就被互相隔离开来，各开始沿着不同的演化路线前进。

最能体现大陆漂移对物种演化的显著影响要算澳大利亚了。在澳大利亚大陆上的生物和地球上其他大陆上的生物之间互相隔离了几百万年。正因为如此，澳大利亚大陆上才演化形成许多独特的生物。比如，澳大利亚的大部分哺乳动物都属于有袋类动物（见图12-15）。

图12-15　袋食蚁兽（上）和班袋猴

生殖隔离　生殖隔离，是指种群间的个体不能自由交配，或者交配后不能产生出可育后代。例如，动物因求偶方式、繁殖期不同，植物因开花季节、花的形态不同，而造成的不能交配属于生殖隔离。有些生物虽然能够交配，但胚胎在发育的早期就会死去，或产生的杂种后代没有生殖能力。例如，山羊和绵羊的杂种，胚胎早期生长正常，但多数在出生前就会死去。又如，马和驴杂交而产生的骡，虽能够正常发育，但不能生育。这也属于生殖隔离。不同种群之间一旦产生生殖隔离，就不会有基因交流了。

自然界中物种形成的方式有多种，经过长期的地理隔离而达到生殖隔离是比较常见的一种方式。例如，15世纪欧洲人将家兔带到马德拉小岛上，经过将近500年的地理隔离，现在这个岛上的家兔已经不能与欧洲家兔交配繁殖后代了，这些家兔原来属于同一个物种，这说明它们已经变成了另一个新种。被海洋隔离后，如果出现不同的突变和基因重组，一个种群的突变和基因重组对另一个种群的基因频率就不会有影响，因此，不同种群的基因频率就会向不同的方向发展。另外，由于食物和栖息条件的不同，自然选择对不同种群基因频率的改变所起的作用就会有差别：在一个种群中，某些基因被保留下来，在另一个种群中，被保留下来的可能是另一些基因。久而久之，这些种群的基因库会变得很不相同，并逐渐出现生殖隔离。生殖隔离一旦形成，原来属于同一个物种的家兔就成了不同的物种。这个实例说明，生殖隔离会导致新的物种的形成。这种物种形成过程很缓慢，往往需要成千上万代甚至几百万代方可实现。

观察思考

图12-16展示了生活在加拉帕戈斯群岛上的几种地雀，图12-17展示了生活在南美大陆上的鬣蜥和生活在加拉帕戈斯群岛上的鬣蜥，它们分别是怎样形成的？

图12-16　生活在加拉帕戈斯群岛上的几种地雀

图12-17　南美大陆上的鬣蜥和加拉帕戈斯群岛上的鬣蜥

以自然选择学说为核心的生物进化理论，其基本观点是：种群是生物进化的基本单位，生物进化的实质在于基因频率的改变、突变和基因重组、自然选择及隔离是物种形成的3个基本环节，通过它们的综合作用，种群产生分化，最终导致新物种的形成。在这个过程中，突变和基因重组产生生物进化的原材料，自然选择使种群的基因频率定向改变并决定生物进化的方向，隔离是物种形成的必要条件。

拓展练习

1. 自然选择是通过 _____ 实现的。生物的多样性和适应性是 _____ 的结果。

2. 达尔文进化学说的中心内容是 _____，其主要内容是 _____、_____、_____、_____。

3. 以自然选择学说为核心的进化理论，其基本观点是：_____ 是生物进化的基本单位，生物进化的实质是 _____，_____ 和 _____、_____ 及 _____ 是物种形成的3个基本环节。其中 _____ 和 _____ 产生生物进化的原料，_____ 决定进化方向，_____ 是物种形成的必要条件。

4. 开始使用杀虫剂时，对某种害虫效果显著，但随着杀虫剂的继续使用，该种害虫表现出越来越强的抗药性。实验证明害虫种群中原来就存在具有抗药性的个体。这证明：

（1）害虫种群中个体抗药性的 _____ 体现了生物的变异一般是 _____。

（2）杀虫剂的使用对害虫起了 _____ 作用，而这种作用是 _____。

（3）害虫抗药性的增强，是通过害虫与杀虫剂之间的 _____ 来实现的。

附表一　我国鸟类保护名录

我国一类保护鸟类（我国特产、稀有或濒于绝灭的种类）

角䴙䴘（pì tī）	新疆、东北、华北，在长江下游越冬
短尾信天翁	沿海各省，在台湾及附近岛屿繁殖
斑嘴鹈鹕（tí hú）	沿海各省及云南、山西、新疆等地
鲣（jiān）鸟	上海、我国台湾省及海南岛越冬，西沙群岛繁殖
白腹军舰鸟	广东沿海岛屿
白鹳（guàn）	新疆西部、内蒙东北部、东北、长江下游等地
黑鹳	在东北、西北各地繁殖，长江以南越冬
朱鹮（huán）	现仅发现于陕西洋县
彩鹮	浙江、广东沿海岛屿
白鹮	东北北部繁殖，广东、福建等地越冬
黑鹮	云南南部
蓝鹇（xián）	台湾
中华秋沙鸭	东北、华中及贵州、福建、广东
冠麻鸭	东北、河北承德
白肩雕	新疆天山、青海青海湖、长江中下游
白尾海雕	繁殖于东北及长江下游，南方沿海越冬
虎头海雕	辽宁旅顺、营口及河北
游隼（sǔn）	东北北部、华北、长江以南、新疆
斑尾榛鸡	甘肃、青海、四川部分地区
藏马鸡	我国西部和横断山脉地区
褐马鸡	青海、甘肃、河北、山西等部分地区
棕尾虹雉（zhì）	西藏局部地区
绿尾虹雉	四川、青海、甘肃部分地区
白尾梢虹雉	西藏东南部、云南西北和西部
白颈长尾雉	江西、浙江、福建、安徽、广东
黑颈长尾雉	云南西部及南部山地
黑长尾雉	台湾
藏雪鸡	西藏、青海、甘肃、四川部分地区
灰腹角雉	西藏东南部

黄腹角雉	福建、广西、浙江、江西
黑头角雉	西藏西南部
赤颈鹤	云南南部
丹顶鹤	繁殖于黑龙江、吉林，长江下游越冬
白鹤	在江西鄱阳湖等地越冬
白头鹤	东北、西北及河北繁殖，在长江下游越冬
黑颈鹤	青海、四川、云南、贵州、西藏
白枕鹤	东北地区繁殖，在江西、江苏、安徽越冬
冠斑犀鸟	云南、广西南部
棕颈犀鸟	云南西双版纳
双角犀鸟	云南西双版纳
白喉犀鸟	云南西双版纳

我国二类保护鸟类（数量稀少，分布地区狭窄，有灭绝危险的鸟类）

白琵鹭	北方各地夏候鸟，在华东、广东越冬
鸳鸯	在内蒙古、东北北部繁殖，长江以南越冬
白额雁	东北、新疆、西藏、华中、台湾
红胸黑雁	湖南洞庭湖
天鹅	新疆、东北、河北、江西、广东、台湾等地
瘤鸭	福建福州
猛禽	（包括国内隼形目、鸮形目所有种）
黑琴鸡	黑龙江、新疆西部和北部、河北北部
松鸡	东北北部、河北东陵、新疆北部
花尾榛鸡	东北北部和中部
白腹锦鸡	四川西部、贵州西部、云南大部
红腹锦鸡	西南地区
蓝马鸡	仅产于祁连山地区
勺鸡	华东、西南、西北、河北等部分地区
高山雪鸡	新疆、甘肃、青海部分地区
血雉	青海、甘肃、陕西、云南、西藏
鹇雉	南方各省
白冠长尾雉	华中、华北、西南各地山区
红胸角雉	西藏南部及喜马拉雅山脉
红腹角雉	西藏、云南、广西、四川、陕西、湖南、湖北
孔雀雉	云南西南部和南部、海南岛
绿孔雀	云南西南部和南部
蓑羽鹤	东北、青海、西藏、内蒙东部
灰鹤	繁殖于新疆、东北，越冬于四川、华东、华南
大鸨	夏季在东北西部。冬天迁往华北、江西等地
小鸨	新疆部分地区
小杓鹬	我国东部
小青脚鹬	上海、福建、中国台北、广东沿海地带
棕头鸥	新疆、青海、西藏、甘肃、山西、河北等
遗鸥	甘肃
鹦鹉	云南、广西、四川等地
蓝翅八色鸫	河南、安徽、福建、广西、云南

附表二　哺乳纲的常见动物及分类

亚　纲	常　见　目	常　见　科	典　型　代　表
原兽亚纲	单孔目	略	鸭嘴兽、针鼹
后兽亚纲	有袋目	略	大袋鼠、袋狼
真兽亚纲	食虫目	略	普通刺猬
	翼手目	蝙蝠科	普通蝙蝠
	鲸目	略	鲸、海豚、白鳍豚
	啮齿目	松鼠科	松鼠
		鼠科	小家鼠
		跳鼠科	跳鼠
真兽亚纲	食肉目	猫科	狮、虎、豹、猞猁、野猫
		犬科	狼、狐、豺、貉
		熊科	北极熊、黑熊、棕熊
		浣熊科	小熊猫、浣熊
		大熊猫科	大熊猫
		鼬科	紫貂、黄鼬、猪獾、水獭
		灵猫科	大灵猫、小灵猫、花面狸
	偶蹄目	猪科	野猪
		骆驼科	双峰驼、单峰驼
		鹿科	麝、麋鹿、梅花鹿、马鹿
		长颈鹿科	长颈鹿
		牛科	野牛、黄羊、羚羊、羚牛
		河马科	河马
	奇蹄目	马科	野马、野驴、普通斑马
		犀牛科	亚洲犀、非洲犀

亚　　纲	常　见　目	常　见　科	典　型　代　表
真兽亚纲	长鼻目	略	亚洲象、非洲象
	兔形目	兔科	蒙古兔
	贫齿目	略	大食蚁兽、三趾树懒、犰狳
		鳞甲目	鲮鲤科　　穿山甲
	灵长目	懒猴科	懒猴（蜂猴）
		卷尾猴科	卷尾猴
		猴　科	猕猴、金丝猴
		长臂猿科	黑长臂猿
		猩猩科	黑猩猩、猩猩、大猩猩

参 考 文 献

1. 全日制普通高级中学教科书《生物》第一册，第二册　人民教育出版社出版.2004.
2. 《科学探索者——细胞与遗传》曾立，朱雯华译　浙江教育出版社.2004.
3. 《科学探索者——从细菌到植物》廖苏梅，蒋婷译　浙江教育出版社.2004.
4. 《科学——奇妙的生命科学》王保林，窦广采主编　郑州大学出版社.2006.
5. 《植物王国》《动物王国》未来出版社.
6. 《绚丽多彩的生命》科学普及出版社.
7. 《少年自然百科辞典》主编　王国忠　少年儿童出版社.
8. 《中国环境状况公报》国家环境保护党局.2000，2001.
9. 《人类生存学》周鸿　高等教育出版社.

图书在版编目(CIP)数据

生物学/主编贺永琴. —上海：复旦大学出版社（2023.2 重印）
普通高等学校学前教育专业系列教材
ISBN 978-7-309-05184-1

Ⅰ. 生… Ⅱ. 贺… Ⅲ. 生物学-教材 Ⅳ. Q

中国版本图书馆 CIP 数据核字(2006)第 118174 号

生物学
主编 贺永琴
责任编辑/白国信

复旦大学出版社有限公司出版发行
上海市国权路 579 号 邮编：200433
网址：fupnet@ fudanpress.com http://www.fudanpress.com
门市零售：86-21-65102580 团体订购：86-21-65104505
出版部电话：86-21-65642845
浙江临安曙光印务有限公司

开本 890×1240 1/16 印张 15 字数 436 千
2006 年 9 月第 1 版
2023 年 2 月第 1 版第 15 次印刷
印数 60 101—62 200

ISBN 978-7-309-05184-1/Q·66
定价：38.00 元